教育部职业教育与成人教育司推荐教材
中等职业教育技能型紧缺人才教学用书

专门化强化综合训练及鉴定取证

(建筑施工专业)

本教材编审委员会组织编写

主编 孙大群
主审 王洪键 张晓艳

中国建筑工业出版社

图书在版编目（CIP）数据

专门化强化综合训练及鉴定取证/本教材编审委员会组织编写．孙大群主编．—北京：中国建筑工业出版社，2006

教育部职业教育与成人教育司推荐教材．中等职业教育技能型紧缺人才教学用书．建筑施工专业

ISBN 978-7-112-08619-1

Ⅰ．专… Ⅱ．①本…②孙… Ⅲ．建筑工程-工程施工-专业学校-教材 Ⅳ．TU7

中国版本图书馆CIP数据核字（2006）第134882号

教育部职业教育与成人教育司推荐教材
中等职业教育技能型紧缺人才教学用书
专门化强化综合训练及鉴定取证
（建筑施工专业）
本教材编审委员会组织编写
主编 孙大群
主审 王洪键 张晓艳

*

中国建筑工业出版社出版（北京西郊百万庄）
新华书店总店科技发行所发行
霸州市顺浩图文科技发展有限公司制版
北京云浩印刷有限责任公司印刷

*

开本：787×1092毫米 1/16 印张：14 字数：340千字
2007年1月第一版 2007年1月第一次印刷
印数：1—2500册 定价：20.00元
ISBN 978-7-112-08619-1
（15283）

版权所有 翻印必究
如有印装质量问题，可寄本社退换
（邮政编码100037）
本社网址：http://www.cabp.com.cn
网上书店：http://www.china-building.com.cn

本书根据中等职业学校建筑施工专业领域技能型紧缺人才培养、培训指导方案小组于 2004 年制定的"专门化强化训练"课题相关内容编写。全书分为 7 个单元，主要内容包括：绪论、钢筋工、测量放线工、建筑材料试验工、施工员、造价员、质量员等相关工种的强化训练和综合鉴定取证的内容。

本书可作为中等职业学校建筑施工专业的教材，也可供施工人员参考使用。

* * *

责任编辑：朱首明　吉万旺
责任校对：张树梅　王雪竹

本教材编审委员会名单
（建筑施工专业）

主 任 委 员：白家琪

副主任委员：胡兴福　诸葛棠

委　　　员：（按姓氏笔画为序）

丁永明　于淑清　王立霞　王红莲　王武齐　王宜群

王春宁　王洪健　王　琰　王　磊　方世康　史　敏

冯美宇　孙大群　任　军　刘晓燕　李永富　李志新

李顺秋　李多玲　李宝英　李　辉　张永辉　张若美

张晓艳　张道平　张　雄　张福成　邵殿昶　林文剑

周建郑　金同华　金忠盛　项建国　赵　研　郝　俊

南振江　秦永高　郭秋生　诸葛棠　鲁　毅　廖品槐

缪海全　魏鸿汉

出 版 说 明

为深入贯彻落实《中共中央、国务院关于进一步加强人才工作的决定》精神，2004年10月，教育部、建设部联合印发了《关于实施职业院校建设行业技能型紧缺人才培养培训工程的通知》，确定在建筑（市政）施工、建筑装饰、建筑设备和建筑智能化四个专业领域实施中等职业学校技能型紧缺人才培养培训工程，全国有94所中等职业学校、702个主要合作企业被列为示范性培养培训基地，通过构建校企合作培养培训人才的机制，优化教学与实训过程，探索新的办学模式。这项培养培训工程的实施，充分体现了教育部、建设部大力推进职业教育改革和发展的办学理念，有利于职业学校从建设行业人才市场的实际需要出发，以素质为基础，以能力为本位，以就业为导向，加快培养建设行业一线迫切需要的技能型人才。

为配合技能型紧缺人才培养培训工程的实施，满足教学急需，中国建筑工业出版社在跟踪"中等职业教育建设行业技能型紧缺人才培养培训指导方案"（以下简称"方案"）的编审过程中，广泛征求有关专家对配套教材建设的意见，并与方案起草人以及建设部中等职业学校专业指导委员会共同组织编写了中等职业教育建筑（市政）施工、建筑装饰、建筑设备、建筑智能化四个专业的技能型紧缺人才教学用书。

在组织编写过程中我们始终坚持优质、适用的原则。首先强调编审人员的专业背景，在组织编审力量时不仅要求学校的编写人员要有工程经历，而且为每本教材选定的两位审稿专家中有一位来自企业，从而使得教材内容更为符合职业教育的要求。编写内容是按照"方案"要求，弱化理论阐述，重点介绍工程一线所需要的知识和技能，内容精炼，符合建筑行业标准及职业技能的要求。同时采用项目教学法的编写形式，强化实训内容，以提高学生的技能水平。

我们希望这四个专业的教学用书对有关院校实施技能型紧缺人才的培养培训具有一定的指导作用。同时，也希望各校在使用本套教材的过程中，有何意见及建议及时反馈给我们，联系方式：中国建筑工业出版社教材中心（Email：jiaocai@cabp.com.cn）。

中国建筑工业出版社
2006年6月

前 言

本教材是在中等职业学校建设行业技能型紧缺人才培养指导方案的指导下，结合建设行业新技术、新规范和新标准的要求进行编写的。在编写过程中，编者对现场施工技术情况进行了大量的调查并结合全国各地的施工情况，分别就有针对性和普遍性的技术要求及中职学生毕业后就业的岗位需要进行编写。本教材有较强的实用性，除了适用于建设行业中等职业教育使用外，还可以供在职人员的培训使用。

本书在编制过程中得到了专业委员会、中国建筑工业出版社、天津市建筑工程学校等各单位领导的关怀和支持，在此表示衷心感谢。

本书由王洪健和张晓艳两位专家主审。

由于编者水平有限，书中的错误之处望读者加以指正。

目 录

单元 1 绪论 1

单元 2 钢筋工 6
 课题 1 钢筋配料单编制 6
 课题 2 钢筋的基本加工 23
 课题 3 钢筋冷加工 38
 课题 4 钢筋焊接 47
 课题 5 钢筋机械连接 59
 课题 6 钢筋绑扎与安装 70
 课题 7 钢筋工实训练习和考核 77

单元 3 测量放线工 80
 课题 1 建筑物的定位测量 80
 课题 2 建筑施工抄平放线 89
 课题 3 建（构）筑物的施工观测 99
 课题 4 测量放线工实训练习与考核 105

单元 4 建筑材料试验工 109
 课题 1 水泥取样和检验方法 112
 课题 2 钢筋取样和试验方法 123
 课题 3 钢筋焊接件取样和检验 135
 课题 4 钢筋机械连接接头试件取样和检验 142
 课题 5 结构普通混凝土取样和试验 150
 课题 6 砌筑砂浆取样和试验 161
 课题 7 建筑材料试验工管理制度与考核 164

单元 5 施工员 168
 课题 1 建筑施工图识读 172
 课题 2 各种施工文件的识读 174
 课题 3 施工作业条件设置和施工组织 178
 课题 4 施工员的考核与评定 181

单元 6 造价员 183
 课题 1 工程量计算 184
 课题 2 建筑工程量清单计价 192
 课题 3 造价员考核与评定 197

单元7　质量员 ··· 199
　　课题1　建筑施工控制项目质量检验 ····················· 201
　　课题2　检验批的质量检验 ····································· 208
　　课题3　质量员的考核与评定 ································· 214
参考文献 ··· 216

单元1 绪 论

知 识 点：认识操作技能形成的概念和职业道德。
教学目标：掌握操作技能形成的过程，理解职业道德的要求。

通过本门课程的学习可进一步加强学习者的操作技能和专业技能，缩小理论学习与工程实际之间的距离，以适应将来工作的需要。

1.1 学习的内容

本门课程教材设置了钢筋工、测量放线工、材料试验工、施工员、质量员、造价员、安全员等工作岗位。这些工作岗位的学习是在已经掌握了各专业基本的理论基础上，再进一步进行专门化的强化训练，以形成这些岗位所要求的工作能力。钢筋工、测量放线工、材料试验工通过专门化的强化训练，在工作岗位应知方面达到中级工的水平，在操作技能应会方面达到初级工水平，使本专业毕业生进入施工现场就能完成本专业的生产任务。施工员、质量员、造价员、安全员等通过专门强化训练，达到能够协助和从事施工现场一般的技术管理工作，建筑施工的质量管理工作，工程量的计算，比较简单的造价计算和成本分析等管理工作，建筑施工的安全管理工作等。通过专门化的强化训练使自己成为名副其实的施工员、质量员、造价员、安全员这些建筑施工企业所需的人才，为自己就业建立了可靠的理论和技术能力基础。

1.2 学习的方法

本门课程学习的内容是以操作技能训练为主，所以掌握好学习的方法十分重要，提出以下学习方法供大家参考。

1.2.1 对知识的需求

要想学好某门专业，首先从心里对这门知识有所需要，只有想学才能学好，只有学好了专业知识和操作技能才能成为人才，才能就业，才能对社会有所贡献，才能实现人生的价值。所以，建立起对本专业知识的学习需求是学好本专业的基础之一。

1.2.2 操作技能的形成概念

操作技能技巧是由一系列外部动作与心智技能等构成，是通过训练形成和巩固起来的一种行动方式，操作技能是经过大量的试件练习而形成的娴熟的生产技巧，所以生产技能技巧就是和谐的控制行为，是有意识的练习而形成的自动化的动作。形成本专业的操作技能是一个由低级到高级、由简单到复杂、由不熟练到熟练的循序渐进的练习过程，操作技能的形成是有规律可以遵循的，认识到这个规律并加以利用会使我们的操作技能形成更快，工作效率更高。

（1）感觉技能。感觉技能属于感觉器官的敏锐和有联系的技能，但各专业又各有其特殊的感觉要求，这种特殊的感觉要求是在训练中培养出来。例如钢筋工，能通过目测感观判断出钢筋的直径尺寸，初步分辩钢筋的等级；测量放线工通过目测初步判定空间的距离；材料试验工通过对具有气味的材料的气味能够初步判定材料的质量好坏等，因此要求各个专业在进行专门化综合训练中充分利用自己的感觉技能，为使自己成为专业的技术人才奠定基础。

（2）动作技能。动作技能是控制肌肉运动的功能，绝大多数专业工种需要手的工作技能，有的专业工作需要手脚配合工作及全身动作的技能，还有些专业工种需要手、脚动和机动配合的技能，例如钢筋工的钢筋闪光对焊操作，需要手动与机动相互配合，并且通过听闪光发出的声响和闪光的试件来判定焊接操作的各种动作，完成钢筋的闪光对焊操作。因此，动作技能是在感觉技能和心智技能的控制下完成的人体肌肉运动的过程。通过多次的控制运动，逐步形成自动化的工作，达到专业技术标准的要求。

（3）心智技能，主要是认识活动。心智技能是指观察、判断、选择对等的能力，是将学到的理论知识与实践活动相联系的过程。在完成生产任务中，有作出决定和采纳决定的技能，使生产活动更加合理有效。例如造价员是在计算工程量时，要根据施工图的情况和计算的工程量的内容来选择应采用哪一条计算规则和计算方法，才能完成所要求的工程量的计算任务，因此，心智技能是将已掌握的理论知识应用到工作实际的技能。如果不能发挥这种心智技能的作用，就是学习理论再多也不会应用。

1.2.3 操作技能的基本要素

（1）动作的准确性。就是指动作的方向正确，肌体移动的轨迹指向所要达到的目的，动作幅度适当，集体移动的路程的长短适中，富有很好的动作准确性，这些要求都是达到动作准确性的必须条件。例如钢筋工利用钢筋弯曲机弯曲钢筋，从钢筋拿起到放入钢筋弯曲机轴内的弯制成型后取出，每一动作都要十分准确；测量放线工在调试仪器时从整平到对准目标，再读数，每个动作也要求十分准确，才能达到操作的标准。

（2）动作的协调性。就是对自己的动作控制与调节，四肢与心智等方面的反应对目标协调一致，有条不紊，能按部就班进行操作。在刚进入操作训练时，不能急于求成，而是要把握动作的协调性，例如测量放线工在进行抄平放线操作，进行水准仪整平要使自己的动作协调、准确。

（3）动作速度。在动作准确、协调的基础上，还得有一定的速度，这是提高工效的一个主要方面。速度还表示一定的熟练程度，只有操作准确协调，熟练才能进一步提高自主的操作速度，操作速度提高了才能成为本专业的优秀人才。

（4）动作自动化。当操作动作准确、协调已相当熟练时，在外界情景产生刺激时，这时的操作工作近似条件反射式的动作，即为自动化阶段。熟练的操作并不把注意力集中于如何掌握工具、掌握操作姿势和用力强度等方面，而是考虑下一步的工作和如何提高工效等问题，达到这种程度是我们通过强化训练所要求的目标。

（5）利用技巧。操作技能的最高阶段是熟能生巧，这就是不仅产生自动化效应，还有创造性的作用，它是运用多种技能大大提高熟练程度和创造性的阶段，只有通过勤学苦练，积极钻研才能达到本专业操作技能的高水平阶段。

1.2.4 操作技能的形成过程

在认识了操作技能的形成概念和操作技能的基本要求以后，要运用这些规律指导自己操作技能的形成。操作技能的形成过程，就是人通过练习而掌握技能的过程，在训练中主动运用这些规律会加速操作技能的形成，达到事半功倍的效率，掌握任何专业的操作技能一般经过三个阶段。

（1）掌握局部工作阶段。这个阶段是练习基本功的工步、工序课题阶段，工序是一个分项工程施工工艺的组成部分，它是在操作训练时利用同一种工具，并以同一的操作方法，实现的一个工艺过程。例如钢筋施工中的钢筋绑扎安装这一分项工程是作业条件准备、弹线、铺设钢筋、钢筋绑扎、保护垫块安装、隐蔽工程验收等工序组成。工步是工序的组成部分，每一个工序中包含着一些工步，把它叫做操作练习课题，操作是为了完成工序中某一工步所进行练习。例如，钢筋绑扎这个工序，在进行钢筋绑扎时可以分成几个工步，包括钢筋钩的使用、绑扣的操作手法等，即单一操作的练习。操作必须具有相应的工作位置、工作姿势和工具的使用方法。这个阶段的练习只是单一的动作，要注意指导教师的示范动作，要摹仿指导教师的操作姿势，进行练习。在练习中强调操作姿势和操作方法的准确性，并运用所学的理论知识，了解单一操作对整体技术的联系。所谓"像不像，三分样"，就是指在各专业操作中掌握基本操作姿势的重要性。

在这个操作阶段注意自己的习惯动作不要干扰正确的动作或产生多余动作，而影响正确的操作技能的形成。

（2）动作的交替阶段。这个阶段是综合作业的练习阶段。综合作业的练习是将各个工步、工序的操作练习在一起进行一个分项工程的施工工艺的操作训练。这个阶段的特点是在已经逐步掌握了一系列局部的动作，并开始将这些局部的动作连接起来。在连接操作时动作会出现结合的不够紧密，常出现短暂的停顿，协同动作时交替进行，即先集中注意做出一个动作，后再注意操作工序，与连接一起的操作过程一样，从每个单一操作过程连接在一起形成操作技能。

（3）动作的协调和完善阶段。这个阶段是自己独立操作的阶段。在这个阶段，各个动作练习成为一个有机的联系并巩固下来，各个动作互相协调，感觉技能控制作用大大削弱，动作技能接近自动化，意识的参与减少到最低限度。操作中的紧张状态和多余动作基本消除，视觉控制的减弱和动觉控制的加强，同时注意范围也扩大了，并能根据条件变化而迅速、准确的完成所需要的动作系数，达到这个标准训练者就掌握了这门专业技术。

1.2.5 操作技能形成的练习方法

在认识了操作技能的形成过程，还要有正确的练习方法。练习的方法是否科学合理，对于操作技能形成的好坏和快慢起直接作用，因此，在练习中应注意以下几个重要条件：

（1）明确练习的目的。练习是一种有目的、有指导、有组织的训练活动，首先要明确进行某一课题练习的目的和要求，这一课题操作练习的作用与其他课题的联系，根据课题的练习要求，应为自己确定一定的目标，只有练习目标明确，练习的自觉性才会高，练习的效果也会更好。经过科学数据和实践证明，机械式的练习比有意识的练习，要多花几倍的时间。

（2）正确的练习方法。练习效果取决于正确的方法。学生一开始就应该按照实习指导教师所确定的操作步骤和方法进行练习。避免尝试或盲目试探，模仿指导教师的操作姿势，避免形成随意动作，在练习中了解动作的要领，以加强正确动作的视觉印象和动作体验，加强心理训练，协调动作才能收到较好的效果。

(3) 适当分配练习时间。练习时间的正确分配对于练习效果也有着重要的影响。如果很长时间内连续进行相同的单一动作练习，那么由于疲劳和厌烦的缘故，练习的效果不会很好，如果单一动作练习时间太短，单一动作不准确，不扎实，就进行综合练习也会影响操作技能的形成。因此，在练习中只要单一动作达到基本要求，就应进入综合练习，在综合练习中提高各个单一动作的熟练程度，使各个单一动作熟练连接形成操作技能。

(4) 了解练习的结果。及时了解练习的结果是掌握技能的必要条件之一。每次练习后都要检查哪些方面有成效，哪些方面存在着缺点、错误，把必要的、符合目的的动作保存下来，把多余的不符合要求的动作抛弃掉，就能够提高练习的质量，促进操作技能的掌握。因此，在进行操作训练时，对每个动作首先学员之间进行自检、互检，然后指导教师对每名学生进行检验，对于错误的动作进行纠正。

1.3 施工人员的职业道德

人们在从事各种行业的工作中除了具有一定的技术水平外，还应具有一定的职业道德，只有具备了一定的职业道德才能做好本职工作，尤其是建筑施工的各种专业。因为建筑产品是属于特殊产品，建筑产品的质量好坏关系到人民的生命财产的安全，各种建筑施工多数劳动仍然处于手工劳动的操作，由于产品是手工劳动，产品的质量好坏，人为影响因素较大，虽然在建筑施工中有许多的技术标准，但是这些技术标准只有操作人员和管理人员按照技术标准的要求去做才能生产合格的产品。所以，操作人员和管理人员具备良好的工作质量才能够做出良好的产品质量，而良好的工作质量又来源于操作人员的职业道德和企业的管理水平。因此，从事建筑施工的人员必须具备一定的职业道德。

在建筑施工企业，每个工作岗位都有规定的职业责任。如果违反了这些职业责任就要受到处罚，造成重大质量事故和人身安全事故还要受到法律制裁。在建筑企业中有这些规章制度，为什么还要提倡职业道德呢？通过以下几点加以说明。

1.3.1 职业道德的特点

(1) 职业道德着重反应本质特殊的利益和要求，不是在一般意义的社会实践基础上形成的，而是在特定的职业实践基础上形成的，因而，它往往表现为某一职业特有的道德心理和道德品质。在建筑施工这种职业中建立正确的职业道德是一项非常重要的任务，因为建筑产品是一种特殊产品，产品的质量关系到人们的生命财产安全，人们购买一套商品房几乎付出了自己一生的积蓄。个别房屋质量不合格，甚至发生倒塌破坏，出现这些问题是对人民的犯罪，所以在我们进行建筑施工时，处处要以人民的利益为重，以施工质量为重，无论是进行施工管理或进行施工操作，在各个施工环节上严格按施工规范要求进行操作，决不能偷工减料给工程留下隐患。

(2) 职业道德是用道德观念评价人们的行为。职业道德水平高的人都有强烈的责任感，在施工中，能将自己的工作与人民的利益联系在一起，认真做好每项工作。职业道德是职业成员自觉的做好本职工作，为社会主义现代化做出贡献的重要精神力量之一。只有建立了高尚的职业道德才能建设出更好的优质产品。

1.3.2 由于职业道德的重要性，要求我们在学习专业技术的同时，也要建立起几条职业道德的标准。

(1) 热爱本职工作，刻苦钻研技术。事实证明，只有热爱本职工作，树立职业的荣誉感和责任心，把自己所从事的职业视为神圣的事业，才可能具备崇高的职业道德，才可能将本职工作做好。建筑职业本身就是对人民贡献最大的职业，我们用双手建立高楼大厦就是一项崇高、神圣的职业，就应该热爱这个职业，认真学习，刻苦钻研技术，把本职工作做得更好。

（2）严格按技术标准操作，一丝不苟的完成本职工作。在各项施工中，每道工序都要严格执行技术标准，按照技术标准进行操作和管理，将不合格的产品消灭在工序操作中，而不是最后的工程返工。

（3）具有良好的团队精神，密切与他人合作协调工作程序。在建筑施工中是由许多人配合进行操作才能生产产品，因此要求各施工人员在施工中具有良好的团队精神，互相配合，在操作中配合上道工序，做好本工序的工作，同时为下道工序创造良好的施工条件，各道工序相互衔接才能生产出优良的产品。

（4）文明施工，安全生产，做到材料堆放整齐，珍惜一砖一木，不浪费原材料。

（5）在施工中不扰民，不乱排污水，不乱倒垃圾脏土，不乱扔废弃物，夜间施工严格控制噪声，在施工中要保护环境。

单元 2 钢 筋 工

知 识 点：编制钢筋配料单，钢筋基本加工和冷加工，钢筋焊接，钢筋机械连接，钢筋绑扎安装，预应力钢筋。

教学目标：会编制钢筋配料单，掌握钢筋代换计算方法，掌握钢筋基本加工和冷加工的操作方法。掌握钢筋焊接操作方法，掌握钢筋绑扎安装操作方法，掌握一般预应力混凝土工程的全部张拉工艺操作。

课题 1 钢筋配料单编制

1.1 钢筋配料单编制准备

1.1.1 熟悉钢筋施工图

在编制钢筋配料单之前，首先要熟悉钢筋施工图所表示的内容。熟悉施工图纸，必须掌握关键，抓住要领即：

(1) 先粗后细。先看平面、立面、剖面图，对整个工程的概况有一个轮廓的了解，对工程总的长、宽尺寸，轴线尺寸、标高、层高有一个大体的印象，后看细部做法，校对尺寸，位置，标高，各种表中的规格、数据是否相符。

(2) 先小后大，即先看小样，后看大样。核对平、立、剖面图中标注的细部做法与大样图是不是相符。施工图所采用的标准构件图集编号、类别、型号与本设计图纸是否相符齐全等。

(3) 先建筑后结构。在进行钢筋配料时，也要看建筑施工图，然后将建筑施工图与表示钢筋的结构施工图对照看，校对轴线、尺寸是不是相符，结构图能不能满足施工的需要。

(4) 看配筋图时，应把构件配筋的立面图、剖面图、钢筋明细表对照起来，先弄清每个编号的钢筋直径、规格、种类、形状、数量及在构件中的位置，再弄清钢筋在构件中的相互关系，要反复地由粗到细，由局部到整体仔细研究，直到彻底看懂整体钢筋配置的要求。有的结构施工图还配有钢筋明细表，一般情况下，钢筋明细表不能简单地作为钢筋的配料单，应在看懂配筋图的前提下，逐级遍校，以免发生错误。

1.1.2 熟悉钢筋施工图的表示规则

要想看懂钢筋施工图必须熟悉钢筋施工图的表示规则。现在钢筋施工图的表示规则，除了钢筋施工图绘制的一般要求和规定外，还服从《混凝土结构施工图平面整体表示方法制图规则和构造详图》03G101-1 的表示方法。这种表示方法称为平法。平法的表达方式，是把结构构件的尺寸和配筋等，按照平面整体表示方法制图规则，整体直接表达在各类构件的结构平面布置图上，再与标准构造详图相配合，即构成一套新型完整的结构设计，改变传统的那种将构件从结构平面布置图中索引出来，再逐个绘制配筋详图的繁琐方法。

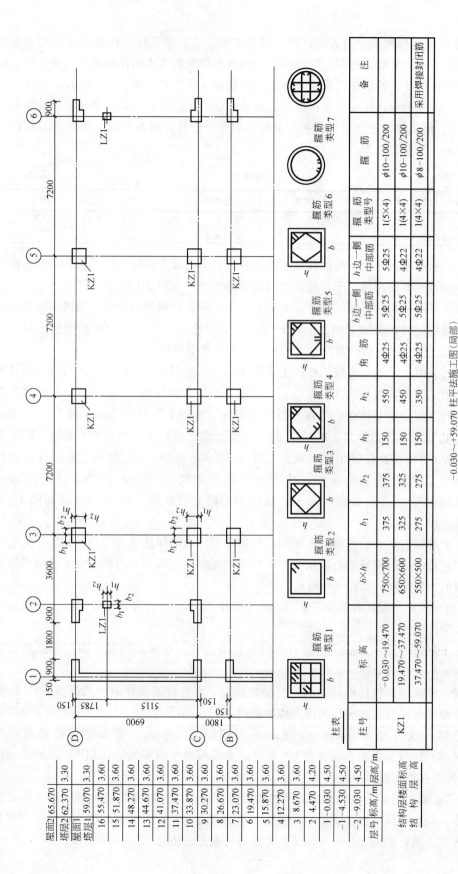

图 2-1 柱平法施工图列表注写方式示例

1) 柱平法施工图列表注写方式。柱的列表注写方式，是在柱平面布置图上列出各种柱规范的截面形式，平面布置图上的各种柱根据列出的表的要求选择截面形式和尺寸。同时在柱表中注写柱号，各层柱段的起止标高，配筋的具体数值。如图 2-1 所示。

（1）柱的编号表示。柱编号是根据柱的类型由字的汉语拼音字母的字头表示。如框架柱的代号 KZ，同类柱有不同的界面和配筋时，加序号进行区别如 KZ1、KZ2 等。柱的表示方法符合表 2-1 的规定。

柱编号 表 2-1

柱类型	代号	序号	柱类型	代号	序号
框架柱	KZ	XX	梁上柱	LZ	XX
框支柱	KZZ	XX	剪力墙上柱	QZ	XX

（2）柱的标高表示方法。柱的标高在图的左侧表中表示了各楼层的标高和层高，在图的下侧表中表示了各标高的柱子配筋和截面尺寸的选择。如图 2-1 所示。

当查看各层柱子的配筋时，要将左侧的表与下侧的表对照进行查找。当同一位置的柱子截面或配筋变化时，图的下侧就会出现与其标高对应的一种柱子截面和配筋表。如图 2-1 是表示 KZ1 的隔层标高、截面尺寸和纵向钢筋的布置情况。

（3）柱的截面尺寸表示方法。柱的上下两条边的长度用 b 表示，柱的左右两边的长度用 h 表示，为了区分各边与轴线的关系，柱的左右两条边的长度 $b=b_1+b_2$，b_1 是柱的左边缘到轴线的距离。b_2 是柱的右边缘到轴线的距离。柱的上下两条边的长度 $h=h_1+h_2$，h_1 是柱的上边缘到轴线的距离，h_2 是柱的下边缘到轴线的距离，如图 2-1 所示。KZ1 在 $-0.030\sim19.470$ 的标高位置中柱的截面尺寸是 $750mm\times700mm$，柱的左右边缘距轴线都是 375mm。轴线处于 b 的中间，柱的上边缘距轴线 150mm，柱的下边缘距轴线 550mm，轴线处于 h 边是偏轴，柱子的截面和配筋分别在第 6 层 19.470m 和第 11 层 37.470m 发生改变。

（4）柱子的纵向筋表示方法。柱子的纵向筋分别用角筋即柱子四个角的钢筋，上边的中部配筋和左边的中部配筋进行表示。对称配筋的矩形柱，两个 b 边和两个 h 边是相等的只注写一侧的中部配筋。如图 2-1 所示。

KZ1 b 边一侧中部配筋各自是 5Φ25，两边采用 10Φ25。当采用圆柱时，表中角第一栏注写圆柱全部纵筋。

（5）柱子箍筋的表示方法。箍筋有各种的组成方式。根据结构施工图的选择进行配料，各种箍筋组成方式如图 2-2 所示。

（6）注写柱箍筋：包括钢筋级别，直径与间距，当为抗震设计时，用斜线"/"区分柱段箍筋加密区与柱身非加密区长度范围箍筋的不同，如图 2-1 所示。φ10@100/200 即为钢筋是 HPB235 级直径为 10mm。加密区箍筋间距为 100mm，非加密区箍筋间距为 200mm。抗震地区柱箍筋加密区如图 2-3 所示。非抗震地区箍筋加密区如图 2-4 所示。图 2-3 中 H_n 为所在楼层的柱净高。

2) 柱平法施工图截面注写方式。柱的截面注写方式是在标准层绘制的柱平面布置图的柱截面上，分别在同一编号选择一个截面，以直接注写截面尺寸和配筋具体数值方式来表达柱平法施工图，如图 2-5 所示。其他方面与列表方法相同。

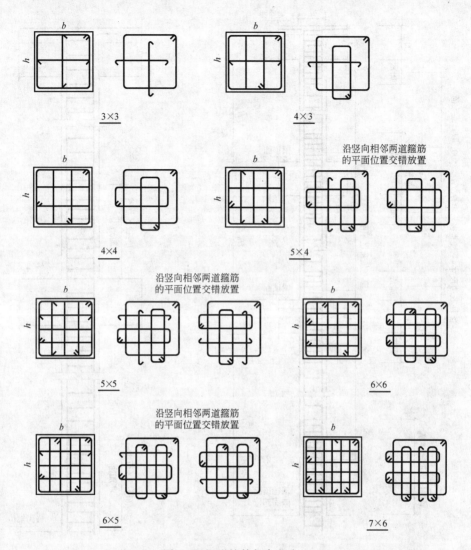

图 2-2 矩形箍筋复合方式

对所有柱截面进行编号，从相同编号的柱中选择一个截面，按另一种比例原位放大绘制柱截面配筋图，并在各配筋图上及其编号后在注写截面尺寸 $b×h$、角筋或全部纵筋、箍筋的具体数值以及在柱截面配筋图上标注截面与轴线关系 b_1、b_2、h_1、h_2 的具体数值。

采用截面注写方法时，可以根据具体情况，在一个柱平面布置图上加用小括号"()"和尖括号"<>"来区分和表达不同标准层的注写数值。其他的表示内容和规定与柱的列表注写方式相同。

3）梁平法施工图平面注写方式

梁平法施工图平面注写方式是在梁平面布置图上，分别在不同编号的梁中各选一根梁，在其上注写截面尺寸和配筋具体数值的方式来表达梁平法施工图，如图 2-6 所示。

（1）平面注写方式包括集中标注与原位标注。集中标注表达梁的通用数值，原位标注

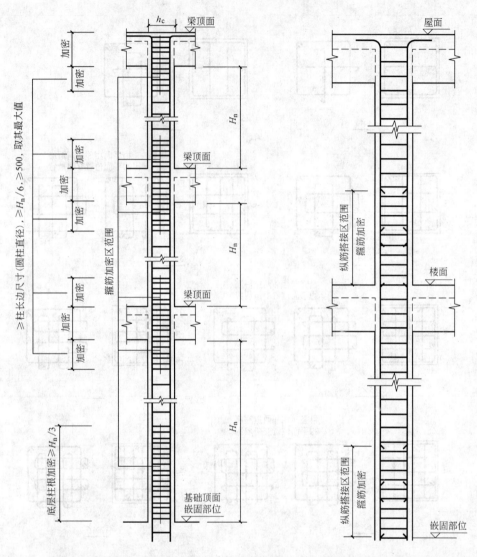

图 2-3 抗震 KZ、QZ、LZ 箍筋加密区范围　　图 2-4 非抗震 KZ 箍筋构造

表达梁的特殊数值。当集中标注中的某项数值不适用于梁的某部位时，则将该项数值原位标注。施工时，原位标注取值优先，如图 2-6 所示。使用引线引出的为集中标注所表示的内容。在梁上下两侧标注的是原位标注，四个梁截面是采用传统表示方法绘制，用于对比按平面注写方式表达的同样内容。实际采用平面注写表达时，不需绘制梁截面配筋及相应截面号。梁集中标注所表示的内容：

Ⅰ．梁集中标注的第一项内容是梁的编号。梁的编号如表 2-2 所示。图 2-6 所示的梁的编号为框架梁，序号 KL2。(2A) 表示此框架梁是 2 跨一端带有悬挑梁。如果括号内是 B，则表示两端带有悬挑梁。

Ⅱ．梁集中标注的第二项内容是梁的截面尺寸。当为等截面梁时用梁宽(b)×梁高(h)表示。如图 2-6 所示。梁宽为 300mm，梁高为 650mm。当为加腋梁时，用 $b \times h Y c_1 \times c_2$ 表示。其中 c_1 为腋长，c_2 为腋高，如图 2-7 (a) 所示，腋长为 500mm，腋高为

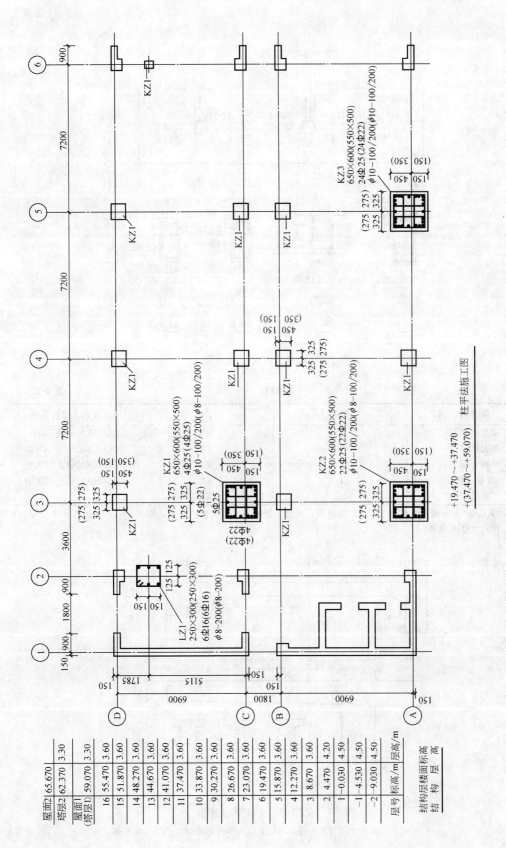

图 2-5 柱平法施工图截面注写方式示例

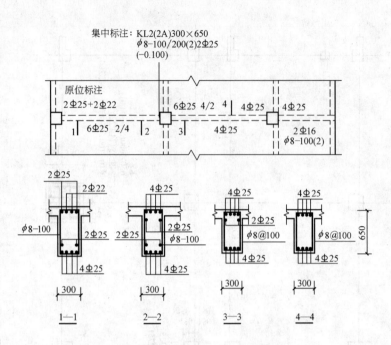

图 2-6 梁平面注写方式示例

梁编号　　　　　　　　　　　　　　　　　　　　　　　　　表 2-2

梁类型	代号	序号	跨数及是否带有悬挑
楼层框架梁	KL	XX	(XX),(XXA)或(XXB)
屋面框架梁	WKL	XX	(XX),(XXA)或(XXB)
框支梁	KZL	XX	(XX),(XXA)或(XXB)
非框架梁	L	XX	(XX),(XXA)或(XXB)
悬挑梁	XL	XX	

注：(XXA)为一端有悬挑；(XXB)为两端有悬挑。悬挑不计入跨数。例如，KL7(5A)表示7号框架梁，5跨，一端有悬挑。

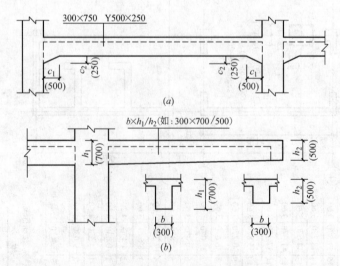

图 2-7 梁截面尺寸注写示意图
(a) 加腋梁截面尺寸注写示意图；(b) 悬挑梁不等高截面尺寸注写示意图

250mm。当有悬挑梁且根部和端部高度不同时，用斜线分割根部与端部的高度，即 $b \times h_1/h_2$，h_1 为梁根部的高度，h_2 为梁端部的高度，如图 2-7（b）所示，梁根部（h_1）高为 700mm，梁端部（h_2）高为 500mm。

Ⅲ．梁集中标注的第三项内容是梁的箍筋。包括钢筋级别、直径、加密区与非加密区间距及肢数，箍筋加密区与非加密区的不同间距及肢数需用斜线"/"分隔，如图 2-6 所示。箍筋使用 HRB235 级钢筋，直径为 8mm。加密区箍筋间距为 100mm，非加密区箍筋间距为 200mm，加密区和非密区的箍筋均为双肢箍。梁的箍筋加密区的长度是从柱边缘 50mm 算起，对于一级抗震等级框架梁 KL、WKL 其长度为梁高的 2 倍或 500mm，两者取较大值。对于二～四级抗震等级框架梁 KL、WKL，其长度为梁高的 1.5 倍或 500mm，两者取较大值。

Ⅳ．梁集中标注的第四项内容是梁上部通长钢筋或架立钢筋配置，通长筋可为相同或不同直径采用搭接连接、机械连接或对焊连接的钢筋。当同排纵筋即有通长筋又有架立筋时，应用加号将通长筋与架立筋相联。加号前为通长筋，加号后为架立筋，并将架立筋写入括号内，例如 2ϕ22＋(4ϕ12) 其中 2ϕ22 为通长筋，4ϕ12 为架立筋。如图 2-6 所示，没有架立筋，只有 2ϕ25 的通长筋。当下部纵筋为全跨相同，且多数跨配筋相同时，集中标注也可注下部纵筋的配筋值，用分号"；"将上部与下部分开。

Ⅴ．梁集中标注的第五项内容是梁侧面纵向构造钢筋或受扭钢筋的配置。当梁腹板高度大于或等于 450mm 时，根据设计要求，有的梁侧配有构造筋或受扭钢筋。当配有构造筋时，此项注写值以大写字母 G 打头，其后注写设置在梁两个侧面的总配筋值，且对称配置。例如 G4ϕ12，表示梁的两个侧面共配置 4ϕ12 的纵向构造钢筋，每侧各配置 2ϕ12，当配有受扭钢筋时，侧向注写以大写字母 N 打头，其后注写配置在梁两侧面总配筋值，且对称配置。例如 N6ϕ22，表示梁的两个侧面共配置 6ϕ22 的受扭纵向钢筋，每侧各配置 3ϕ22。

Ⅵ．梁集中标注的第六项内容是梁顶面标高高差。梁顶面标高高差是指梁的顶面相对于本结构层楼面标高的高差值。当某梁的顶面高于所在结构层的楼面标高时，其标高高差为正直，反之为负值。有高差时，将其写入括号内，无高差时不注，如图 2-6 所示，最后一项括号内为（－0.1），表示此梁低于本结构层楼面标高 0.1m。

（2）梁原位标注所表示的内容。梁原位标注是将配筋数量直接标在梁的上侧和下侧。如图 2-6 所示。

Ⅰ．梁上侧标注的钢筋数量含有通长筋在内的配筋。如图 2-6 所示 4ϕ25，其中 2ϕ25 是通长筋，2ϕ25 是短筋。当上部纵筋多于一排时，用斜线"/"将各排纵筋自上而下分开，如图 2-6 所示，6ϕ25 则表示上排纵筋为 4ϕ25，下排纵筋为 2ϕ25。当同排纵筋有两种直径时，用加号"＋"将两种直径的纵筋相连，注写时将角纵筋写在前面。例如图 2-6 所示 2ϕ25＋2ϕ25，表示 2ϕ25 放在梁的角部，2ϕ25 放在梁的中部。当梁的中间支座两边的上部纵筋不同时，须在支座两边分别标注。当梁中间支座两边的上部纵筋相同时，可仅在支座的一边标注配筋值，另一边省去不注，如图 2-6 所示。

Ⅱ．当梁的下部纵筋不包含有通长筋，每跨配筋标在梁的下侧。当梁的集中标注中注写了梁下部均为通长筋时，则不要在梁下部重复做原位标注。当梁的下部纵筋多于一排时，用斜线"/"将各排纵筋自上而下分开。如梁下部纵筋注写为 6ϕ25 2/4，则表示上排纵筋为 2ϕ25，下排纵筋为 4ϕ25。当同排纵筋有两种直径时，用加号"＋"将两种直径的纵筋相连,放在梁的角部钢筋写在加号的前面。当梁下部纵筋全部伸入支座时,将梁支座下部纵筋减少的数量写在括号内,例如梁下部纵筋注写为 6Φ25(-2)/4,则表示上排纵筋,且不伸入支座,下排纵筋,全部伸入支座。

Ⅲ. 在主次梁交接处,主梁需要附加箍筋或吊筋,将其直接画在平面图中的主梁上,用引线注明配筋值。

4) 梁平法施工图截面注写方式。截面注写方式,是在标准层绘制的梁平面布置图上,分别在不同编号的梁中各选择一根梁用剖面图引出配筋图,并在其上注写截面尺寸和配筋具体数值的方式来表达梁平法施工图。如图 2-8 所示。

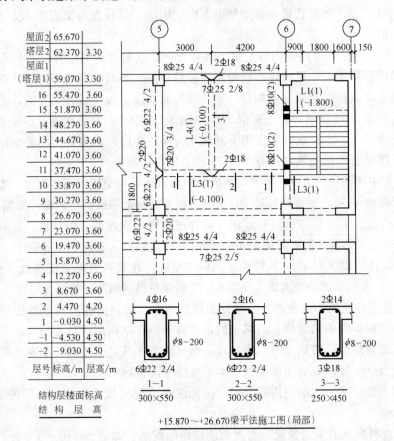

图 2-8 梁平法施工图截面注写方式示例

(1) 对所有梁进行编号,从相同编号的梁中选择一根梁,将单边截面号画在梁应该剖切的位置,再将截面配筋详图画在本图或其他图上。如图 2-8 所示。选择的是 L3 和 L4,在 L3 上作了 1-1 截面和 2-2 截面,在 L4 上作了 3-3 截面,在截面配筋图上注写截面尺寸,上部纵向筋,下部纵向筋,侧面纵向筋和箍筋的具体数值时,其表达形式与平面注写方式相同。

(2) 当梁的顶面标高与结构层的顶面标高不同时,在梁的编号后注写梁顶面标高差也将标高差写入括号内,如图 2-8 所示 L4(1)(-0.1)。所表示的是 L4 的一跨,梁的顶面标高比结构面低 0.1m。

(3) 截面注写方式即可以单独使用,也可以与平面注写方式结合使用。

5) 梁支座上部纵筋的长度规定。

(1) 为了方便施工，凡框架梁的所有支座和非框架梁的所有支座上部非通长筋的延伸长度值采用同一取值的方法。第一排非通长筋从柱边起延伸至的位置，第二排非通长筋从柱边起延伸至的位置，L_n 的取值规定，对于端支座，L_n 为本跨的净跨值。对于中间支座，L_n 为支座两边较大一跨的净跨值，如图 2-9 所示。第一排非通长筋长度为：从柱边起取 $L_n/3$。第二排非通长筋长度为：从柱边起取 $L_n/4$，当梁两侧的 L_n 不相同时，取较大值。梁端部的钢筋弯钩长度也要服从图 2-9 的要求。图 2-9 中 l_{aE} 为钢筋抗震锚固长度。l_{lE} 为钢筋抗震搭接长度。

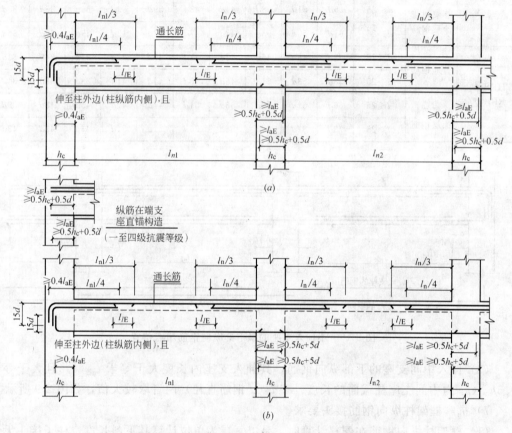

图 2-9 抗震楼层框架梁 KL 纵向钢筋构造
(a) 一、二级抗震等级楼层框架梁 KL；(b) 三、四级抗震等级楼层框架梁 KL
注：当梁的上部既有通长筋又有架立筋时，其中架立筋的搭接长度为 $15d$

(2) 为了施工方便，当梁上部通长筋需要搭接时，其搭接的位置应在梁中间 1/3 范围内，如图 2-9 所示，其搭接的长度应符合表 2-3 的要求。纵向筋搭接处箍筋加密。

6) 梁下部纵向钢筋的构造要求

(1) 不伸入支座的梁下部纵向钢筋，其截断点距支座边的距离为 $0.1L_{ni}$，（L_{ni} 为本跨梁的净距值），截断点如图 2-10 所示。

(2) 伸入端部支座的下部纵向筋不小于 $0.4l_{aE}$（l_{aE} 为受拉钢筋抗震锚固长度），并且加一个 90°弯钩，90°弯钩的平直部分长度不小于 $15d$（d 为钢筋直径）。

受拉钢筋抗震锚固长度 l_{aE}　　　　表 2-3

钢筋种类与直径(mm)			C20 一、二级抗震等级	C20 三级抗震等级	C25 一、二级抗震等级	C25 三级抗震等级	C30 一、二级抗震等级	C30 三级抗震等级	C35 一、二级抗震等级	C35 三级抗震等级	≥C40 一、二级抗震等级	≥C40 三级抗震等级
HPB235	普通钢筋		36d	33d	31d	28d	27d	25d	25d	23d	23d	21d
HRB335	普通钢筋	d≤25	44d	41d	38d	35d	34d	31d	31d	29d	29d	26d
HRB335	普通钢筋	d>25	49d	45d	42d	39d	38d	34d	34d	31d	32d	29d
HRB335	环氧树脂涂层钢筋	d≤25	55d	51d	48d	44d	43d	39d	39d	36d	36d	33d
HRB335	环氧树脂涂层钢筋	d>25	61d	56d	53d	48d	47d	43d	43d	39d	39d	36d
HRB400 RRB400	普通钢筋	d≤25	53d	49d	46d	42d	41d	37d	37d	34d	34d	31d
HRB400 RRB400	普通钢筋	d>25	58d	53d	51d	46d	45d	41d	41d	38d	38d	34d
HRB400 RRB400	环氧树脂涂层钢筋	d≤25	66d	61d	57d	53d	51d	47d	47d	43d	43d	39d
HRB400 RRB400	环氧树脂涂层钢筋	d>25	73d	67d	63d	58d	56d	51d	51d	47d	47d	43d

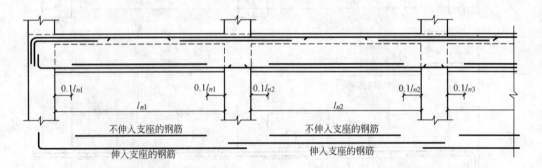

图 2-10　不伸入支座的梁下部纵向钢筋断点位置

(3) 伸入中间支座的下部纵向钢筋,其伸入支座内长度大于等于 l_{aE},并且大于等于 $0.5h_c$ (h_c 为中间支座柱截面的长度) $+5d$ (d 钢筋直径) 两者取较大值,如图 2-9 所示。

7) 抗震框架柱纵向钢筋接头要求。

(1) 框架柱纵向钢筋在配料计算时,是以每层为单位计算其下料长度,柱子接头无论采用哪种方式连接,柱相邻纵向钢筋连接接头相互错开,在同一截面内钢筋接头面积百分率不应大于50%,接头的位置和搭接长度,如图 2-11 所示。图中 H_c 为柱的净高,h_c 为柱截面长边尺寸,圆柱为截面直径,l_{lE} 为钢筋抗震搭接长度。

(2) 当柱子的纵向钢筋直径等于或大于 25mm 时,不宜采用绑扎搭接,应采用机械连接或焊接连接。

8) 当抗震柱截面发生变化时,其接头搭接的位置和接头的搭接长度如图 2-12 所示。图中 h_b 为梁的高度,c 为上柱与下柱每边所减小的尺寸。

9) 当非抗震框架柱截面变化时,其纵向钢筋接头的位置和搭接的长度应符合图 2-13 所示的要求。符号所表示的内容与以上图示相同。

10) 非抗震框架柱纵向钢筋接头要求。

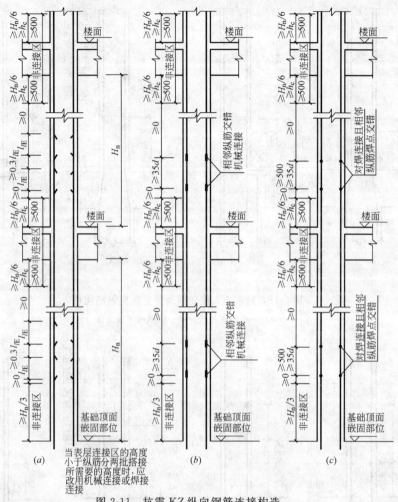

图 2-11 抗震 KZ 纵向钢筋连接构造
(a) 绑扎搭接；(b) 机械连接；(c) 焊接连接

非抗震框架柱纵向钢筋接头的位置和搭接长度应符合图 2-14 所示的要求。图中 l_l 表示钢筋绑扎搭接长度（d 为钢筋直径）。

1.1.3 熟悉钢筋配料计算的各项规定

在掌握了施工图的读图规则后，只有将钢筋施工图读懂才能进行配料计算和编写钢筋配料单，当钢筋施工图所标注的详细部位尺寸无法确认时，应按配料计算的一般规定执行，钢筋配料计算的一般规定如下。

(1) 钢筋配料单内绘制的钢筋图的标注尺寸是指钢筋成型后的钢筋外缘至外缘的尺寸，但是箍筋的尺寸例外，箍筋的长和宽的尺寸，有的标注尺寸是外缘至外缘的尺寸。有的标注尺寸是内缘至内缘的尺寸。如果箍筋是外缘尺寸，应该将数字标注在箍筋的外侧。如果箍筋是内缘尺寸应将数字标注在箍筋的内侧。在钢筋配料计算时，一般箍筋采用内缘尺寸，因为箍筋有固定主筋的作用，箍筋的内缘正是主筋的外缘，混凝土保护层的厚度是指受力筋外缘至混凝土构件外皮的厚度，所以混凝土构件的长和宽各减去保护层的厚度正是箍筋内缘尺寸的长和宽。

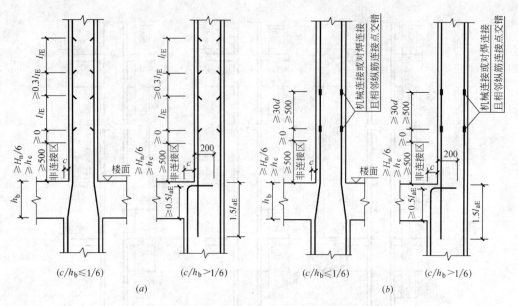

图 2-12 抗震 KZ 柱变截面位置纵向钢筋构造
(a) 绑扎搭接连接；(b) 机械或焊接连接

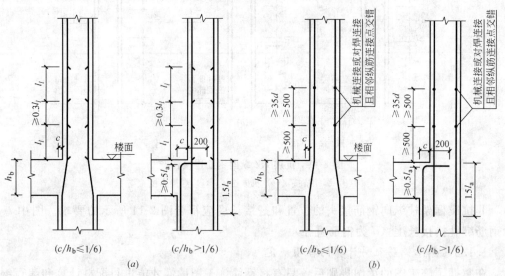

图 2-13 非抗震 KZ 中柱柱顶纵向钢筋构造
(a) 绑扎搭接连接；(b) 机械或焊接连接

(2) 混凝土保护层厚度，混凝土保护层厚度是指受力筋外边缘至混凝土构件表面的距离，其作用是保护钢筋在混凝土结构中不受锈蚀和与混凝土间有足够的黏着力。当设计有要求时，按设计要求留置，当设计无具体要求时，按表 2-4 的规定。

表中一类环境为室内正常环境，二类为潮湿或露天环境，三类为寒冷区水位变动的环境。

(3) 钢筋弯钩增加长度，钢筋弯钩有半圆弯钩、直弯钩和斜弯钩三种形式。如图 2-15 所示。

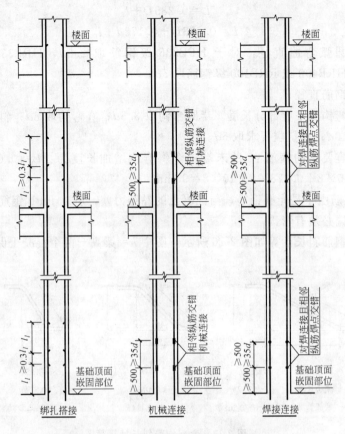

图 2-14 非抗震 KZ 纵向钢筋连接构造

纵向受力钢筋的混凝土保护层最小厚度（mm）　　表 2-4

环境类别		板、墙、壳			梁			柱		
		≤C20	C25～C45	≥C50	≤C20	C25～C45	≥C50	≤C20	C25～C45	≥C50
一		20	15	15	30	25	25	30	30	30
二	a	—	20	20	—	30	30	—	30	30
	b	—	25	20	—	35	30	—	35	30
三		—	30	25	—	40	35	—	40	35

注：基础中纵向受力钢筋的混凝土保护层厚度不应小于 40mm；当无垫层时不应小于 70mm

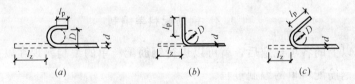

图 2-15 钢筋弯钩形式
(a) 半圆 (180°) 弯钩；(b) 直 (90°) 弯钩；(c) 斜 (135°) 弯钩

钢筋施工图中如果对钢筋弯钩长度没有标注尺寸时，应按构造要求尺寸下料，各种钢筋末端弯钩增加长度 L 按下式计算：

半圆弯钩　　　　　　　　$L = 1.071D + 0.571d + l_p$

直弯钩 $\quad L=0.285D+l_p$

斜弯钩 $\quad L=0.678D+0.178d+l_p$

式中 D——圆弧弯曲直径,对于 HPB235 级钢筋取 $2.5d$,HRB335 级钢筋取 $4d$,HRB400 或 RRB400 级钢筋取 $5d$;

d——钢筋直径;

l_p——弯钩的平直部分长度。半圆弯钩取 $3.5d$;直弯钩取 $3d$;斜弯钩抗震要求取 $10d$;非抗震要求取 $5d$。

例如有抗震要求的箍筋 $\phi 8$ 的末端一个斜弯钩增加长度为:$L=0.678D+0.178d+l_p=0.678\times 2.5\times 8+0.178\times 8+10\times 8=95$mm

HPB 级钢筋由于是光圆钢筋,与混凝土的黏结力差,所以 HPB 钢筋无论是处于末端或钢筋搭接末端必须有弯钩。

(4) 弯起钢筋斜长计算如图 2-16 所示,图中 $h=$ 梁高 - 两个混凝土保护层。

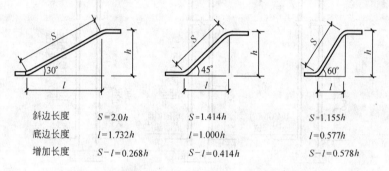

图 2-16 弯起钢筋斜长计算简图

(5) 钢筋弯曲调整值。当钢筋的弯曲点不在钢筋末端,而是处于弯曲加工长度之间,钢筋弯曲时,内皮缩短,外皮延长,只有中心线尺寸不变,故下料长度即为中心线尺寸,同时弯曲处又呈圆弧状,当钢筋成型后量外皮尺寸时,弯曲钢筋的尺寸大于下料尺寸,两者之间的差值称为弯曲调整值。在钢筋配料计算下料长度时,当钢筋成型后量取外皮尺寸时,下料长度等于量度尺寸减去弯曲调整值。当钢筋成型后量取内皮尺寸时,如箍筋,下料长度等于量度尺寸加上弯曲调整值,钢筋弯曲调整值是按弯曲直径 $D=5d$ 计算,当弯曲角度为 30°时,弯曲调整值为 $0.3d$;45°角时,弯曲调整值为 $0.6d$;60°角时,弯曲调整值为 $1.2d$;90°角时,弯曲调整值为 $2d$。

1.2 钢筋配料单编制

在掌握了以上的各项规定后,就可以进行钢筋配料单的编制。现在以一个钢筋混凝土框架为例讲述钢筋配料单的编制过程。

1.2.1 首先将结构的钢筋配料计算划分为两大部分,一部分是基础钢筋,另一部分是主体钢筋。主体钢筋可以划分为标准层和非标准层,对于标准层框架的梁、板、柱配筋相同,只要计算出一层就可以;对于非标准层,由于各层的配筋不同,只能分层计算。

1.2.2 再将各个部分的各种构件按其编号进行排列,计算出各种构件的数量,按其编号逐个进行钢筋配料计算。例如在某一层时的编号有几种，每种柱子有多少根，总共有多少根柱子。

1.2.3 对某个构件进行钢筋配料计算时，先进行钢筋编号，对于构件中直径、长度、品种完全相同的钢筋编为同一个编号，计算出各种编号钢筋的根数。

1.2.4 确定每种钢筋加工长度。由于现在的钢筋施工图采用平法。连续梁也没有弯起筋，减少了加工的难度，但是在确定钢筋加工长度时，还要考虑垂直运输，绑扎安装的难度，钢筋加工长度除满足设计要求外，还要兼顾施工现场垂直运输机械的吊装能力和人工安装的能力。

1.2.5 确定钢筋的连接方法。柱子、梁、板的钢筋采用哪种连接方法，也影响到钢筋下料长度的计算，当采用套筒挤压连接，直螺纹连接，钢筋不增加长度；当采用电渣压力焊连接，应增加一个钢筋直径的长度；当采用绑扎搭接连接，按规定计算搭接长度。

1.2.6 钢筋长度计算。钢筋长度计算包括钢筋简图和下料长度的尺寸计算，将计算结果填入钢筋配料单内。

1.2.7 钢筋配料计算例题。现以图2-17所示进行配料计算。

1) 确定部位。如图2-17所示是5~8层的配筋图，属于主体部分，总共4层梁的配筋图的标准层。

2) 计算梁的数量

(1) 一层内KL1在Ⓐ轴Ⓒ轴Ⓓ轴上共3根。KL2在Ⓑ轴上1根。KL3在②轴⑥轴上共2根，KL4在③轴④轴上共2根，KL5在⑤轴上只有1根，KL6在Ⓐ轴⑤~⑥轴延长线上只有1根，L1共5根，L2 1根，L3 1根，L4 1根。

(2) 合计根数。由于图是4层的标准层，所以各种型号的梁如下：

KL1=3×4=12根

KL2=1×4=4根

KL3=2×4=8根

KL4=2×4=8根

KL5=1×4=4根

L1=5×4=20根

L2=1×4=4根

L3=1×4=4根

L4=1×4=4根

(3) 构件钢筋编号。现以图2-17中的KL5为例，将几种标注的上部通长筋2Φ22编为1号，将Ⓐ轴Ⓓ轴原位标注（梁的上侧）的两边共4Φ22的上排的短筋编为2号，将下排4Φ22的短筋编为3号，将Ⓑ轴Ⓒ轴支座处原位标注梁的上侧2Φ22上排短筋编为4号，下排短筋编为5号，将梁的下侧A~B跨的6Φ22编为6号，B~C跨2Φ20编为7号，C~D跨7Φ20编为8号，梁中2Φ20的吊筋编为9号，梁中的箍筋编为10号。

(4) 确定钢筋加工长度，KL5最长的钢筋为梁上侧的通长钢筋，约15m多，这种长度如果采用塔吊进行垂直运输，人工安装基本能够达到，不需要再切断连接。

3) 钢筋长度计算，现以KL5中1号钢筋为例，计算简图中的长度和下料长度。

(1) 简图长度计算

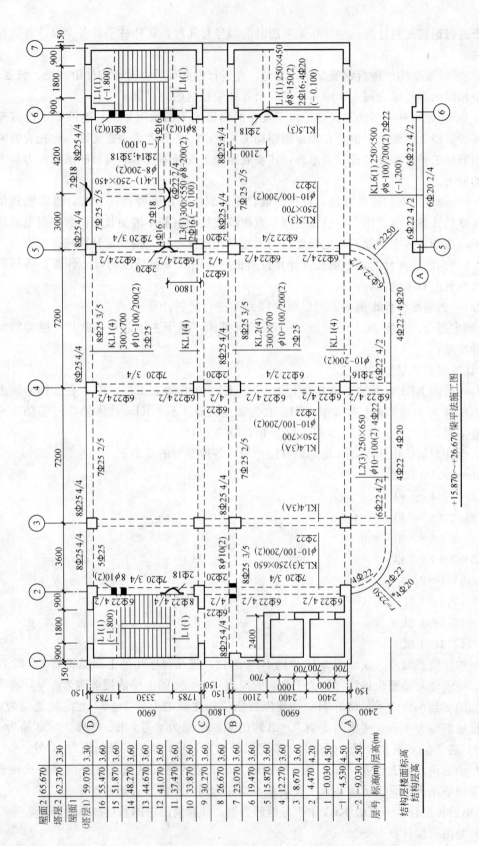

图 2-17 梁平法施工图平面注写方式示例

简图：

如上图所示，钢筋弯钩长度为 $15d=15\times22=330$mm，钢筋的直线长度$=6900\times2+1800+150\times2-25\times2=15850$mm

（2）下料长度计算：

$$15850+330\times2-2\times22=16466\text{mm}$$

对各个构件，各个编号钢筋分别计算，将计算结果填入配料单内。

课题 2　钢筋的基本加工

钢筋基本加工包括钢筋除锈、调直、切断、弯曲成型等加工操作过程。

2.1　钢　筋　除　锈

钢筋由于保管不当或者存放过久，就会与空气中的氧发生化学反应，在钢筋表面结成一层氧化铁，这就是铁锈。当铁锈形成初期，钢筋表面呈黄褐色，成为水锈，这种水锈处在冷拔或者焊接的焊点附近时必须清除干净，一般可以不予处理，不会影响钢筋与混凝土的黏结力，而且这种水锈在混凝土中的水泥作用下不再生锈，但是当钢筋表面已形成一层氧化铁皮，用锤击就能剥落的铁锈时，则一定要清除干净，否则，这种形成氧化铁皮的钢筋放入钢筋混凝土结构中，使得钢筋不能与混凝土有很好的黏结力，当受到外力作用时影响钢筋和混凝土共同受力，带有锈皮的钢筋会在混凝土内滑动，会使钢筋混凝土构件产生裂缝，从而加速钢筋锈蚀，由于锈蚀的发展，钢筋的锈皮相应增厚，会导致混凝土构件边角保护层剥落，钢筋断面减小，承载能力降低，直至钢筋锈断，构件完全破坏，因此，当钢筋表面形成一层氧化铁皮时，必须对钢筋除锈。

2.1.1　钢筋除锈方法的选择

（1）当钢筋是 $\phi6\sim\phi10$ 的盘条时，在调直中就可以除去锈皮，不需要特定除锈加工过程。

（2）当钢筋直径在12mm以上时，数量较小时可采用人工除锈。人工除锈的方法有钢丝刷除锈，沙盘除锈，酸洗除锈等方式。

（3）当除锈钢筋量较大时采用机械除锈，机械除锈采用除锈机，工作时，电动机带动钢丝轮转动，钢筋与钢丝轮接触，锈皮即被清除。

2.1.2　钢筋除锈操作

1）钢丝刷除锈

将锈蚀的钢筋放在操作平台上，手拿钢丝刷在钢筋表面打磨，用力要均匀，直至将钢筋表面的锈皮全部打磨掉。

2）酸洗除锈

（1）设置酸性溶液池，碱性溶液池和清水池。

（2）酸性溶液的配置，酸性溶液使用硫酸或盐酸加水稀释后使用，酸性溶液配合比，硫酸（合成浓度65.4%）：水$=1:10$，盐酸（合成浓度30.24%）：水$=1:4$，在配置硫酸溶液时，根据配合比，只能将硫酸慢慢倒入水中，不能将水倒入硫酸中，以免引起爆炸造成人身伤害。

(3) 碱性溶液的配置，碱性溶液可以用石灰和纯碱配成稀溶液或使用火碱：水＝1：10的碱性溶液

(4) 酸洗除锈操作，将锈蚀钢筋放入酸性溶液池内浸泡10～30min，取出后再放入碱性溶液内，中和残存于钢筋表面的酸液，最后放入清水池内清洗干净后晾干。

3) 沙盘除锈

沙盘高度约为90cm，长约5～6m，盘内放干燥的粗砂，如图2-18所示，操作时，将钢筋穿入砂盘中来回抽拉就能把锈除掉。

4) 机械除锈

除锈机如图2-19所示，在工作台上，由电动机带动钢丝轮转动进行除锈，除锈钢丝轮应处于防护罩及排尘罩之内，操作时应按以下要求进行。

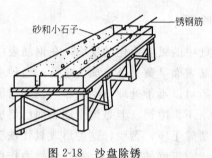
图2-18 沙盘除锈

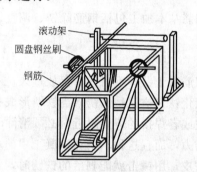
图2-19 固定式电动除锈机

(1) 开动除锈机以前，首先检查钢丝轮的固定螺钉有无松动，传动部分的润滑情况是否良好，检查封闭式防护罩装置及排尘设备的完好情况。并按规定清扫防护罩的铁锈、铁屑等。

(2) 检查电器设备的轮丝及接零或接地装置是否良好，漏电保护装置是否有效。

(3) 操作人员要将袖口扎紧，并戴好防尘口罩、手套等防护用具，特别是要戴好防护眼镜，防止钢丝轮上的钢丝甩出伤人。

(4) 启动机械后，观看除锈机转动无异常现象再进行送料除锈。

(5) 将钢筋送入除锈轮内时，送料的方向要与钢丝轮转动方向相同，决不能逆着钢丝轮转向送料，以防钢丝轮将钢筋弹出伤人。

(6) 操作人员必须侧身送料，送料时要握紧钢筋，禁止在除锈机的正前方站人。在整根长钢筋除锈时，一般要由两人操作，操作人员要紧密配合，送料人推钢筋，接料人拉钢筋，互相呼应。

(7) 严禁将两头已弯钩成型的钢筋在除锈机中操作，弯度太大的钢筋宜在基本调直后再进行除锈。

2.1.3 钢筋除锈的质量要求，钢筋除锈时，无论采用哪种方法应达到以下标准。

(1) 钢筋表面应洁净，无损伤，油渍漆污，铁锈等清除干净。

(2) 当钢筋除锈后，其表面有严重的麻坑、斑点、伤蚀断面时，应及时向有关人员提出，研究是否降级使用或剔除不用。

2.2 钢筋调直与下料切断

直径在10mm以下的钢筋，为了便于运输和存放，在轧制过程中都卷成圆盘状，圆

盘钢筋在使用前必须经过放盘调直后才能使用。

直径在10mm以上的钢筋，一般在轧制过程中都切成长度为8～9m的直条，以便于运输、存放和使用，但往往因运输或使用不当使直条状钢筋造成局部曲折，因此在使用前也需要进行调直处理。未经调直成平直的曲折钢筋，设置在混凝土内，会影响钢筋混凝土构件的受力性能。

在钢筋加工中，大量需要调直的钢筋是 $\phi 6 \sim \phi 8$ 圆盘条钢筋，这类钢筋使用钢筋调直机调直或采用机械拉伸调直。钢筋调直机调直钢筋，可以同时完成除锈、调直、切断三个加工过程。

2.2.1 使用钢筋调直切断机对钢筋进行调直和切断

钢筋调直切断机按调直原理的不同可分为孔模式和斜辊式两种；按其切断机构造不同有下切剪刀式和旋转剪刀式两种。下切剪刀式又由于切断控制装置不同还可以分为机械控制式和光电控制式。

1) 孔模式钢筋调直切断机，如图2-20所示，为GT4/8型孔模式钢筋调直切断机的结构示意图。GT4/8型孔模式钢筋调直切断机可以调直、切断 $\phi 4 \sim \phi 8$ 的钢筋，GT4/8型孔模式钢筋调直切断机的工作原理如图2-20所示：电动机的输出轴端装有两个带轮，大带轮带动调直筒2旋转，使钢筋得到调直，并将钢筋表面的锈皮除掉，小带轮通过传动箱3带动上下轧辊。机座4使上下轧辊转动，轧辊的圆周运动牵引钢筋沿承料架5直线向前运动。当钢筋行走到预定下料长度，而碰到定长器6时，定长器驱动切断装置将钢筋切断，从承料架5上排出。

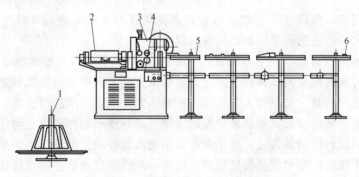

图2-20 GT4/8型钢筋调直切断机
1—盘料架；2—调直筒；3—传动箱；4—机座；5—承料架；6—定长器

2) 数控钢筋调直切断机，数控钢筋调直切断机是采用光电测长系统和光电计数装置，能自动控制钢筋的切断长度和切断根数，切断长度的控制更准确。GTS3/8型数控钢筋调直切断机的工作原理如图2-21所示，其调直、送料和牵引部分与GT4/8型钢筋调直切断机基本相同，只是在钢筋切断部分增加了一套由穿孔光电盘9、光电管6和11等组成的光电测长系统及计量钢筋根数的计数信号发生器，将钢筋的下料长度和根数输入光电计数器内，数控钢筋调直切断机会接着光电计数器的指令切断钢筋。

3) 钢筋调直切断机的操作。使用数控钢筋调直切断机进行钢筋调直切断时，应按以下要求进行操作。

(1) 首先对数控钢筋调直切断机的调直模进行选择及安装调整。调直模由合金工具钢

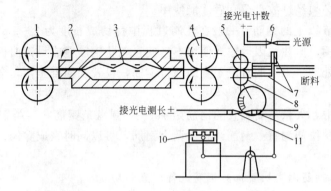

图 2-21 GTS3/8 型数控钢筋调直切断机
1—送断辊；2—调直筒；3—调直模；4—牵引辊；5—传送压辊；6、11—光电管；
7—切断装置；8—摩擦轮；9—光电盘；10—电磁铁

加工并经过热处理而成，调直模的孔径应比需要调直钢筋直径大 2～5mm，将调直筒打开，在调直筒内有五个调直模，每个调直模的圆孔一头大，一头小。安装时，调直模的大头朝向钢筋进口的一侧，如图 2-22 所示。五个调直模中，两端的两个调直模的中心线应在前后导孔的轴心线，偏移的距离应根据调直模的磨损的情况和钢筋的品种试验确定，可以先取 3mm 的偏移量试调，

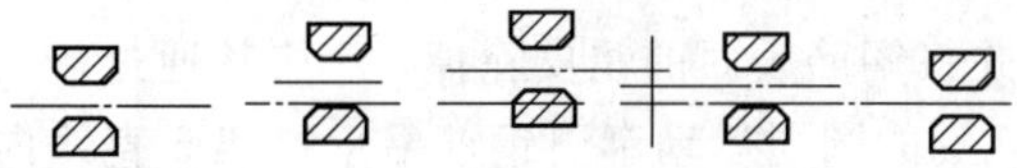

图 2-22 调直模的安装

如钢筋仍不能调直，可以逐渐增加偏移量，直至调直为止。但是偏移量一般在 10mm 以下，偏移值过大，会使钢筋表面划出较深沟纹。

（2）牵引辊轮的调整。上下牵引辊轮（如图 2-21 所示）与钢筋接触处有一凹槽，牵引辊轮的牵引力由两辊轮的压紧程度决定。应根据钢筋直径适当地选择槽宽，以便使钢筋既要在两辊轮之间压紧，又不致太紧，因为钢筋压紧才能有一定的牵引力，且钢筋不能随调直筒发生明显的转动。而在钢筋被切断的瞬间，必须使钢筋和辊轮之间打滑，才能顺利工作。所以，当辊轮压钢筋太松，就不会牵动钢筋向前移动；辊轮压钢筋太紧，钢筋切断时不会从辊轮中脱落，牵引辊的松紧程度要适当。可以通过调整手柄试调其松紧程度，调好以后，把手柄锁紧即可。

（3）切断部分的调整。钢筋切断是在滑动刀台处，滑动刀台由活动刀片及固定刀口组成，两刀口之间间隙不得大于 1mm，间隙大小按固定刀口进行调整，调好后将固定刀口锁紧。在切断部分有两组弹簧，一组在滑动刀台中，有两个弹簧，在锤头打击上刀架，切断钢筋时，这组弹簧被压缩，锤头离开上刀架，弹簧复位，所以把上刀架弹起，如图 2-23 所示，另一组弹簧在连杆上，有三个弹簧，起着把滑动台弹回原位的作用。如果弹簧太硬，调直过的钢筋顶不动足尺板，足尺钻杆无法拉动滑动刀架，将出现钢筋顶弯的现象。当弹簧回弹力不足，滑动架不能回位，则会出现连切现象。因此，一般调直较粗钢筋时，可用三个弹簧，调直钢丝时，可用一至两个弹簧。

（4）钢筋切断长度尺寸确定。使用 GT4/8 型钢筋调直切断机时，如图 2-24 所示，将钢筋所需要的长度确定在定尺板上，当调直的钢筋达到规定的尺寸，钢筋碰到定尺板上，定尺板带动定尺拉杆，切刀切断钢筋。如果使用数控钢筋调直切断机，只要将切断钢筋长

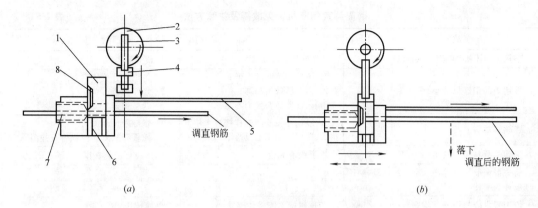

图 2-23 钢筋调直切断工作原理
(a) 滑动刀台位于锤头前方；(b) 滑动刀台被拉到锤头下方互相作用切断钢筋
1—上刀架；2—曲柄轮；3—连杆；4—锤头；5—定尺拉杆；6—回位弹簧；
7—固定刀片（下切刀）；8—活动刀片（上切刀）

度尺寸输入光电计数器内，在光电计数器的指令下自动切断钢筋，并且控制各种尺寸钢筋的根数。

（5）每次工作前先空载试运转，观察机器运转情况，确定无异常现象后才开始工作。首先要将盘条钢筋的端头打平直，然后再将其从调直筒内引过，引入牵引辊轮内。

（6）盘圆钢筋应平稳地安置在盘料架上，操作时应注意观察松盘过程，如发生乱丝或钢筋脱架、钢筋跳出脱板导料槽，顶不到定长器等，应立即停止处理。

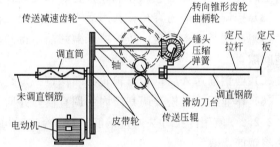

图 2-24 钢筋调直机工作原理图

（7）为了保证调直切断后钢筋质量，应在机器开动后试断一两根，观看调直度和切断后长度，以便出现偏差时能得到提前及时纠正。

（8）钢筋调直切断机在进行钢筋调直切断过程中，操作人员不准离机过远。上盘、穿丝、引头等操作必须停机进行。

（9）在每盘钢筋调直至最后约余 1m 的长度时，要暂时停止机器运转，并用一段钢管套在钢筋尾部，顶住导向筒，再开动机器让钢筋通过调直筒，从而避免钢筋尾端甩弯伤人。

（10）已调直切断的钢筋，应按根数和规格分成小捆堆放整齐，不得乱堆乱放。

4）钢筋调直切断机的维护。钢筋调直切断机在使用中应经常做到以下维护。

（1）每班后要清洁机体，检查三角胶带松紧度，检查各轴承温度，如果轴承温度过热或有异常的声响，说明轴承严重磨损，应及时更换。

（2）按规定部位加注润滑剂。减速箱传动轴、传动辊、调直筒滚动轴承及盘料架支座采用定期加注钙基润滑脂。冬季用 2G-1 号润滑脂，夏季用 2G-2 号润滑脂，减速箱传动齿轮采用石墨润滑脂，冬季用 2G-S 润滑脂，夏季用 2-GS 润滑脂。

5）钢筋调直切断机的故障排除。钢筋调直切断机常见故障及排除方法见表 2-5。

钢筋调直切断机常见故障及排除方法　　　　表 2-5

故　障	原　因	排除方法
钢筋切口不准带有压扁痕迹	上、下刀片间隙过大	调整间隙
被切短的钢筋尺寸小	1. 限位开关装的太低； 2. 离合器棘齿损坏； 3. 离合器弹簧弹力不足	1. 将限位开关装高一点； 2. 修好棘齿； 3. 调整弹簧
连续切短料	1. 限位开关的凸轮杠杆被卡住； 2. 被切断的钢筋没落下	1. 修好限位开关； 2. 托板有故障须停机检查并消除
钢筋从承料架上钻出	钢筋没有调直	调整或更换调直模
前一根钢筋切断落下，后一根钢筋落下时被托板卡住	托板关闭太迟	调整托板控制机构
传送辊供应的钢筋不均衡	传送辊槽不能夹住钢筋	更换传送辊
齿轮有噪声	上下传送辊槽没有对正	调整、更换或修理传送辊

6) 钢筋调直切断机安全操作规定。

(1) 料架、料槽应安装平直，对准导向筒、调直筒和下切导孔的中心线。

(2) 用手转动飞轮，检查转动机构和工作装置，调整间隙，紧固螺栓，确认正常后，启动空运转，检查轴承应无异响，齿轮旋和良好，待运转正常后，方可作业。

(3) 按调直钢筋的直径，选用适当的调直块及传动速度，经调试合格，方可送料。

(4) 在调直模未固定，防护罩未盖好前不得开动机器。作业中严禁打开各部防护罩及调整间隙。

(5) 当钢筋送入后，手与辊轮必须保持一定距离，不得接近。

(6) 作业后，应松开调直筒内的调直模，并回到原来位置，同时预压弹簧必须回位。

2.2.2 使用冷拉方法调直钢筋。对于 φ6～φ8 的圆盘钢筋可以采用冷拉机直接拉伸的方法将钢筋调直。

1) 冷拉调直钢筋使用的设备如图 2-25 所示。

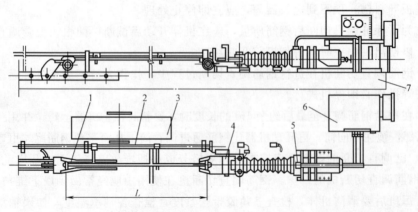

图 2-25　32t 液压钢筋冷拉机的构造

1—尾端挂钩夹具；2—翻料架；3—装料小车；4—前端夹具；5—液压张拉缸；6—泵阀控制器；7—混凝土基座

(1) 卷扬机一般采用牵引力为 30～50kN 的慢速卷扬机。使用滑轮组是为了减慢卷扬机的拉伸速度。钢筋在拉伸调直时为了使其受力均匀，卷扬机的牵引速度一般在每分钟 1m 以内。

(2)卷扬机和钢筋固定端都采用如图 2-26 所示的冷拉设备。

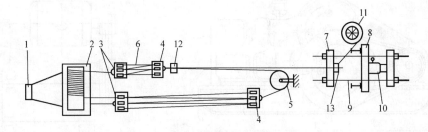

图 2-26 卷扬机冷拉机构造
1—地锚；2—卷扬机；3—定滑轮组；4—动滑轮组；5—导向滑轮；6—钢丝绳；7—活动横梁；
8—固定横梁；9—传力杆；10—测力器；11—放盘器；12—前夹具；13—后夹具

(3)钢筋与固定端采用如图 2-27 所示的夹具连接。

2) 冷拉调直钢筋的操作

(1)将圆盘钢筋放在盘料架上，拉出钢筋端头用夹具与卷扬机连接。

(2)开动卷扬机拉出预定的长度后切断。

(3)将拉伸钢筋另一端用夹具固定在地锚上，开动卷扬机进行拉伸。

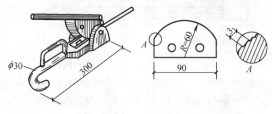

图 2-27 偏心夹具

(4)当钢筋拉直后观看钢筋拉伸的延伸指示牌。

(5)采用冷拉方法调直钢筋时，HPB235 级钢筋的冷拉率不宜大于 4%；HRB335、HRB400 级钢筋的冷拉率不宜大于 1%。

(6)当拉伸 $\phi 6$，20m 长的钢筋调直时，其延伸值为 $20 \times 4\% = 0.8$m。

(7)拉至规定的长度。卷扬机反转将钢筋松弛后，再从夹具上卸下。

2.2.3 直径 10mm 以上钢筋的切断。较粗钢筋一般采用切断机进行切断。

1) 钢筋切断机械设备

(1)机械传动钢筋切断机。GQ-40 型钢筋切断机，由电动机通过带轮和齿轮减速后，带动偏小轴推动连杆做往复运动，连杆端装有冲切刀片，它与固定刀片相错的往复水平运动中切断钢筋。其构造、传动系统如图 2-28 和图 2-29 所示。

(2)液压传动钢筋切断机。如图 2-30 所示为 DY-32 型电动液压切断机构造，主要由手柄 1、支座 2、主刀片 3、活塞 4、放油阀 5、偏心轴 7、油箱 8、连接架 9、电动机 10、油泵缸 13、柱塞 14 等零部件组成。

该机最大切断钢筋直径为 32mm。在构造上它与机械式切断机不同点是利用液压系统活塞的推力作为移动切刀的切进动力，因而这种切断机工作平移性好，无噪声，结构简单，移动方便。

2) 钢筋切断准备工作

(1)断料前要根据配料单统计各类钢筋切断的根数和下料长度。

(2)根据原料长度，将同规格钢筋不同长度，进行长短搭配，统筹排料。一般应先断长料，后断短料，以尽量减少短头，减少损伤。也可以将钢筋对焊后再切断下料。

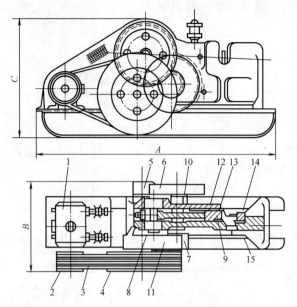

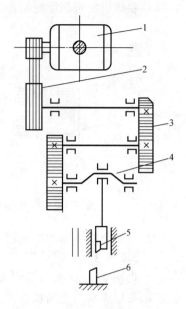

图 2-28　GQ-40 型钢筋切断机构造

1—电动机；2—小皮带轮；3—三角胶带；4—大皮带轮；5—第一齿轮轴；6、8—齿轮；7—第二齿轮轴；9—机体；10—连杆；11—偏心轴；12—冲切刀座；13—冲切刀；14—固定刀；15—底架

图 2-29　GQ-40 型切断机传动系统

1—电动机；2—皮带轮；3—减速齿轮；4—偏心连杆机构；5—冲切刀片；6—固定刀片

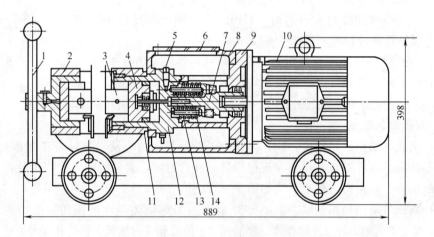

图 2-30　DYJ-32 型电动液压切断机构造

1—手柄；2—支座；3—主刀片；4—活塞；5—放油阀；6—观察玻璃；7—偏心轴；8—油箱；9—连接架；10—电动机；11—皮碗；12—油缸体；13—油泵缸；14—柱塞

（3）断料时应避免用短尺量长料，防止在量料中产生累计误差。为此，可在工作台上加尺寸刻度并加设控制断料尺寸用的卡板。

3）钢筋切断操作

（1）成批断料时，应搭设工作台，送料工作台应和切刀下部保持水平，工作台的长度可根据加工材料长度决定。

(2) 在钢筋切断机刀口两侧的机座上，应安装两个角钢防摆挡杆，以防止发生钢筋末端摆动伤人。

(3) 使用钢筋切断机前，要检查一下刀片安装是否平固，间隙是否合适。再检查一下各传动系统，各相对运动部分润滑情况是否良好，最后空车试运转，确认无误后方准正式开机作业。

(4) 检查刀片间隙时，固定刀片与活动刀片的间隙应保持 0.5～1mm，如果水平间隙过大，则切断的钢筋端部容易产生马蹄形。两个刀片的重叠量要根据所切钢筋的直径来确定。一般切断直径小于 20mm 时，刀口垂直重叠 1～2mm。切断直径大于或等于 20mm 时，刀口垂直重叠 5mm 左右。刀口水平间隙的调整通过增减固定刀片后面的垫块来实现。

(5) 切断机未达到正常转速时不得切料，切断钢筋时，操作者要用手将钢筋握紧，等移动刀片退回时送入钢筋。切料时必须使用切刀的中下部位，以防钢筋末端摆动或蹦出伤人。

(6) 不得剪切直径及强度超过机械铭牌规定的钢筋和烧红的钢筋。一次切断多根钢筋时，总截面积应在规定范围内。

(7) 待切断钢筋要与切口垂直并平放，切断短料时，手和切刀之间的距离应保持 150mm 以上，如手握端小于 400mm 时，应用套管或夹具将钢筋短头压住或夹牢。

(8) 切断机在运转过程中，严禁用手清扫刀片上面的积屑、杂物，发现机械声响不正常、刀片密合不良等情况时，要立即停机检查、修理，待试运转后，方准继续使用。

(9) 液压钢筋切断机使用前，要检查油位及电动机旋转方向是否正确。松开放油阀，空载运转 2min，排除缸内空气，然后拧紧。

(10) 将切断钢筋，应按根数和规格分成小捆堆放整齐，不得乱堆乱放。

4) 钢筋切断机维护

(1) 作业完毕后应清除刀具及刀具下边的杂物，清洁机体，检查各部螺栓的紧固度及胶皮带的松紧度，调整固定与活动刀片间隙，更换磨钝的刀片。

(2) 每隔 400～500h 进行定期保养，检查齿轮、轴承和偏心磨损程度，调整各部间隙。

(3) 按规定部位和周期进行润滑。偏心轴和齿轮轴滑动轴承、电动机轴承、连杆盖及刀具用钙基润滑脂，冬季用 ZG-2 号润滑脂，夏季用 ZG-4 润滑脂；机体刀座用 HG-11 号汽缸机油润滑；齿轮用 ZG-S 石墨脂润滑。

2.2.4 钢筋调直切断的质量要求

调直切断的钢筋应符合以下质量要求：

(1) 钢筋调直后目测钢筋成直线状态，没有弯曲处。

(2) 使用调直切断及调直的钢筋，其表面无明显划痕。

(3) 钢筋切断长度与要求尺寸允许偏差±10mm。

(4) 钢筋切断截面基本平直，没有马蹄状。

2.3 钢筋的弯曲成型

钢筋下料切断后，还要按钢筋配料单简图要求进行弯曲加工。钢筋的弯曲成型一般根据施工单位自有的设备和钢筋加工量的多少，采用机械弯制或手工弯制。对于小批量的钢筋弯曲成型加工，当没有机械设备时可以采用手工弯制成型。但是，现在的施工单位一般采用机械弯制成型。

2.3.1 钢筋机械弯曲成型

1) 钢筋弯曲机

如图 2-31 所示为 GW-40 型蜗轮式钢筋弯曲机的结构。主要由电动机 11、蜗轮箱 6、工作盘 9、孔眼条板 12 和机架 1 组成。工作时，电动机转动，带动装在蜗轮轴上的工作盘 9 转动。工作盘上一般有 9 个轴孔，中心孔用来插心轴，周围的 8 个孔用来插成型轴，当工作盘转动时，心轴的位置不变，而成型轴围绕着心轴做圆弧运动，通过调整成型轴位置，即可将被加工的钢筋弯曲成所需要的形状（如图 2-32 所示）。更换相应的齿轮，可使工作盘获得不同转速。

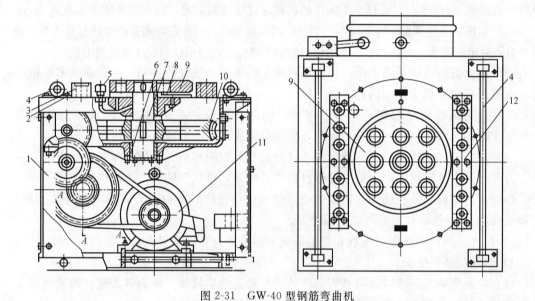

图 2-31 GW-40 型钢筋弯曲机

1—机架；2—工作台；3—插座；4—滚轴；5—油杯；6—蜗轮箱；7—工作主轴；8—立轴承；9—工作盘；10—蜗轮；11—电动机；12—孔眼条板

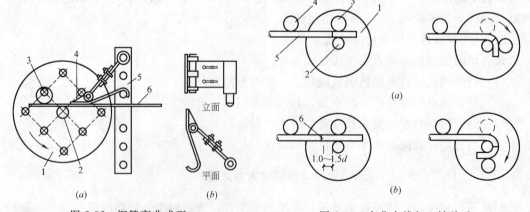

图 2-32 钢筋弯曲成型

(a) 工作简图；(b) 可变挡架构造

1—工作盘；2—心轴；3—成型轴；4—可变挡架；5—插座；6—钢筋

图 2-33 弯曲点线与心轴关系

(a) 弯 90°；(b) 弯 180°

1—工作盘；2—心轴；3—成型轴；4—固定挡铁；5—钢筋；6—弯曲点线

钢筋弯曲机的技术性能见表 2-6 所示。

电动钢筋弯曲机　　　　　　表 2-6

型　号	弯曲钢筋直径(mm)	工作盘直径(mm)	工作盘转速(r/min)	电动机功率(kW)
GW32	6～32	220	4.8	2.2
GW40B	40	390	9～18	1.6～2.2
GW40	6～40	400	3、7、5、8、9、14	3
GW40	40	435	4、6、17	3
GW40-B	6～40	350	5、10	3

钢筋弯曲机的工作过程如图 2-33 所示，将钢筋 5 放在工作盘 1 上的心轴 2 和成型轴 3 之间，开动弯曲机使工作盘转动，由于钢筋一端被固定挡铁 4 挡住，因而钢筋被成型轴推压，绕心轴进行弯曲。当达到所要求的角度时，自动使工作盘停止，然后使工作盘反转复位，取出弯曲成型的钢筋。钢筋弯曲点线和心轴的关系如图 2-33 所示。由于成型轴在随着工作盘转动，而心轴绕中心轴转动，就会带动钢筋向前滑移。在弯制钢筋时，要使钢筋的尺寸准确，钢筋就要在弯曲点线处弯曲。因此，钢筋弯 90°时，弯曲点线约与心轴内边缘齐。弯 180°时，弯曲点线距心轴内边缘为 (1～1.5)d，d 为钢筋直径。这样才能使钢筋的完全点线正在弯钩的中间，钢筋的尺寸才能准确。

2）钢筋弯箍机

钢筋弯箍机主要用于箍筋的弯制成型，主要有：

(1) 四头弯箍机：如图 2-34 所示，这是由一台电动机通过三级变速带动圆盘，再通过圆盘上的偏心铰带动连杆与齿条，使四个工作盘转动，该机能弯曲 $\phi 4～12$ 的箍筋，弯曲角度可在 0°～180°范围变动，加工质量稳定，工作效率高。

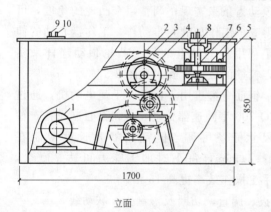
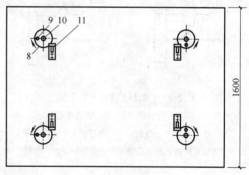

图 2-34　四头弯箍机

1—电动机；2—偏心圆盘；3—偏心铰；4—连杆；5—齿条；6—滑道；7—正齿轮；
8—工作盘；9—成型轴；10—心轴；11—挡铁

(2) 钢筋弯箍机：钢筋弯箍机专用于箍筋的弯制成型。钢筋弯箍机有立式和卧式两种。如图 2-35 所示为立式弯箍机。

立式弯箍机由储料、喂料及成型三部分组成。之所以叫立式弯箍机是因为弯箍机的工作盘不是处于水平状，而是处于竖直状。储料部分位于弯箍机上方。储料槽的宽度仅略大于钢筋直径，以便落入槽内的钢筋依次排列。出料采用拨料轮，拨料轮沿储料槽纵向布置，由链条传动，每转一周，出料一根钢筋，如图 2-36 所示。

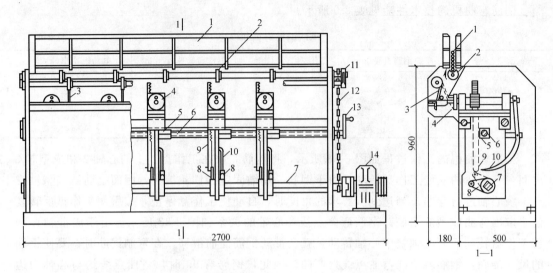

图 2-35 钢筋弯箍机的构造示意图
1—储料槽；2—拨料轮；3—喂料用的推杆；4—工作盘；5—开合螺母；6—丝杠；
7—传动轴；8—凸轮；9—齿条；10—拨心轴用的连杆；11—凸轮；
12—链条；13—手摇轮；14—减速器

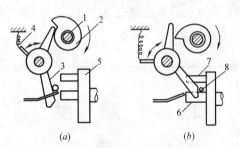

图 2-36 喂料机构的工作简图
(a) 初始状态；(b) 喂进状态
1—拨料轴；2—凸轮；3—推杆；4—复位弹簧；
5—工作盘；6—心轴；7—成型轴；8—钢筋

成型部分装有五个工作盘。工作盘的位置，可利用手摇丝杠来调整；为了使工作盘能单个调整，在丝杠上装有开合螺母（由电磁铁带动）。工作盘的旋转，是利用传动轴上的凸轮顶动齿条来实现；调整每个凸轮的角度，可获得五个工作盘的异步动作。工作盘心轴的伸缩是利用传动轴上的另一凸轮顶动连杆来实现，箍筋的成型步骤，见图 2-37。

钢筋弯箍机用一台 2.2 千瓦电动机，通过 TZQ-300 型减速器传动。该机系自制设备，箍筋尺寸任意可调，但箍筋展开长度限制在 0.4～1.96m，每小时加工能力可达 720 个，比手工操作效率提高 15 倍。

钢筋弯箍机宜配合拔丝机和调直机组成冷拔、调直、切断及弯箍生产联动线。

3) 钢筋弯曲成型前准备工作

钢筋弯曲前，对形状复杂的钢筋，根据钢筋配料单简图上标明的尺寸，用石笔将各弯曲点位置线划出，划线时按以下要求进行。

(1) 根据不同的弯曲角度扣除弯曲调整值，其扣法是从相邻两端长度各扣一半。

(2) 钢筋端部带半圆弯钩时，该段长度划线时增加 $0.5d$（d 为钢筋直径）。

(3) 划线工作宜从钢筋中线开始向两边进行。两边不对称的钢筋，也可从钢筋一端开始划线，如划到另一端有出入时，则应重新调整。

例：今有一根直径 20mm 的弯起钢筋，其所需的形状和尺寸如图 2-38 所示。

划线方法如下：

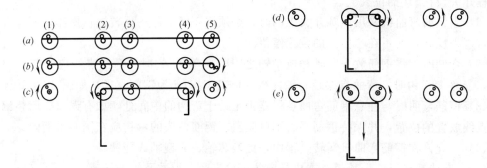

图 2-37 钢筋弯箍机弯制箍筋的成型步骤

(a) 钢筋就位;(b)(1)(5)弯折;(c)(1)(5)心轴缩进、复位,(2)(4)弯折;(d)(4)心轴缩进、复位,(3)弯折;(e)(2)(3)心轴缩进、复位,箍筋落下

注:图中(1)、(2)、(3)、(4)、(5)为工作盘编号。

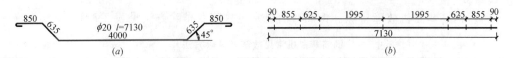

图 2-38 弯起钢筋的划线
(a) 弯起钢筋的形状和尺寸;(b) 钢筋划线

第一步,在钢筋中心线上划第一道线;

第二步,在中段 $4000/2-0.5d/2=1995$mm 处划第二道线;

第三步,取斜段 $635-2\times0.5d/2=625$mm 处划第三道线;

第四步,取直段 $850-0.5d/2+0.5d=855$mm 处划第四道线。

这种划线方法仅供参考,因为钢筋的品种不同,温度的影响等也会产生一定的误差。第一根钢筋成型后应与简图尺寸校对。产生误差在允许范围内,就可以成批生产。如果误差大于允许范围,应对误差进行调整,试弯合格后再成批生产。

(4) 钢筋划线可以将线划在钢筋上,也可以标注在工作台面上。

(5) 根据钢筋弯曲点线的位置,确定钢筋弯曲的先后顺序,尽量避免来回反复调头,以减少工作量,提高工效。

4) 使用钢筋弯曲机弯制成型钢筋的操作

(1) 在钢筋弯曲机两侧应设置工作平台,工作平台与钢筋弯曲机的工作盘在同一水平面上。

(2) 操作前,应对机械传动部分、各工作机构、电动机接零或接地保护以及各润滑部位进行全面检查,进行试运转,确认正常后,方可开机作业。

(3) 按加工钢筋的直径和弯曲半径的要求装好芯轴、成型轴、挡铁轴或可变挡架,当弯 HPB235 级钢筋 180°弯钩时芯轴的直径是加工钢筋的 2.5 倍,当弯 135°弯钩时,芯轴直径是加工钢筋的 4 倍。当弯 90°弯钩时,芯轴直径是加工钢筋的 5 倍。

(4) 为了适应不同直径钢筋的弯曲需要,在芯轴与成型轴之间加偏心套钢筋,芯轴与成型轴的间隙不应大于2mm。

(5) 根据钢筋弯曲的角度,确定工作盘行程角度控制开关的位置。当钢筋弯 90°时,将行程开关设在90°的位置上。

(6) 当钢筋弯曲机采用倒顺开关控制时,必须按正转—停—反转进行操作,不得直接由正转进入反转,而不在"停"的位置停留。

(7) 弯制时,将钢筋放入芯轴和成型轴之间,当弯90°钩时,弯曲点线应对芯轴内缘对齐。当弯180°钩时,弯曲点线距心轴内缘（1~1.5）d（d为钢筋直径）如图2-33所示。

(8) 钢筋弯曲时,注意钢筋弯曲点线是否正处于弯钩的中间处,如有误差应调整钢筋弯曲点线放置的位置,并保持钢筋平直不可倾斜。钢筋两头的弯钩应在同一平面内。

(9) 不允许在钢筋弯曲机运转过程中,更换芯轴、成型轴或挡铁轴。

(10) 弯曲钢筋时,严禁超过本机规定的钢筋直径、根数及机械转速。

(11) 严禁在弯曲钢筋的作业半径内和机身不设固定销的一侧站人。

(12) 弯曲好的钢筋按规格堆放。绑扎成捆,挂钢筋规格铭牌,便于安装时查找。

(13) 工作完毕,要先将开关扳到停的位置上,切断电源,然后整理机具,清扫弯曲机上污物等。

(14) 钢筋弯曲机故障排除。钢筋弯曲机常见故障及排除方法见表2-7所示。

钢筋弯曲机常见故障及排除方法 表2-7

故 障	原 因	排 除 方 法
弯曲的钢筋角度不合适	运用中心轴和挡铁轴不合理	按规定选用中心轴和挡铁轴
弯曲大直径钢筋时无力	传动带松弛	调整带的紧度
弯曲多根钢筋时,最上面的钢筋在机器开动后跳出	钢筋没有把住	将钢筋用力把住并保持一致
立轴上部与轴套配合处发热	1. 润滑油路不畅,有杂物阻塞,不过油 2. 轴套磨损	1. 清除杂物 2. 更换轴套
传动齿轮噪声大	1. 齿轮磨损 2. 弯曲的直径大,转速太快	1. 更换磨损齿轮 2. 按规定调整转速

2.3.2 钢筋手工弯曲成型

手工弯曲钢筋的方法设备简单,对于那些工程量小,又没有弯曲机的施工单位,仍然还可以用手工弯曲钢筋的方法。

1) 手工弯曲钢筋的工具和设备

(1) 工作台:弯曲钢筋的工作台。其台面尺寸为4m×0.8m。可用10cm厚的木板定制,其高度约为0.9~1m。

(2) 手摇板:是弯曲细钢筋的主要工具,如图2-39所示。

弯曲单根钢筋的手摇板,可以弯直径是12mm以下的钢筋。弯曲多根钢筋的手摇板,每次可以弯曲$\phi 8$的钢筋。主要用于箍筋的弯制,手摇板主要尺寸见表2-8所示。

手摇扳主要尺寸（mm） 表2-8

附 图	钢筋直径	a	b	c	d
	6	500	8	16	16
	8~10	600	22	18	20

(3) 卡盘：是弯粗钢筋的主要工具，如图2-40所示。

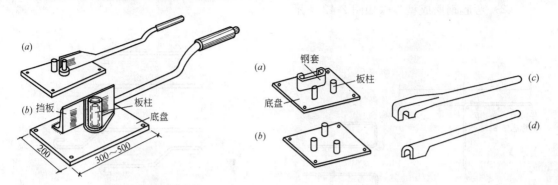

图2-39 手摇板
(a) 弯曲单根钢筋手摇板；(b) 弯曲多根钢筋手摇板

图2-40 卡盘和扳子
(a) 四扳柱卡盘；(b) 三扳柱卡盘；
(c) 横口扳子；(d) 顺口扳子

由一块钢板底盘和板柱组成。底盘固定在工作台上，用于卡住钢筋。

(4) 钢筋扳手：钢筋扳手与卡盘配合使用，钢筋扳手有横口扳子和顺口扳子两种如图2-40所示。钢筋扳手的扳口尺寸要比弯制的钢筋直径大2mm较为合适，所以在准备钢筋弯曲工具时，应配有各种规格的扳子。卡盘和横口扳手主要尺寸见表2-9所示。

卡盘和横口扳手主要尺寸（mm） 表2-9

附 图	钢筋直径	卡 盘			横口扳手			
		a	b	c	d	e	h	L
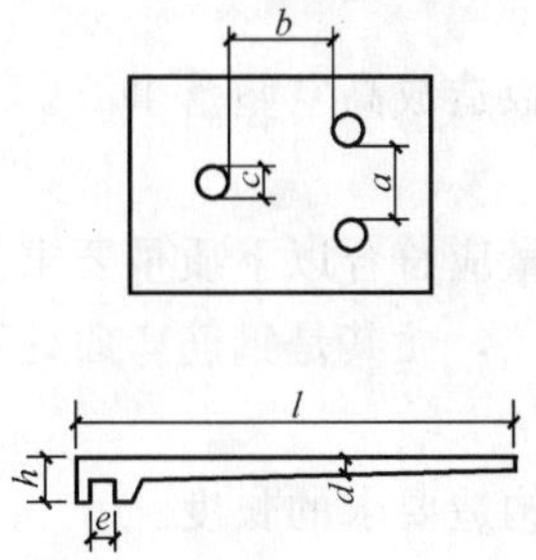	12～16	50	80	20	22	18	40	1200
	18～22	65	90	25	28	24	50	1350
	25～32	80	100	30	38	34	76	2100

2) 手工弯制钢筋的准备

(1) 熟悉要进行弯曲加工的钢筋的规格、形状和各部分尺寸，以便确定弯曲操作步骤和准备工具等。

(2) 划线：划线的方法与机械弯制划线的方法相同。

(3) 试弯：成批钢筋弯曲操作前，对各种类型的弯曲钢筋都要试弯一根，待检查合格后，再成批弯曲。

(4) 弯曲钢筋扳距的选择。扳距是扳手与板柱间的净距，只有选择好板距才能使钢筋在划线点处弯曲，才能保证钢筋弯曲成型后的尺寸准确。随着钢筋直径与角度的大小不同，一般可以参照表和图选用。

3) 钢筋弯曲成型步骤

(1) 箍筋成型步骤如图 2-41 所示。
(2) 弯起钢筋成型步骤如图 2-42 所示。

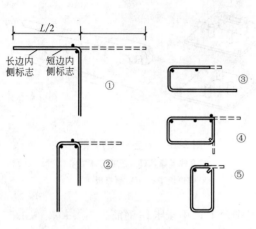

图 2-41 箍筋成型步骤

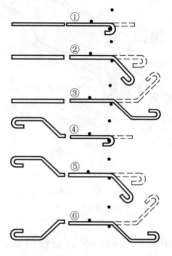

图 2-42 弯起钢筋成型步骤

4) 手工弯制钢筋操作要点

(1) 弯制钢筋时，扳子一定要托平，不能上下摆动，以免弯成的钢筋不在一个平面上而发生翘曲。

(2) 搭好扳手，注意板距，弯曲点要放正，以保证弯曲后形状尺寸准确，扳口卡紧钢筋，起弯时用力要慢，防止扳手扳脱。结束时要快，要掌握好弯曲位置，以免弯过头或没有弯到要求的角度。

(3) 不允许在高空或脚手架上扳弯粗钢筋，以免操作中脱扳造成高空坠落事故。

2.3.3 弯曲成型钢筋质量要求

无论是采用机械弯制，还是手工弯制，弯制成型的钢筋质量应符合以下质量要求。

(1) 钢筋无损伤，表明不得有油污，颗粒状或片状老锈裂纹，尤其是钢筋弯曲处不得有裂纹，鱼鳞刺。

(2) 钢筋弯曲半径符合要求。弯钩的平整部分符合设计或构造要求的长度。

(3) 钢筋弯曲的角度值符合构造要求。

(4) 钢筋加工的允许偏差应符合表 2-10。

钢筋加工允许偏差 (mm)　　　　表 2-10

项次	项　目	允 许 偏 差
1	受力钢筋顺长度方向全长的净尺寸	±10
2	弯起钢筋的弯折位置	±20
3	箍筋内净尺寸	±5

课题 3　钢筋冷加工

随着钢筋混凝土结构和预应力混凝土结构的广泛应用，要求钢筋有较高强度和硬度，为了更好的发挥钢筋强度的潜力，有效的节约钢材，满足设计和施工的需要，对钢筋进行冷加工，钢筋冷加工是在常温条件下，对热轧钢筋进行冷拉、冷轧扭等加工。

3.1 钢筋冷拉加工

钢筋的冷拉是将 HPB235～HRB335 级热轧钢筋在常温下强力拉长，使之产生一定的塑性变形，冷拉后的钢筋不仅使屈服强度提高，而且还增强了钢筋的长度，节约钢材，还可使钢筋各部分强度基本一致，表面锈皮自动脱落。冷拉 HPB235 级钢筋适用于钢筋混凝土结构中的受拉钢筋、冷拉 HRB335、HRB400、RRB400 级钢筋可用作预应力混凝土结构的预应力筋。

3.1.1 钢筋冷拉的设备

（1）卷扬机式冷拉机：卷扬机式冷拉机设备工艺布置方案如图 2-43 所示。

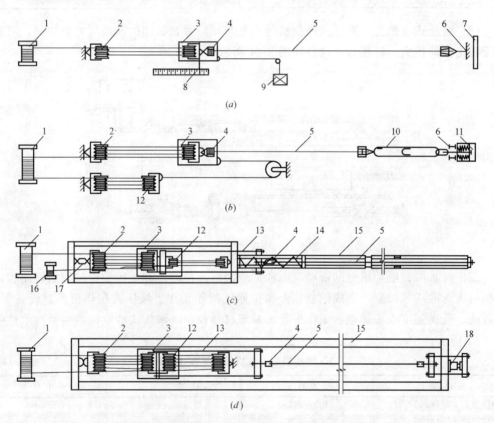

图 2-43 卷扬机冷拉钢筋设备工艺布置方案

1—卷扬机；2—滑轮组；3—冷拉小车；4—钢筋夹具；5—钢筋；6—地锚；7—防护壁；8—标尺；
9—回程荷重架；10—连接杆；11—弹簧测力器；12—回程滑轮组；13—传力架；14—钢压柱；
15—槽式台座；16—回程卷扬机；17—电子秤；18—液压千斤顶

卷扬机式冷拉机工作原理是：卷扬机卷筒上的钢丝绳正、反向绕在两副动滑轮组上，当卷扬机旋转时，夹持钢筋的一副动滑轮组被拉向卷扬机，钢筋被拉长；另一副回程滑轮组被拉向钢筋固定端的方向。当钢筋拉伸完毕，卷扬机反转拉回程滑轮组，使冷拉小车 3 复位，或利用回程荷重 9 使冷拉小车复位，进行下一次的拉伸，标尺 8 显示出钢筋拉伸的增加长度值，弹簧测力器 1 和电子秤 17 显示出钢筋的拉力值。钢筋拉伸度通过机身的标尺直接测量或用行程开关控制。

卷扬机式冷拉机的特点是：结构简单，适应性强，冷拉行程不受设备限制，可冷拉不同长度的钢筋，便于实现单控和双控。

卷扬机式钢筋冷拉机的主要技术性能见表 2-11。

卷扬机式钢筋冷拉机的主要技术性能　　　　　　　　　　　表 2-11

粗钢筋冷拉		细钢筋冷拉	
卷扬机型号规格	JM-5(5t 慢速)	卷扬机型号规格	JM-3(3t 慢速)
滑轮直径和门数	计算确定	滑轮直径和门数	计算确定
钢丝绳直径(mm)	24	钢丝绳直径(mm)	15.5
卷扬机速度(m/min)	<10	卷扬机速度(m/min)	<10
测力器形式	千斤顶式测力计	测力器形式	千斤顶式测力计
冷拉钢筋直径(mm)	12～36	冷拉钢筋直径	6～12

（2）液压式冷拉机：液压式冷拉机的构造与预应力张拉用的液压拉伸机相同，只是活塞行程比拉伸机大。液压式冷拉机如图 2-44 所示。

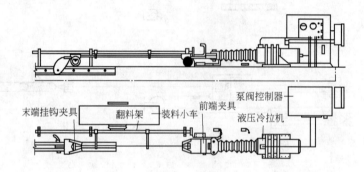

图 2-44　液压式钢筋冷拉工艺

工作时，两台电动机分别带动高压和低压油泵，使高压和低压油经过输油管路和液压控制阀进入液压张拉缸，完成钢筋拉伸和拉伸机回程动作。液压式拉伸机具有设备紧凑、工效高、劳动强度小等优点，工作平稳、易于自动控制。液压式冷拉机的主要技术性能见表 2-12 所示。

32t 液压钢筋冷拉机的主要技术性能　　　　　　　　　　　表 2-12

主要项目	技术性能		主要项目	技术性能
冷拉钢筋直径(mm)	φ12～φ13	高压油泵	型号	ZBD40
冷拉钢筋长度(mm)	9000		压力(MPa)	21
最大拉力(kN)	320		流量(L/min)	40
液压缸直径(mm)	220		电动机型号	JO$_2$-52-6
液压缸行程(mm)	600		电动机功率(kW)	7.5
液压缸截面积(cm^2)	380		电动机转速(r/min)	960
冷拉速度(m/s)	0.04～0.05	低压油泵	型号	CB-B50
回程速度(m/s)	0.05		压力(MPa)	2.5
工作压力(MPa)	32		流量(L/min)	50
台班产量(根/台班)	700～720		电动机型号	JO$_2$-31-4
油箱容量(L)	400		电动机功率(kW)	2.2
总质量(kg)	1250		电动机转速(r/min)	1430

3.1.2 钢筋冷拉工艺参数计算

钢筋进行冷拉之前,首先将冷拉时使用的各种工艺参数计算出来。在钢筋拉伸时,用这些数据控制钢筋的拉伸。

1) 卷扬机式冷拉机设备拉力的计算

由于卷扬机式冷拉机的卷扬机的拉力是固定值,拉伸不同强度的钢筋应计算出配备不同的滑轮组。

(1) 卷扬机式冷拉机设备拉力 Q,可按下式计算:

$$Q = T \cdot m \cdot \eta - F$$

式中 T——卷扬机牵引力;
m——滑轮组工作线数;
η——滑轮组总效率,查表 2-13;
F——设备阻力,由冷拉力小车与地面摩擦力及回程装置阻力组成,一般可取 5~10kN 设备拉力 $Q \geqslant (1.2-1.5)$ 钢筋冷拉力 N 才算满足要求。

滑轮组总效率 η 和系数 α 值   表 2-13

滑轮组门数	3	4	5	6	7	8
工作线数 m	7	9	11	13	15	17
总效率 η	0.88	0.85	0.83	0.80	0.77	0.74
$1/m\eta$	0.16	0.13	0.11	0.10	0.09	0.08
$\alpha = 1 - \dfrac{1}{m\eta}$	0.84	0.87	0.89	0.90	0.91	0.92

注:本表根据单个滑轮效率 0.96 及图 14-62 的滑轮组绕法计算。

(2) 冷拉速度。钢筋的冷拉速度 v 可按下式计算:

$$v = \frac{\pi D n}{m} \text{ (m/min)}$$

式中 D——卷扬机卷筒直径 (m);
n——卷扬机卷筒转速 (r/min);
m——滑轮组工作线数。

钢筋的冷拉速度 v,根据实践经验认为不大于 1m/min 为宜。

(3) 测力器负荷。测力器负荷 P 为测力器的读数,可按下列两式计算:

当测力器装在冷拉线尾端时,测力器的读数

$$P = N - F \text{ (kN)}$$

式中 N——钢筋冷拉力,等于 $\sigma_{con} \cdot A_s$;
F——设备阻力同上。

当测力器装在冷拉线前端时,测力器的读数

$$P = N + F - T = (N+F) - \frac{1}{m\eta}(N+F)$$
$$= \alpha \cdot (N+F)$$

令 $1 - \dfrac{1}{m\eta} = \alpha$

$$T = \frac{1}{m\eta} \cdot (N+F) m \cdot \eta$$

式中 N、F——同上式;

α——系数,可查表 2-13。

2) 钢筋冷拉伸长值的计算

(1) 无论采用卷扬机式冷拉机,还是采用液压式冷拉机,钢筋的冷拉力按下式计算:

$$钢筋冷拉力 N = \sigma_{con} \cdot A_s$$

式中 σ_{con}——钢筋冷拉控制应力 (N/mm) 值,采用表 2-14;

A_s——钢筋截面积 (mm)。

冷拉控制应力及最大冷拉率　　　　表 2-14

钢筋级别	钢筋直径(mm)	冷拉控制应力(N/mm²)	最大冷拉率(%)
HPB235 级	≤12	280	10.0
HRB335 级	≤25	450	5.5
	28~40	430	
HRB400 级	8~40	500	5.0
HRB500 级	10~28	700	4.0

(2) 钢筋冷拉的伸长值按下式计算:

$$\Delta L = L \cdot \varepsilon$$

式中 L——钢筋直线长度;

ε——钢筋冷拉率按表 2-14 控制。

或者用

$$\Delta L = \frac{\sigma_{con}}{E_s} \cdot L$$

式中 σ_{con}——钢筋冷拉控制应力;

E_s——钢筋的弹性模量。

3) 液压式冷拉机设备拉力 Q 按下式计算

$$Q = \sigma_m \cdot A_m \quad (N)$$

式中 σ_m——液压冷拉机压力表的读数 (MPa);

A_m——液压缸截面积 (mm²)。

4) 钢筋冷拉控制方法的确定

钢筋冷拉控制方法可采用控制应力法,也可采用单控冷拉;控制应力法也叫双控冷拉。

(1) 单控冷拉。钢筋的单控冷拉,只控制冷拉率,冷拉时钢筋的伸长值 $\Delta L = L \cdot \varepsilon$。冷拉后钢筋实际伸长还应扣除钢筋的弹性回缩值。钢筋单控冷拉,关键是正确确定钢筋的冷拉率 ε。钢筋冷拉率应由试验确定。一般以来料批为单位,同批炉情况取 3 根试样,混批炉情况取 6 根试样,以表 2-15 中规定的冷拉控制应力为标准,测定其冷拉率。如所测得的冷拉率有一根试件超过表 2-15 的最大冷拉率值或试件冷拉率相差较大(如 HRB335 钢筋相差值大于 2%)则该批钢筋不得采用单控方法冷拉。当钢筋试件的冷拉率符合要求

测定冷拉率时钢筋的冷拉应力（N/mm²） 表 2-15

钢筋级别	钢筋直径(mm)	冷拉应力	钢筋级别	钢筋直径(mm)	冷拉应力
HPB235	≤12	310	HRB400	8～40	530
HRB335	≤25	480	HRB500	10～28	730
	28～40	460			

注：注钢筋平均冷拉率低于1%时，仍按1%进行冷拉。

时，可根据冷拉率波动情况，取控制冷拉率时应略高于平均冷拉率，一般可高于平均冷拉率0.5%～1%。单控冷拉时，只要钢筋的伸长值 $\Delta L = L \cdot \varepsilon$ 钢筋就完成了冷拉过程。（ΔL、L、ε 表示内容同上）

(2) 双控冷拉。钢筋双控冷拉，以应力控制为主，同时控制钢筋在控制应力作用下的最大伸长值，这种工艺易于保证冷拉钢筋质量，并节约钢材，在测力条件许可下应优先采用。钢筋双控冷拉时，其冷拉力 $N = \sigma_{con} \cdot A_s$。钢筋双控冷拉时，其冷拉率也需预先做抽样试验，以便初步确定钢筋下料长度。

钢筋冷拉到控制应力后，如个别钢筋的冷拉率超过最大值，该钢筋的实际抗拉强度一般低于规定标准，应予以剔除。

5) 冷拉计算例题

例：冷拉设备采用5t电动卷扬机，卷扬机卷筒直径为400mm，转速为8.7r/min，配备6门滑轮组，电子秤装在台座前端定滑轮处，采用双控冷拉φ25钢筋，试计算配备拉力、冷拉速度是否符合要求。拉到规定值，电子秤的读数值是多少？

解：查表 2-13 滑轮组工作线数 $m=13$，$\eta=0.8$，$\alpha=0.904$，设备阻力 f 取 10kN。卷扬机拉力 $5T=50$kN，φ25 钢筋冷拉力 $N = \sigma_{con} \cdot A_s = 450 \times 490.9 = 220905N= 220.905$kN。

设备拉力 $= Fm\eta - F = 50 \times 13 \times 0.8 - 10 = 510$kN $> 1.2 \times 220.905$kN $= 265.086$kN

满足要求。

冷拉速度 $v = \dfrac{\pi \cdot D \cdot n}{m} = \dfrac{3.14 \times 0.4 \times 8.7}{13} = 0.84$m/min < 1m/min

满足要求。

电子秤的读数 $P = \alpha \cdot (\sigma_{con} \cdot A_s + F)$
$= 0.904(220.905 + 10)$
$= 208.738$kN

3.1.3 钢筋冷拉操作

1) 单控冷拉操作

(1) 按该炉批钢筋的控制冷拉率算出钢筋的总拉长值，在冷拉线上做出显著的准确标志或安装自动控制装置，以控制钢筋冷拉率。

(2) 将钢筋放在冷拉线上，一端夹紧在小车夹具中，另一端夹紧在固定端夹具上，钢筋夹入夹具的长度不少于80～100mm，使钢筋就位固定。

(3) 启动卷扬机或液压机拉伸钢筋，当总拉长值拉到标记处时，立即停车，稍停并回车放松钢筋，再打开夹具取下钢筋，并将各项数值及时记在钢筋冷拉记录表中。

(4) 冷拉后的钢筋，应按切断机一次切断的根数，在端头用铁丝捆扎成把，码放整齐。

2) 双控冷拉操作

(1) 冷拉前应对钢筋的冷拉力、相应的测力器读数、钢筋冷拉伸长值等工艺参数进行复核,并写在牌上,挂在明显处,供操作人员观察掌握。

(2) 将钢筋就位固定后,启动卷扬机或液压机,当钢筋拉直,即拉力送到控制拉力的10%时,停车,并在钢筋端部与标尺处做好标记,以此标记作为测量钢筋拉长值的起点,然后再继续冷拉。

(3) 当冷拉到规定控制拉力值,即达到测力器规定的读数时,停车将钢筋放松到10%的控制拉力值,在标尺上读出钢筋试件拉长值,然后回车放松钢筋,在标尺上读出钢筋回缩值,并将各项数值及时记在钢筋冷拉记录表中。

(4) 如果在冷拉中,测力器尚未达到该钢筋的控制冷拉力时,而钢筋实际拉力的长度已经达到最大拉长值,应立即停止冷拉,将该钢筋挑出另行处理,若连续三根钢筋出现上述现象,则应对该批钢筋进行鉴定后方可继续冷拉。

3) 冷拉操作安全技术要求

(1) 根据冷拉钢筋的直径,合理选用卷扬机,卷扬机丝绳应经封闭式导向滑轮并和被拉钢筋方向成直角。卷扬机的位置必须使操作人员能见到全部冷拉场地,距离冷拉中线不少于5m。

(2) 冷拉场地在两端地锚外侧设置警戒区,装设防护栏杆及警告标志。严禁无关人员在此停留。操作人员在作业时必须离开钢筋至少2m以外。

(3) 冷拉机回程配重控制的设备必须与滑轮匹配,并有指示起落的记号,没有指示记号时应由专人指挥,配重框提起时高度应限制在离地面300mm以内,配重架四周应有栏杆及警告标志。

(4) 作业前,应检查冷拉夹具,夹齿必须完好,滑轮、拖拉小车应润滑灵活,拉钩、地锚及防护装置均应齐全牢固,确认良好后,方可作业。

(5) 卷扬机操作人员必须看到指挥人员发出信号,并待所有人员离开危险区后方可作业,冷拉应缓慢、均匀的进行,随时注意停车信号或见到有人进入危险区时,应立即停拉,并稍稍放松拉卷扬机钢丝绳。

(6) 用伸长率控制的装置,必须装设明显的限位标志,并要有专人负责指挥。

(7) 夜间工作照明设施,应设在张拉危险区外,如必须装设在场地上空时,其高度应超过5m,灯泡应加防护罩。

(8) 作业后,应放松卷扬机钢丝绳,落下配重,切断电源,锁好电闸箱。

3.1.4 钢筋冷拉时效操作

冷拉后的钢筋,经过一定时间,强度和硬度增加,塑性和韧性降低,这样的现象称为时效。冷拉钢筋的时效是在一定时间和温度条件下,使钢筋内部被冷加工扭曲变形了的晶体,迅速被钢筋内渗碳体分布在晶体滑动面上,进一步起到阻碍晶体滑动的强化作用。所以,当钢筋经过冷拉而未经时效,其冷拉钢筋屈服点仅稍超过冷拉控制力,而抗拉强度和冷拉前基本无变化。但当冷拉钢筋经过时效后,屈服点则有明显提高,一般可比冷拉前提高10%~14%,抗拉强度也有增长。

冷拉钢筋时效的方法有两种,一是自然时效,一是人工时效。

(1) 自然时效就是将冷拉钢筋在常温下,存放15~20d,就可达到时效目的。但

HRB400、RRB400级冷拉钢筋在自然时效条件下，进展缓慢，短期内一般达不到时效效果。

（2）人工时效，就是采用电加热和蒸汽加热等方式，将冷拉钢筋在短时间内加热到一定温度，达到时效的目的。HPB235、HRB335级钢筋要求加热到100℃，保持两小时，HRB400、RRB400级钢筋则要求加热到200℃，保持20min，即可完成时效过程。

3.1.5 冷拉钢筋的质量标准

钢筋经过冷拉和时效作用后，冷拉钢筋的质量应达到以下要求。

（1）冷拉钢筋的外表面不得有裂纹、起层和局部缩颈，当用预应力筋时，应逐根检查。

（2）冷拉钢筋一批检查力学性能，每批重量不大于10t（$d \leqslant 12mm$）或20t（$d \geqslant 14mm$）按规定作拉力冷弯试验，其试验数值应符合表2-16的要求。

冷拉钢筋的力学性能　　　　　　　　　　　表2-16

钢筋级别	钢筋直径 (mm)	屈服强度 (N/mm²)	抗拉强度 (N/mm²)	伸长率 δ_{10}（%）	冷弯	
		不小于			弯曲角度	弯曲直径
HPB235	≤12	280	370	11	180°	3d
HRB335	≤25	450	510	10	90°	3d
	28~40	430	490	10	90°	4d
HRB400	8~40	500	570	8	90°	5d
RRB400	10~28	700	835	6	90°	5d

注：1. 表中 d——钢筋直径（mm）；
　　2. 钢筋直径大于25mm的冷拉HRB400、HRB500钢筋，冷弯弯曲直径应增加1d。

3.1.6 冷拉钢筋成品保护

（1）冷拉好的钢筋应轻抬轻放，避免抛掷，经过检查后应编号拴上料牌，分类整齐堆放备用，防止混淆和错用。

（2）钢筋冷拉后应防止受雨淋、水湿，因钢筋冷拉后性质尚未稳定，遇水易变脆、锈蚀。

3.2 钢筋冷轧扭加工

钢筋冷轧扭使用Q235、直径6.5、8、10mm的普通低碳钢（热轧盘圆条），通过钢筋冷轧扭机加工，在常温下一次轧成横截面为矩形，外表为连续螺旋曲面的麻花状钢筋，如图2-45所示。冷轧扭钢筋按其截面形状不同分为两种类型，矩形截面为HPB235型，菱形截面为HRB335型，冷轧扭钢筋的型号标记由产品名称的代号LZN，特性代号 ϕ^t，原材钢筋直径长度和类型代号组成。

例如LZNϕ^t10（Ⅰ）所标志的内容为

LZN——冷轧扭钢筋

ϕ^t10——使用直径为10mm的热轧钢筋加工而成

Ⅰ——表示为Ⅰ型冷轧扭钢筋

冷轧扭钢筋加工工艺简单，设备可靠，集冷拉、冷轧、冷扭于一体，能大幅度提高钢筋的强度和握裹力，节省钢材20%~35%，使用时末端不需弯钩，用作构件生产不需预加应力，冷轧扭钢筋适用于中小型构件如圆孔板、双向叠合楼板以及预制薄板，板梁受弯

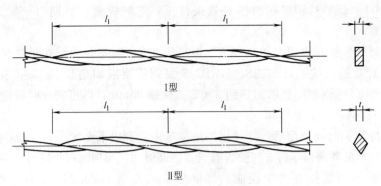

图 2-45 冷轧扭钢筋的形状及截面
t—轧扁厚度；l_1—节距

构件、楼梯及圆梁、构造柱等。

3.2.1 钢筋冷轧扭加工对材料要求

冷轧扭加工适用的钢筋为 Q235、直径 6.5、8、10mm 的普通低碳钢，一般为热轧盘条，钢筋的延伸率不小于 3%，含碳量宜在 0.14%～0.22%。

3.2.2 钢筋冷轧扭机械

(1) 钢筋冷轧扭机是用于钢筋强化处理的一种设备，它主要是用于冷轧扭直径 6.5～10mm 的盘圆条钢筋，它能一次完成钢筋的调直、压扁、扭转、定长、切断、落料等全过程。

(2) 钢筋冷轧扭机的构造

钢筋冷轧扭机常用的型号为 GQZ110A 型，其构造如图 2-46 所示，主要由放盘架 1、调直箱 2、引导架 3、轧机 4、冷却水泵 5、扭转辊 6、切断机 8、分动箱 11、减速器 12、电动机 13、控制台 14 等组成。

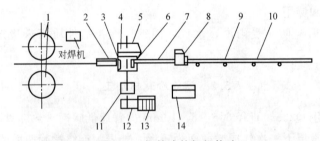

图 2-46 钢筋冷轧扭机构造
1—放盘架；2—调直箱；3—导引架；4—轧机；5—冷却水泵；
6—扭转辊；7—过渡架；8—切断机；9—料槽；10—定位开关；
11—分动箱；12—减速器；13—电动机；14—控制台

(3) 冷轧扭机的工作原理

当钢筋由放盘架上引出，经调直箱调直，并清除氧化皮，再经导引架进入轧机，冷轧至需要的厚度，其断面近似为矩形，在轧机推动下，钢筋通过旋转一定角度的一对扭转，从而形成连续的螺旋状钢筋，再经过渡架送入切断机，当冷轧扭钢筋在料槽中前进，碰到定位开关而启动切断机切断钢筋并落到料架上而出线。

3.2.3 钢筋冷轧扭机操作

(1) 开机前，对冷轧扭机进行一次检查，各部分无异常现象再空载试运转一次。

(2) 将圆盘钢筋从放盘架上引入到机械的调直箱内,穿入导引架再开机。

(3) 开机后,操作人员必须注意力集中,发现钢筋乱盘或打结时,要立即停机,待处理完毕后,方可开机。

(4) 钢筋在扭转过程中,如有失稳堆钢现象发生,要立即停机,以免损坏轧机。

(5) 机械在运转过程中,任何人不得靠近送转部件,机器周围不准乱堆异物,以防意外。

3.2.4　钢筋冷轧扭加工质量要求

(1) 冷轧扭钢筋表面不应有影响钢筋力学性能的裂纹、折叠、结疤、压痕、机械损伤或其他影响使用的缺陷。

(2) 钢筋轧扁厚度用游表卡尺(精度0.02mm),在试样两端量取,应符合表2-17的规定。

冷轧扭钢筋的尺寸规格及允许偏差　　　　表2-17

类　型	标志直径 d /mm	轧扁厚度 t/mm 不小于	节距 l_1/mm 不大于	公称横截面面积 A_s/mm^2	理论重量 G/(kg/m)
Ⅰ型	6.5	3.7	75	29.5	0.232
	8	4.2	95	45.3	0.356
	10	5.3	110	68.3	0.536
	12	6.2	150	93.3	0.733
	14	8.0	170	132.7	1.042
Ⅱ型	12	8.0	145	97.8	0.768

(3) 钢筋节距检验,取不少于5个整节距的长度量测,取其平均值(用直尺量精度1mm),平均值应符合表2-17的规定。

(4) 钢筋重量检验,不小于500mm的试件,实测重量和公称重量与表2-17的规定的负偏差每批应不大于5%。

(5) 冷轧扭钢筋的力学性能应符合表2-18的规定。

冷轧扭钢筋的力学性能　　　　表2-18

抗拉强度 σ_b/MPa	伸长率 δ_{10}/%	冷弯180°(弯心直径=3d)
≥580	≥4.5	受弯曲部位表面不得产生裂纹

注:1d 为冷轧扭钢筋的标志直径。

(6) 单根定尺长度允许偏差:当定尺长度<8m时,允许偏差±10mm;当定尺长度≥8m时,允许偏差±15mm。

课题4　钢 筋 焊 接

在钢筋混凝土结构施工中,钢筋的连接是一项非常重要的技术要求。因为钢筋混凝土结构在设计时成为一个整体结构,而为了便于施工往往将其整体的某部断开,再进行连接,所以钢筋切断的部位是否合理,钢筋连接是否符合质量要求,这是关系到结构是否安全的重要问题,因此现在施工中钢筋焊接广泛应用于钢筋工程施工中。钢筋焊接一般用于两个方面,一方面用于钢筋下料时对焊连接,可以减少钢筋头,达到节约钢筋的目的,另一方面用于钢筋安装连接。

4.1 钢筋焊接接头的一般规定

4.1.1 钢筋焊接接头的类型及质量应符合国家现行有关标准的规定，受力钢筋接头宜设置在受力较小处，在同一根钢筋上宜少设接头，一般可得多于2个以上。

4.1.2 较小受拉及小偏心受拉杆件的纵向受力钢筋，以及当受拉钢筋的直径 $d>28mm$，受压钢筋的直径 $d>32mm$ 时应采用焊接或机械连接接头。

4.1.3 纵向受力钢筋的焊接接头应相互错开。钢筋焊接接头连接区段的长度为 $35d$（d 为纵向受力钢筋的较大直径）且不少于500mm，凡接头点位于该连接区段长度内的焊接接头均属于同一连接区段，位于同一连接区段内纵向受力钢筋的焊接接头面积百分率，对于纵向受拉和有抗震要求的纵向受压钢筋接头，不应大于50%，对装配式构件连接出的纵向压力钢筋和非抗震要求的纵向受压钢筋的接头面积百分率可不受限制。

4.1.4 当直接承受吊车荷载的钢筋混凝土吊车梁、屋面梁及屋架下弦的纵向受拉钢筋必须采用焊接连接时，应符合下列规定。

（1）必须采用闪光接触对焊，并去掉接头的毛刺及卷边。

（2）同一连接区段内纵向受拉钢筋焊接接头面积百分率不应大于25%，此时焊接接头连接区段的长度应取为 $45d$（d 为纵向受力钢筋的较大直径）。

在钢筋工程施工中，采用焊接时的钢筋加工和安装连接的质量更加可靠，目前在施工中经常使用的焊接方法有闪光对焊和电渣压力焊。

4.2 钢筋闪光对焊

钢筋闪光对焊焊接是利用对焊机使两端钢筋接触，通过低压的强电流，把电能转化为热能，当钢筋加热到一定程度后，立即施加轴向压力挤压，使其形成对焊接头。钢筋闪光对焊改善了结构受力性能，具有减轻劳动强度，提高工效和质量，施工加快，节约钢材，降低成本等优点。钢筋闪光对焊适用于Ⅰ-Ⅲ级钢筋接长及预应力钢筋与螺丝端杆锚具的对焊焊接。

4.2.1 对焊机的构造

UN1-75型对焊机是当前在施工中使用较普遍的一种机型，其构造如图2-47所示。

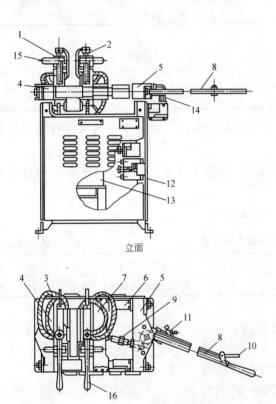

图 2-47 UN1-75型钢筋对焊机
1—固定夹头；2—移动夹头；3—冷却水胶管；4、5—固定横梁；6—横梁滑座；7—活动横梁；8—操纵杆；9—调节螺丝顶杆；10—接触器操纵手柄；11—压紧机构；12—接触器；13—变压器；14—扇形板；15—套钩；16—压紧手柄

它是由机架、进料压紧机构、夹具装置、控制开关、冷却系统和电器设备等部分组成，这种对焊机的额定功率为25kW，可焊接钢筋最大直径为32mm，每小时能焊接30～50个接头。

4.2.2 对焊机的工作原理

如图2-48所示为对焊机的工作原理，固定电极4装在固定平板2上，活动电极装在移动平板3上，移动平板可以沿着机身的导轨移动，并与压力机构9相连。电流从外接电源接给变压器，并从变压器的二次线圈10引到接触板，从接触板再引向电极，将预焊的钢筋分别夹在两电极夹内，当移动活动电极，使两钢筋端部接触到一定的时候，由于电阻很大，电流强度很高，于是钢筋端部产生火花和较高的温度，钢筋端部很

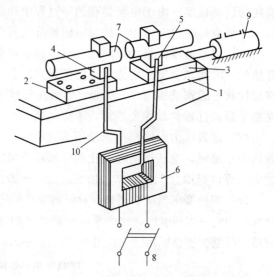

图2-48 钢筋对焊机工作原理
1—机身；2—固定平板；3—移动平板；4—固定电极；
5—活动电极；6—变压器；7—钢筋；8—开关；
9—压力机构；10—二次线圈

快被加热到接近熔化状态，此时利用压力机械压紧钢筋，使两钢筋牢固联在一起。

4.2.3 对焊参数的选择

为了获得良好的对焊接头，必须选择恰当的焊接参数，焊接参数如图2-49所示。

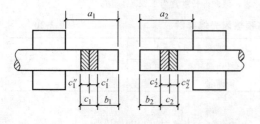

图2-49 调伸长度、闪光留量及顶锻留量
a_1、a_2—左、右钢筋调伸长度；b_1、b_2—闪光留量；
c_1、c_2—顶锻留量；c_1'、c_2'—有电顶锻留量；
c_1''、c_2''—无电顶锻留量

（1）调伸长度的选择：调伸长度指焊接钢筋端部伸出夹具的长度，其长度应使接头区域获得均匀加热，又不致在顶端时发生弯曲。调伸长度随着钢筋等级提高而增大。

（2）闪光留量的选择：闪光留量指焊接钢筋端部刚一接触，并存在一定间隙时，在强大电流的作用下喷射出火花板熔化的金属微粒，即为闪光，并且将钢筋端部冲平、加热、烧短，所以在钢筋闪光过程中留出一定的长度，使钢筋闪光过程结束时，钢筋端部能产生均匀加热，并达到足够的温度，钢筋越粗，所需要的闪光留量越大。

（3）闪光速度的选择：闪光速度是为维持钢筋对焊闪光，钢筋向前移动的速度，闪光速度随钢筋直径增大而降低，在整个闪光过程中，速度由慢到快，闪光过程结束时，闪光强烈，可保护焊缝金属不受氧化。闪光速度主要靠经验控制，一般开始时为每秒0～1mm的速度，结束时为每秒15～20mm的速度。

（4）预热留量选择，预热留量是钢筋两端面紧密接触没有间隙，在电流作用下产生电阻热，而不闪光加热所消耗的钢筋长度。钢筋预热留量随钢筋直径增大而增加，一般预热留量为2～7mm。

（5）顶锻留量：指闪光过程结束后，增大压力将钢筋顶锻压紧，在接头处挤出金属所

消耗的钢筋长度。由于电流是在顶锻过程中切断，所以顶锻是在有电状态下开始，在无电状态下结束，故这一过程又把顶锻留量分为有电顶锻留量和无电顶锻留量两个部分。

（6）顶锻速度：指结束闪光过程，挤压钢筋接头时的速度。要求快而稳，尤其是顶锻开始的一瞬间，要突然用力，迅速使焊口闭合，以保护焊缝，大约需要在 0.1s 的时间内，将塑性状态的钢筋压缩 2～3mm，然后在每秒钟的压缩量不小于 6mm 的速度下完成顶锻，在整个顶锻过程，动作要连续，不应间断。

（7）顶锻压力：即挤压钢筋接头时的压力。钢筋直径越大，所需的顶锻压力越大。顶锻压力不足时，会使熔渣和氧化的金属粒子可能留在焊口内，造成夹渣或缩孔，顶锻压力过大，焊口周围会产生裂纹，顶锻压力与顶锻速度相互影响，主要靠经验控制。

（8）焊接变压器级次调整：对焊钢筋直径越大，选择变压器的级次越高，如果操作技术熟练，为缩短焊接时间，也可采用较高级次的方法。对焊操作时，火花过大，爆裂声过响，应适当降低变压器级次，火花过小，可提高级次。对焊参数见表 2-19、表 2-20、表 2-21。

HPB235 钢筋连续闪光焊参数 表 2-19

钢筋直径 (mm)	调伸长度 (mm)	闪光留量 (mm)	顶锻留量(mm) 有电	顶锻留量(mm) 无电	总留量(mm)	变压器级次 (UN$_1$-75)
10	1.25d	8	1.5	3	12.5	Ⅲ
12	1.0d	8	1.5	3	12.5	Ⅲ
14	1.0d	10	1.5	3	14.5	Ⅲ
16	1.0d	10	2	3	15	Ⅳ
18	0.75d	10	2	3	15	Ⅳ

注：1. 采用其他型号对焊机时，变压器级次通过试验后确定；
2. d 为钢筋直径；
3. HRB335～HRB400 钢筋连续闪光焊参数也可参考此表，但调伸长度宜为 1.25～1.5d。

HRB335～HRB400 钢筋预热闪光焊参数 表 2-20

钢筋直径 (mm)	调伸长度 (mm)	闪光及预热留量(mm) 一次闪光留量	闪光及预热留量(mm) 预热留量	闪光及预热留量(mm) 二次闪光留量	顶锻留量(mm) 有电顶锻留量	顶锻留量(mm) 无电顶锻留量	总留量 (mm)	变压器级次 (UN$_1$-75 型)
20	1.5d	2+e	2	6	1.5	3.5	15+e	Ⅴ
22	1.5d	3+e	3	6	1.5	3.5	16+e	Ⅴ
25	1.25d	3+e	4	6	2.0	4.0	19+e	Ⅴ
28	1.25d	3+e	5	7	2.0	4.0	21+e	Ⅵ
30	1.0d	3+e	6	7	2.5	4.0	22.5+e	Ⅵ
32	1.0d	3+e	6	8	2.5	4.5	24+e	Ⅵ
36	1.0d	3+e	7	8	3.0	5.0	26+e	Ⅶ

注：1. HPB235 钢筋预热闪光焊参数也可参考此表，但调伸长度宜为 0.75d；
2. e 为钢筋端部不平时，两钢筋凸出部分的长度。

采用 LM-150 型自动对焊机时闪光焊参数 表 2-21

钢筋直径 (mm)	调伸长度 (mm)	预热及闪光留量(mm) 预热留量	预热及闪光留量(mm) 闪光留量	顶锻留量(mm) 有电顶锻留量	顶锻留量(mm) 无电顶锻留量	总留量 (mm)	变压器级次
25	25	—	20	2	3	25	12
28	28	8	16	2	3	29	12
32	32	10	16	2	4	32	12
36	36	10	16	2	4	32	14
40	40	10	16	2.5	4.5	33	14

注：1. 本表参数只适用于 HPB235～HRB400 钢筋；
2. 钢筋端面不平时，要先闪去凸出部分，再进行预热；
3. 钢筋直径为 32～40mm 时，预热留量系两次预热的总和。

4.2.4 对焊工艺的选择

在钢筋对焊的操作中除了掌握好对焊参数外，还要正确使用对焊工艺，对于不同直径钢筋品种和钢筋端头的平整状态，要采用不同的对焊工艺。

（1）连续闪光焊 连续闪光焊适用于直径为 18mm 以下的钢筋的对焊。对焊时，选择好各项对焊参数，开启对焊机，使两根钢筋的端面平稳，缓慢地逐渐靠近，火花会不断产生并连续喷射，当把钢筋断面不齐的部分烧掉时，端面已接近熔化的程度，此时迅速施加压力顶锻挤压。

（2）预热闪光焊 预热闪光焊适用于对焊直径大于 18mm，而且钢筋端头较平整的钢筋。有时钢筋直径较大，为了使焊件的温度均匀提高必须增加钢筋的预热过程，先使两根钢筋紧密接触产生电阻热，再分离再接触，预热到一定程度，再用连续闪光焊的方法对焊。

（3）闪光—预热—闪光焊 这种方法适用直径 18mm 以上，而钢筋端头不平的钢筋。即在预热闪光焊前再增加一次连续闪光的过程，目的是把不平整的断面，先熔成比较整齐的断面，再按预热闪光焊的方法焊接。操作要领是：一次闪光，熔平为准，预热充分，接触十余次，二次闪光，接触时间短，操作动作稳，闪光强烈，顶锻过程快速有力。

4.2.5 钢筋对焊操作

（1）对焊前应清除钢筋端头约 150mm 范围内的铁锈、污泥等，以免在夹具和钢筋间因接触不良而引起打火烧伤钢筋。钢筋端头的弯曲，应予调直或切除。

（2）焊机操作人员须经专门培养，根据对焊钢筋的直径、品种、端头状态正确选择对焊参数和对焊工艺。

（3）焊接前应检查焊机各部件和接地情况，按选择的对焊参数调整好对焊机，开放冷却水，合上电闸，即可。

（4）将钳口清理干净，放入钢筋夹紧后开始对焊，作业时操作人员必须带有色保护眼镜及帽子等，以免弧光刺伤眼睛和溶化的金属灼伤皮肤。

（5）按选定的对焊工艺进行操作，对 HPB235～HRB400 钢筋对焊应做到一次闪光，闪平为准，预热充分，频率要高（每秒接触分离约 6～8s）。二次闪光，短、稳、强烈。顶锻过程快而有力，对 HRB400 钢筋为避免过热和淬硬脆裂，焊接时，要做到一次闪光，闪去压份，预热适中，频率中低（每秒钟接触分离 2～4 次）。二次闪光稳而灵活，顶锻过程，快而用力得当，并且进行通电热处理。

（6）对焊接头通电热处理：对于 HRB400 钢筋对焊接头焊后通电热处理方法：焊毕松开夹具，放大钳口距，再夹紧钢筋，接头降温至暗黑色后，即采取低频脉冲式通电加热，当加热至钢筋表面成暗红色或桔红色时，通电结束，松开夹具，待钢筋稍冷后取下钢筋。

（7）不同直径的钢筋对焊时，其直径相差不宜大于 2～3mm，焊接时，按大直径钢筋选择焊接参数。

（8）负温（不低于-20℃）下闪光对焊时，焊接场地应有防风措施，并且调伸长度适当增长，变压器级次不宜过大，闪光速度应稍慢，预热次数要增加，使焊接接头的见红区比常温要宽些（约为 4.5～6cm）以减少温度梯度并延缓冷却速度，从而获得良好的综合性能。

（9）对焊完毕，待接头处由红色变为黑色，才能松开夹具，平稳取出钢筋，以免产生弯曲，同时趁热将焊缝的毛刺打掉。

4.2.6 钢筋对焊接头的质量要求

（1）闪光对焊接头外观检查：接头处不得有横向裂纹，与电极接触处的钢筋表面，HPB235～HRB400钢筋焊接时不得有明显烧伤。HRB400钢筋焊接不得有烧伤。接头处的弯折角不得大于4°，接头处的轴线偏移，不得大于钢筋直径的0.1倍，且不得大于2mm。

（2）闪光对焊接头拉伸试验3个热轧钢筋接头试件的抗拉强度均不得少于该钢筋强度等级规定的抗拉强度，并且至少有2个试件断于焊缝之外并呈延性断裂，闪光对焊接头弯曲试验时，应将变压面的金属毛刺和锻粗变形部分清除，且与母材的外表齐平，弯曲时，焊缝直径HPB235、HRB335、HRB400、RRB400钢筋分别为$2d$、$4d$、$5d$和$7d$，钢筋直径d大于25mm时，弯心直径应增加$1d$，弯曲角均为90°，当弯至90°，至少有两个试件不得发生破断时为合格。

4.2.7 钢筋对焊质量通病及防治措施（表2-22）

钢筋对焊质量通病及防治措施　　　　　　表2-22

序号	质量通病	防治措施
1	烧化过分剧烈并产生强烈的爆炸声	（1）降低变压器级数 （2）减慢烧化速度
2	闪光不稳定	（1）清除电极底部和表面的氧化物 （2）提高变压器级数 （3）加快烧化速度
3	接头中有氧化膜、未焊透或夹渣	（1）增加预热程度 （2）加快临近顶锻时的烧化速度 （3）确保带电顶锻过程 （4）加快顶锻速度 （5）增大顶锻压力
4	接头中有缩孔	（1）降低变压器级数 （2）避免烧化过程过分强烈 （3）适当增大顶锻留量及顶锻压力
5	焊缝金属过烧或热影响区过热	（1）减小预热程度 （2）加快烧化速度、缩短焊接时间 （3）避免过多带电顶锻
6	接头区域裂缝	（1）检验钢筋的碳、硫、磷含量；如不符合规定，应更换钢筋 （2）采取低频预热方法，增加预热程度
7	钢筋表面微熔及烧伤	（1）清除钢筋被夹紧部位的铁锈和油污 （2）清除电极内表面的氧化物 （3）改进电极槽口形状，增大接触面积 （4）夹紧钢筋
8	接头弯折或轴线偏移	（1）正确调整电极位置 （2）修整电极钳口或更换已变形的电极 （3）切除或矫直钢筋的弯头

4.2.8 钢筋对焊机的常见故障及排除方法（表2-23）

钢筋对焊机常见故障及排除方法　　　　　　　　表2-23

故　障	原　因	排　除　方　法
焊接时次级没有电流，焊件不能熔化	1. 继电器接触点不能随按钮动作； 2. 按钮开关不灵	1. 修理继电器接触点，清除积尘； 2. 修理开关的接触部分或更换
焊件熔接后不能自动断路	行程开关失效不能动作	修理开关的接触部分或更换
变压器通路，但焊接时不能良好焊牢	1. 电极和焊件接触不良； 2. 焊件间接触不良	1. 修理电极钳口，把氧化物用砂纸打光； 2. 清除焊件端部的氧化皮和污物
焊接时焊件熔化过快，不能很好接触	电流过大	调整电流
焊接时焊件熔化不好，焊不牢有粘点现象	电流过小	调整电压

4.2.9 钢筋对焊操作安全要求

（1）焊接机械必须经过调整试运转正常后方可正式使用；焊机必须由专人使用和管理。

（2）焊接机械必须装有接地线，地线电阻不应大于4Ω，在操作前应经常检查接地是否正常。

（3）调整焊接变压器级数时，应切断电源。

（4）焊接机械和电源部分要分开，防止钢筋与电源接触，不允许两个焊机使用一个电源闸刀。电源开关箱内应装设电压表。

（5）焊工必须穿戴好安全防护用品，戴面罩防止火花灼伤。对焊机闪光区域内需有防火隔离设施。

（6）在进行大量生产焊接时，焊接变压器等不得超过负荷；其温度不得超过60℃。焊机的电源线路，保险丝的规格必须符合规定要求。

（7）对焊时必须开放冷却水，出水温度不得超过40℃，要经常检查有无漏水堵塞现象，工作完后立即关闭水门。

（8）焊接工作房必须用防火材料搭设，并设有防火设施。

（9）如电源电压降低到8%时，应停止焊接。

4.3　钢筋电渣压力焊

电渣压力焊适用于烟囱、筒仓、框架等现浇钢筋混凝土结构中竖向钢筋的连接，这种工艺能较好解决钢筋采用绑扎连接受力性能不好，以及材料消耗较大的缺陷，特别是单机头和三机头竖向钢筋自动电渣压力焊机的应用，使焊接过程由手工操作变为机械操作和自动控制，保证了接头的质量，提高了工效，因而电渣压力焊在竖向钢筋连接中应用广泛。电渣压力焊焊接过程如图2-50所示。焊接电压与电流如图2-51所示。

4.3.1 电渣压力焊焊接设备

手工电渣压力焊焊接设备包括：焊接电源、焊接夹具、控制箱、焊机等，如图2-52所示。

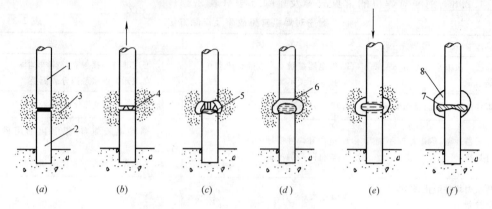

图 2-50 钢筋电渣压力焊焊接过程示意图

(a) 引弧前；(b) 引弧过程；(c) 电弧过程；(d) 电渣过程；(e) 顶压过程；(f) 凝固后

1—上钢筋；2—下钢筋；3—焊剂；4—电弧；5—熔池；6—熔渣（渣池）；7—焊包；8—渣壳

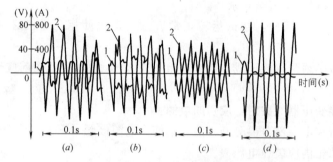

图 2-51 焊接过程中各个阶段的焊接电压与焊接电流

(a) 引弧过程；(b) 电弧过程；(c) 电渣过程；(d) 顶压过程

1—焊接电压；2—焊接电流

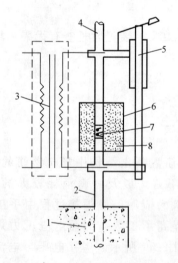

图 2-52 电渣压力焊工作原理

1—混凝土；2、4—钢筋；3—电源；5—夹具；
6—焊剂盒；7—铁丝球；8—焊剂

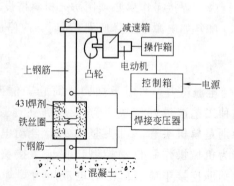

图 2-53 自动电渣压力焊示意图

自动电渣压力焊，设备包括：焊接电源、控制箱、操作箱、焊接接头等如图2-53所示。

（1）焊接电源，可采用交流或直流电焊机，当采用交直流电焊机时，钢筋直径小于20mm，可采用一台500型焊机，若钢筋直径大于20mm，应采用700型焊机。

（2）控制箱一套，内装有电压表、电流表、计时电铃等，以便操作者准确掌握焊接电流及通电时间。

（3）手动电渣压力焊的焊接夹具如图2-54所示，夹具要求具有一定刚度，使用灵巧牢固可靠，上下钳口同心。

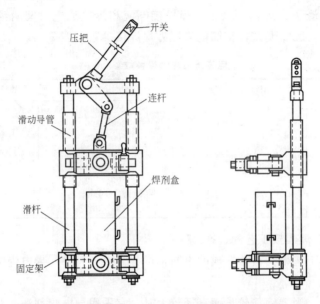

图2-54 手动电渣压力焊夹具示意图

（4）自动电渣压力焊机与手动电渣压力焊机不同点是自动电渣压力焊机机头由电动机、减速箱、凸轮、夹具、提升杆等组成，电极可有可控硅无级调速，以调整焊接通电时间，凸轮自动控制上钢筋的运动。如图2-53所示。

（5）焊剂：焊剂型号为HJ401，常用的为熔炼型高锰高硅低氟焊剂或中锰高硅低氟焊剂。焊剂应存放在干燥的库房内，防止受潮，使用前须经250～300℃烘焙2h。使用中回收的焊剂，应除去熔渣和杂物，并应与新焊剂混合均匀后使用。

4.3.2 电渣压力焊焊接参数的选择

电渣压力焊在正式焊接前，要通过试验确定合适参数，并经试验合格后才能正式焊接，电渣压力焊的参数主要包括：焊接电流、渣池电压、焊接通电时间、钢筋熔化量和顶锻压力。

（1）焊接电流：焊接电流的大小根据钢筋直径来选择，它影响渣池温度、黏度、电渣过程的稳定性和钢筋熔化速度，从而直接影响焊接接头的质量和焊接效率。

（2）渣池电压：渣池电压主要影响电渣过程的稳定，当渣池电压过低时表明两钢筋之间距离过小，从而容易产生短路，当渣池电压过高，表明两钢筋之间距离过大，则容易发生短路，渣池电压分为电弧过程电压和电渣过程电压。

（3）焊接通电时间和钢筋熔化量：焊接通电时间和钢筋熔化量根据钢筋直径大小来确

定。在焊接电流不变和焊接过程稳定的情况下，钢筋的熔化量与焊接通电时间成正比。焊接通电时间太短，钢筋端面熔化不均匀，顶压后不能保证整个钢筋端面紧密接触；如果焊接通电时间太长，渣池温度过高，液态渣和液态金属过多，顶压后，焊疤过大，影响接头成型。焊接停电时间分为电弧过程时间和电渣过程时间。钢筋熔化量一般为25～35mm，其中上钢筋的熔化量略高于下钢筋的熔化量。

（4）顶锻压力：顶锻压力的大小，必须保证全部液态渣和液态金属基础，使钢筋端部获得紧密的结合。

（5）使用自动电渣压力焊机，只需选择焊接电流和焊接通电时间两项参数，其他参数，机内会自动平衡，无需调整，钢筋电渣压力焊焊接参数见表2-24。

电渣压力焊焊接参数 表2-24

钢筋直径(mm)	渣池电压(V)	焊接电流(A)	焊接通电时间(min)
14		200～250	12～15
16		200～300	15～18
20		300～400	18～23
25	25～35	400～450	20～25
32		450～600	30～35
36		600～700	35～40
38		700～800	40～45
40		800～900	45～50

4.3.3 电渣压力焊焊接工艺的选择

电渣压力焊焊接工艺根据渣池形成的不同，可分为以下三种：导电焊剂法、电弧引燃法及铅丝球引燃法。

（1）导电焊剂法 当上钢筋较长而直径较大时，宜采用导电焊剂法。此时要求钢筋端面预先平整，并选用厚度为8～10mm的导电焊剂，放入两钢筋端面之间，施焊时接近焊接电路，使导电焊剂及钢筋端相继熔化，形成渣池，维持数秒钟后，借助操作压杆使上钢筋缓缓下降，下降速度为1mm/s左右，从而维持良好的电渣过程，待熔化留量达到规定数值后，切断焊接电路，用力迅速顶压，基础金属熔渣和熔化金属，使之形成金属的焊接接头，待冷却约1～3min后。卸下夹具，敲去熔渣。

（2）电弧引燃法 当上钢筋直径较小而焊机功率较大时，宜采用电弧引燃法。此时，钢筋端面无需加工平整，施焊前，先将两钢筋端面互相接触，装满焊剂，施焊时接通电路，立即操纵压杆使两钢筋之间形成2～3mm的空隙而产生电弧，接着借助操纵杆使上钢筋缓缓上升，进行电弧过程，当焊接直径为25mm的钢筋时提升高度约为8mm，之后进行电渣过程和顶压过程。

（3）铅丝球引燃法 当钢筋端面较平整而焊机功率又较小时，宜采用铅丝球引燃法。铅丝球系用22号铅丝绕成的直径为10～15mm的紧密小球。此时，将铅丝球放入两钢筋端面之间，而后装满焊剂，进行焊接。

4.3.4 电渣压力焊焊前的准备工作

（1）将被焊钢筋端部120mm范围内的铁锈、杂质清除干净，根据选择的焊接工艺对钢筋端头面进行加工。

（2）根据焊接钢筋长度搭设一定高度的操作架，用于施焊时扶直上层钢筋，以免上、下钢筋错位。

(3) 检查电路，观察网路电压波动情况，若低于规定数值5%以上时，不宜焊接。当采用自动电渣压力焊时，还应检查操作箱，控制箱电气线路各接点，接触是否良好。

(4) 根据使用焊接设备和钢筋直径，端面平整状态，正确选择焊接参数和焊接工艺。

4.3.5 手工电渣压力焊操作

(1) 把焊接夹具下钳口夹牢于下钢筋端70～80mm的部位。

(2) 把上钢筋扶直，夹牢于上钳口内150mm左右，并保持上下钢筋同心。

(3) 安装焊剂盒，内垫塞石棉布垫，关闭焊剂盒，装满焊剂。

(4) 接通焊接电路，按选择的焊接工艺即导电焊剂法、电弧引燃法或铅丝球引燃法进行操作，从而产生电弧。在引弧过程中，动作不要过于急促，否则空隙不宜掌握，如操纵杆抬的过高，增大了钢筋间隙，造成断路灭弧。如操作杆提的太慢，则造成短路，使钢筋粘连。

(5) 观察控制箱的电压表、电流表，按预定的焊接参数控制焊接电压电流和通电时间。

(6) 当找到适当弧长，继续保持电弧过程，之后借助操纵杆，使钢筋缓缓下送，逐步转为电渣过程，电弧持续时间长短视钢筋直径的大小而定。待到规定通电时间，切断焊接电路，同时加压顶锻。

(7) 顶锻后，继续把住操纵杆持压3～5s，不要立即松手，防止紧固夹具位移等因素使焊接接头造成缺陷，待1～2min即可打开焊剂盒，清理焊剂，松开上下钳口，取下焊接夹具，敲去熔渣壳，即焊接完毕。

4.3.6 自动电压渣压力焊操作

(1) 提升焊接接头，将钢筋夹牢于下钳口。

(2) 合上电闸，分别给控制箱、操作箱送电，并将操作箱面板开关置于手动操作位置。

(3) 根据选择好的焊接参数定好通电时间和电动机转速，选定在所需的焊接速度上。

(4) 接通操作箱上的联锁开关，使凸轮转到预定位置。

(5) 根据预先确定的焊接工艺在两钢筋之间放置导电焊剂或铅丝球。

(6) 在焊口处安装焊接盒，底部垫上石棉垫，关闭焊剂盒，放满焊剂。

(7) 将操作箱面板开关置于制动操作位置，合上联锁开关，焊接开始，凸轮按照预定速度自动旋转，上钢筋稍稍上提，产生电弧，铅丝球融化，随后，周围焊剂和钢筋端部迅速融化，从而逐渐形成渣池。随着焊剂和钢筋熔化的同时，凸轮继续旋转，上钢筋缓缓下送，在预定的焊接电流和通电时间下，上下两钢筋端部已熔化到一定程度，附近钢筋亦已达到热塑状态，这时凸轮继续转动，至凹凸部位，上钢筋突然下落，由于夹具和钢筋的自重，具有一定的挤压力，挤出渣池内全部熔渣和液态金属，形成疤状焊头。

(8) 待过1～2min即可打开焊剂盒，清理焊剂，松开上下钳口，取下焊机机头，敲去渣壳，即焊接完毕。

4.3.7 电渣压力焊接头的质量要求

(1) 焊包均匀，突出部分最少高出钢筋表面4mm。

(2) 电极与钢筋接触处，无明显烧伤缺陷。

(3) 接头处的弯折角不大于 4°。
(4) 接头处的轴线偏移应不超过 0.1 倍钢筋直径，同时不大于 2mm。
(5) 每批取 3 个接头做拉伸试验，其强度不低于该钢筋强度等级的抗拉强度值。

4.3.8 电渣压力焊操作缺陷及防止措施（表 2-25）

电渣压力焊操作缺陷及防止措施　　　　表 2-25

序号	缺陷	外形	原因	防止措施
1	偏心	≥0.1d，≥2	1. 钢筋端部不直； 2. 钢筋安放不正； 3. 钢筋端面不平	1. 钢筋端部要直； 2. 上钢筋安装正直； 3. 钢筋端口要平
2	倾斜	74°	1. 钢筋端歪斜； 2. 钢筋安放不正； 3. 夹具放松过早	1. 钢筋端部要直； 2. 钢筋安放正直； 3. 焊毕稍冷后（约 2min）再卸机头
3	咬肉	≥0.5	1. 焊接电流太大； 2. 通电时间过长； 3. 停机太晚	1. 适当减小焊接电流； 2. 适当缩短焊接通电时间； 3. 及时停机
4	氧化膜		1. 焊接电流太小； 2. 焊接电流断电过早	1. 适当加大焊接电流； 2. 检查微动开关调整小凸轮位置
5	未焊透		1. 焊接过程中断弧； 2. 焊接电流断电过早	1. 提高凸轮转速； 2. 检查微动开关调整小凸轮位置
6	焊疱偏斜	≤2	1. 钢筋端部不平； 2. 铁丝圈安放不当	1. 钢筋端部要平； 2. 铁丝圈安放在中心
7	气孔		焊剂受潮未烘干	按照规定及时焙烘焊剂

续表

序号	缺陷	外形	原 因	防 止 措 施
8	烧伤		1. 钢筋端部未除锈； 2. 夹钢筋不紧	1. 钢筋端除锈； 2. 把钢筋夹紧
9	成型不好(焊疱上翻)		凸轮转动不灵活	拆洗凸轮
10	成型不好(焊疱下溜)		焊接过程中焊剂泄漏	把石棉布垫塞好

注：1、2、3、4、5项是不允许的；6、7、8、9、10项应避免，并及时纠正。

课题5 钢筋机械连接

钢筋机械连接主要有钢筋套筒挤压连接和钢筋螺旋连接。这两种方法一般用于钢筋安装连接。钢筋机械连接具有节电节能，节约钢材，不受钢筋可焊性制约，不受季节影响，不用明火，施工简便，工艺性能良好和接头质量可靠等优点，因此在钢筋工程施工中得到广泛的应用。

5.1 钢筋套筒挤压连接

套筒挤压连接是将两根待接的带肋钢筋插入钢套筒，用如图2-55所示挤压连接设备沿径向挤压钢套筒，使之产生塑性变形，依靠变形后的钢套筒与被连接钢筋的纵、横肋产生机械咬合成为整体。套筒挤压连接适用于挤压直径为16~40mm的HRB335、HRB400带肋钢筋的径向挤压连接。如图2-56所示。

5.1.1 钢筋机械连接接头的一般规定

（1）钢筋机械连接接头的类型及质量应符合国家现行有关标准的规定。受力钢筋的接头宜设置在受力较小处，在同一根钢筋上宜少设接头。

（2）轴心受拉及小偏心受拉杆件的纵向受力钢筋。当受拉钢筋的直径$d>28$mm及受压钢筋的直径$d>32$mm时，采用焊接和机械连接接头。

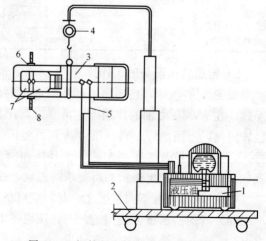

图2-55 钢筋径向挤压连接设备示意图
1—超高压泵站；2—吊挂小车；3—挤压钳；4—平衡器；
5—软管；6—钢套管；7—压模；8—钢筋

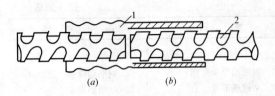

图 2-56 钢筋径向挤压连接
(a) 已挤压部分；(b) 未挤压部分
1—钢套筒；2—带肋钢筋

（3）纵向受力钢筋机械连接接头宜相互错开。钢筋机械连接接头连接区段的长度为 $35d$（d 为纵向受力钢筋的较大直径）。凡接头中点位于该连接区段长度内的机械连接接头均属同一连接区段。

在受力较大处设置机械连接接头时，位于同一连接区段的纵向受拉钢筋接头面积百分率不宜大于 50%。纵向受压钢筋的接头面积百分率对于有抗震要求的不宜大于 50%，非抗震结构不受限制。

（4）机械连接接头连接件的混凝土保护层厚度应满足纵向受力钢筋最小保护层的要求，连接件之间的横向净间距不宜小于 25mm。

5.1.2 挤压设备

1）钢筋挤压设备由压接钳、超高压泵站、平衡器、超高压软管和吊挂小车组成。

2）钢筋挤压设备的主要技术见表 2-26。

钢筋挤压设备的主要技术参数　　　　表 2-26

	设备型号	YJH-25	YJH-32	YJH-40	YJ650Ⅲ	YJ800Ⅲ
压接钳	额定压力(MPa)	80	80	80	53	52
	额定挤压力(kN)	760	760	900	650	800
	外形尺寸(mm)	φ150×433	φ150×480	φ170×530	φ155×370	φ170×450
	重量(kg)	28	33	41	32	48
	适用钢筋(mm)	20～25	25～32	32～40	20～28	32～40
超高压泵站	电机	380V,50Hz,1.5kW				
	高压泵	80MPa,0.8L/min				
	低压泵	2.0MPa,4.0～6.0L/min				
	外形尺寸(mm)	790×540×785(长×宽×高)				
	重量(kg)	96	油箱容积(L)	20		
超高压胶管		100MPa,内径 6.0mm,长度 3.0m(5.0m)				

3）钢筋挤压设备的工作原理：

如图 2-57 所示，超高压电动油泵输出的压力油，经手动换向阀，进入钢筋压接钳的 A 腔，在 A 腔压力油的作用下，活塞带动压模向前运动，并挤压钢筋套，这时 B 腔的油经转向阀，流回油箱。当挤压力达到预定压力时，转动换向阀，使压力油由压钳的 B 腔进入，退回压模及活塞，A 腔的油经换向阀流回油箱，完成一次挤压过程。重复以上步骤，即可根据不同规格钢筋所要求的道数，逐一挤压。

4）挤压设备有下列情况之一时，应对挤压机的挤压力进行标定：

（1）新的挤压设备使用前，旧挤压设备大修后。

（2）油泵表受损或强烈震动后。

（3）套筒压痕异常且查不出其他原因。

（4）挤压设备使用超过一年，挤压的接头数量超过 5000 个。

(5) 压模、套筒与钢筋应相互配套使用，压膜上应有相对应的连接钢筋规格标记。

(6) 高压油泵应采用液压油，油液应过滤，保持清洁、油箱应密封，防止雨水灰尘混入油箱。

(7) 平衡器：是一种辅助工具，它是利用卷簧张紧力的变化进行平衡力调节，利用平衡器吊挂挤压机，将平衡重量调节到与挤压机重量一致或稍大时，使挤压机在任何位置均达到平衡，即操作人员手持挤压机，但是不需要去承担它的重量，在被挤压的钢筋接头附近的空间进行挤压施工作业，从而大大减轻了工人的劳动强度，提高挤压效率和质量。

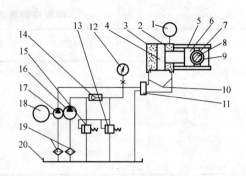

图 2-57 钢筋挤压设备工作原理图
1—悬挂器；2—缸体；3—液压油；4—活塞；5—机架；6—上压模；7—套筒；8—钢筋；9—下压模；10—油管；11—换向阀；12—压力表；13—溢流阀；14—单向阀；15—限压阀；16—低压泵；17—高压泵；18—电动机；19—滤油器；20—油箱

5.1.3 钢套筒：钢套筒是钢筋挤压连接的主要连接件，因此，钢套筒材料应选用适用于压延加工的钢材。其力学性能应符合以下要求：屈服强度为 $225\sim330\mathrm{N/mm^2}$，抗拉强度为 $375\sim500\mathrm{N/mm^2}$。钢套筒规格尺寸，应符合表 2-27 的规定。

钢套筒的规格和尺寸 表 2-27

钢套筒型号	钢套筒尺寸(mm)			压接标志道数
	外径	壁厚	长度	
G40	70	12	240	8×2
G36	63	11	216	7×2
G32	56	10	192	6×2
G28	50	8	168	5×2
G25	45	7.5	150	4×2
G22	40	6.5	132	3×2
G20	36	6	120	3×2

钢套筒表面不得有裂纹、折叠、结疤等缺陷，外表尺寸允许偏差：长度±2mm，外径±0.5mm，内径±0.2mm，壁厚±0.2mm。

5.1.4 套筒挤压连接工艺参数：在选择合适材质和规格的钢套筒挤压设备、压模后，套筒接头的质量主要取决于套筒挤压连接的工艺参数：套筒挤压连接的工艺参数包括压痕最小直径、压痕最小总宽。

(1) 压痕总宽度：压痕总宽度是指接头一侧每一道压痕底部平直部分宽度之和。压痕总宽度由各生产厂家根据各自设备、压模刃口的尺寸和形状，通过在其所售钢套筒上喷出挤压道数标志或出厂技术文件中确定，并且不得小于表 2-28 所规定的压痕宽度的最小值。

(2) 压痕最小直径：压痕最小直径是由操作者根据表 2-28 所规定数值控制。压痕最小直径一般是通过挤压机上的压力表读数来间接控制。由于钢套筒的材质不同，造成挤压所要求的压痕最小直径及所需的压力也不同，所以在挤压不同批号和炉号的钢套筒时根据表 2-27 所规定的数值进行试压，以确定挤压到规定数值时所需要的压力值。

同规格钢筋连接时的参数选择　　　　表 2-28（a）

连接钢筋规格	钢套筒型号	压模型号	压痕最小直径允许范围(mm)	压痕最小总宽度(mm)
$\phi40\sim\phi40$	G40	M40	60～63	≥80
$\phi36\sim\phi36$	G36	M36	54～57	≥70
$\phi32\sim\phi32$	G32	M32	48～51	≥60
$\phi28\sim\phi28$	G28	M28	41～44	≥55
$\phi25\sim\phi25$	G25	M25	37～39	≥50
$\phi22\sim\phi22$	G22	M22	32～34	≥45
$\phi20\sim\phi20$	G20	M20	29～31	≥45
$\phi18\sim\phi18$	G18	M18	27～29	≥40

不同规格钢筋连接时的参数选择　　　　表 2-28（b）

连接钢筋规格	钢套筒型号	压模型号	压痕最小直径允许范围(mm)	压痕最小总宽度(mm)
$\phi40\sim\phi36$	G40	$\phi40$ 端 M40	60～63	≥80
		$\phi36$ 端 M36	57～60	≥80
$\phi32\sim\phi32$	G36	$\phi36$ 端 M36	54～57	≥70
		$\phi32$ 端 M32	51～54	≥70
$\phi32\sim\phi28$	G32	$\phi32$ 端 M32	48～51	≥60
		$\phi28$ 端 M28	45～48	≥60
$\phi28\sim\phi25$	G28	$\phi28$ 端 M28	41～44	≥55
		$\phi25$ 端 M25	38～41	≥55
$\phi25\sim\phi22$	G25	$\phi25$ 端 M25	37～39	≥50
		$\phi22$ 端 M22	35～37	≥50
$\phi25\sim\phi20$	G25	$\phi25$ 端 M25	37～39	≥50
		$\phi20$ 端 M20	33～35	≥50
$\phi22\sim\phi20$	G22	$\phi22$ 端 M22	32～34	≥45
		$\phi20$ 端 M20	31～33	≥45
$\phi22\sim\phi18$	G22	$\phi22$ 端 M22	32～34	≥45
		$\phi18$ 端 M18	29～31	≥45
$\phi20\sim\phi18$	G20	$\phi20$ 端 M20	29～31	≥45
		$\phi18$ 端 M18	28～30	≥45

5.1.5 套筒挤压连接操作

(1) 挤压连接前应清除钢套筒和钢筋端头的铁锈和泥土杂质。同时将钢筋与套筒进行试套，如钢筋端部有马蹄弯折或有毛刺套不上时，用手动砂轮修磨矫正。

(2) 在钢筋端部划插入长度标记，钢筋按标记插入钢套筒内，并确保接头长度，同时连接钢筋与钢套筒的轴心应保持同一轴线，以防止压空、偏心和弯折。

(3) 当钢筋插入套筒放进挤压机钳口时，钢筋的横肋要面向挤压机的上、下压模，同时挤压时应从每侧套筒中间逐道向端部压接。

(4) 根据确定的工艺参数确定压接道数，顶好压接最小直径所需要的压力值，启动超高油泵。

(5) 将挤压设备下压模卡板打开取出下压模型呈开口，推入连接筒，再插入下压模，锁死卡板。

(6) 压钳在平衡器的平衡力作用下，对准钢套筒所需要压接的标记处，按手控上开关进行挤压，当压力达到规定值，听到液压油发出溢流声，再按手控下开关，退回柱塞完成一道挤压，重复以上操作直到压挤完毕。

（7）为加快压接速度，减少现场高空作业，可先在地面压接半个压接接头，再在施工作业区把钢套筒另一段插入预留钢筋，按工艺要求挤压另一段。

5.1.6 套筒挤压连接接头质量要求

1）外观检查应符合下列要求：

（1）挤压后套筒长度应为 1.1~1.15 倍原套筒长度，压痕的最小直径和压痕最小总宽度符合表 2-28 的规定。

（2）接头处弯折角度不得大于 4°。

（3）挤压后的套筒不得有目视可见的裂缝。

2）单向拉伸试验：接头根据静力单向拉伸性能以及高应力和大变形条件下反复拉、压性能的差并分为三个性能等级。

（1）A 级为接头抗拉强度达到或超过母材抗拉强度标准值，并且具有高延性及反复拉压性能。

（2）B 级为接头抗拉强度达到或超过母材屈服强度标准值的 1.35 倍，并且具有一定的延伸性及反复拉压性能。

（3）C 级为接头仅能承受压力。

（4）三个接头试样的抗拉强度均应满足 A 级或 B 级抗拉强度的要求。

5.2 钢筋锥螺纹连接

锥螺纹连接是利用钢筋端部的外锥螺纹和套筒上的内锥螺纹来连接钢筋，如图 2-58 所示。

钢筋锥螺纹连接具有连接速度快，对中性好，工艺简单，安全可靠，无明火作业，不受钢筋外形影响，可全天候施工，节约钢材和能源等优点，适用于施工现场连接直径 16~40mm 的同径或并径钢筋。连接钢筋直径差不得超过 6mm。

5.2.1 主要机具设备

（1）钢筋套丝机：如图 2-59 所示。

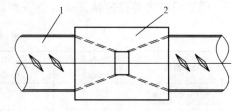

图 2-58 钢筋锥螺纹连接
1—钢筋；2—套管

钢筋套丝机由夹紧机构、切削头、退刀机构、减速器、冷却泵和机体等组成，是加工钢筋连接端的锥型螺纹用的一种专用设备，型号为 GZL-40B。可套制直径 16mm 及以上的 HRB335、HRB400 钢筋。

（2）扭力扳手：扭力扳手是保证钢筋连接质量的测力扳手，它可以按照钢筋直径大小规定的力矩值，把钢筋与连接套拧紧，并扭力达到规定值时，扭力扳手发出声响信号，扭力扳手的常用型号为 PW360，扭矩在 100~360Nm 之间。

（3）量规：量规分为牙形规、卡规和锥螺纹塞规。牙形规是用来检查钢筋连接端的锥螺纹牙形加工质量的量规。卡规是用来检查钢筋连接端的锥螺纹小端直径的量规。锥螺纹塞规是用来检查锥螺纹连接套加工质量的量规。

5.2.2 钢筋连接套

钢筋连接套是钢筋锥螺纹连接的主要连接件，其质量和规格应符合以下要求：

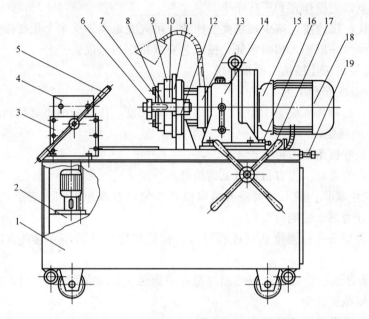

图 2-59 GZL-40B型钢筋套丝机构造简图
1—机架；2—冷却水箱；3—虎钳座；4—虎钳体；5—夹紧手柄；6—定位环；7—盖板；8—定位杆；
9—进刀环；10—切削头；11—退刀盘；12—张刀轴架；13—水套；14—减速机；15—电动机；
16—限位开关；17—进给手柄；18—电控盘；19—调整螺杆

(1) 连接套有明显的规格标记，如Φ32或φ32等。
(2) 连接套的锥孔有塑料密封盖封住。
(3) 同径或并径连接尺寸符合表2-29规定。

连接套规格尺寸表   表2-29

连接套规格标记	外径不小于(mm)	长度不小于(mm)	连接套规格标记	外径不小于(mm)	长度不小于(mm)
Φ16、φ16	$25^{-0.5}$	$65^{-0.5}$	Φ28、φ28	$39^{-0.5}$	$105^{-0.5}$
Φ18、φ18	$28^{-0.5}$	$75^{-0.5}$	Φ32、φ32	$44^{-0.5}$	$115^{-0.5}$
Φ20、φ20	$30^{-0.5}$	$85^{-0.5}$	Φ36、φ36	$48^{-0.5}$	$125^{-0.5}$
Φ22、φ22	$32^{-0.5}$	$95^{-0.5}$	Φ40、φ40	$52^{-0.5}$	$135^{-0.5}$
Φ25、φ25	$35^{-0.5}$	$95^{-0.5}$			

(4) 锥螺纹塞规拧入连接套后，连接套的大端边缘应在锥螺纹塞规大端的缺口范围内，如图2-60所示。
(5) 连接套要有产品合格证。
(6) 连接套应分类包装存放，不得混淆和锈蚀。

5.2.3 钢筋套丝

(1) 首先进行钢筋下料，按配料长度用钢筋切断机或砂轮锯切断，不得用气割切断，钢筋切断后，其端头平直，不得出现马蹄形或端头弯曲。
(2) 使用图2-59所示的钢筋套丝机进行套丝，将钢筋用套丝机的夹紧机构固定，启动机械,转动手轮使转动的切削头将钢筋端头切削成要求的锥形,再进行套丝。

（3）钢筋端头套丝时,必须使用水溶性切削冷却润滑液,不得使用机油润滑或不加润滑液套丝。

（4）钢筋套丝质量必须用牙形规与卡形规检查,钢筋的牙形与牙形规相吻合,其小端直径必须在卡规上标上允许误差之内,如图 2-60 所示。

（5）锥螺纹丝头牙形检验：牙形饱满,无断牙、秃牙缺陷,且与牙形规的牙形吻合,牙齿表面光洁的为合格品,如图 2-61 所示。

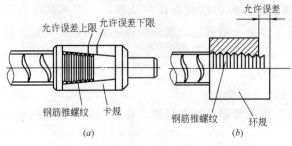

图 2-60 锥螺纹允许误差　　　　　　　图 2-61 钢筋锥螺纹丝头牙形

（6）连接套质量检验：锥螺纹塞规拧入连接套后,连接套的大端边缘在锥螺纹塞规大端的缺口范围内为合格,如图 2-62 所示。

（7）用套丝机套出的锥螺纹的丝扣要连续、光滑。锥螺纹丝扣完整牙数不得小于表 2-30 的规定值。

锥螺纹丝扣完整牙数　　　　　　　　　　表 2-30

钢筋直径(mm)	完整牙数不小于(个)	钢筋直径(mm)	完整牙数不小于(个)
16～18	5	32	10
20～22	7	36	11
25～28	8	40	12

（8）操作人员自检合格的基础上,质检员必须对每种规格加工批量的接头随机抽检 10%,且不少于 10 个,并填写锥螺纹加工检验记录,如有一个丝头不合格,应对该批全数检查。

（9）检查合格的钢筋锥螺纹,应立即将其一端拧上塑料保护帽,另一端按规定的力矩值,用扭力扳手拧紧连接套。

5.2.4　接头单体试件试验

钢筋锥螺纹连接在正式施工前对加工的锥螺纹接头进行专门的工艺检验,经工艺检验合格后才能正式用于工程施工中,接头单体试件试验应符合以下要求：

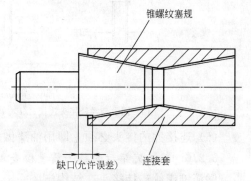

图 2-62 锥螺纹连接套检验

1）在加工的接头中,每 300 个为一批,不足 300 个也作为一批,每批抽 3 个试件。

2）试件在进行外观尺寸检查合格后按表 2-31 所规定的力矩值用扭力扳手拧紧。

接头拧紧力矩值　　　　　　　表 2-31

钢筋直径(mm)	16	18	20	22	25～28	32	36～40
拧紧力矩(N·m)	118	145	177	216	275	314	343

3) 单体试件每侧钢筋截取 300mm 进行拉伸试验，拉伸试验应符合以下要求：

(1) 屈服强度实测值不小于钢筋的屈服强度标准值。

(2) 抗拉强度实测值与钢筋屈服强度标准值的比值不少于 1.35，异径钢筋接头以小径钢筋强度为准。

(3) 如有 1 根单体试件达不到上述要求值，应再取双倍试件试验，待全部试件合格后，方可进行正式施工，如仍有 1 根试件不合格，则判定该批连接件不合格，不准在工程中使用。

(4) 试验后要填写接头拉伸试验报告。

5.2.5 钢筋锥螺纹连接接头在施工中的应用操作

(1) 首先检查预埋在混凝土的钢筋接头锥螺纹扣是否有损坏，使用的连接台规格是否符合要求。

(2) 钢筋锥螺纹头上如有杂物或锈蚀可用钢丝刷清除，接头丝扣上不准使用机油。

(3) 将带有连接套的钢筋拧到待接钢筋上，用扭力扳手拧紧接头，当扭力扳手发出卡响声时，即达到拧紧值。

(4) 用扭力扳手拧连接套和钢筋时，其操作手法如图 2-63 所示，拧连接套时一定要将下端的钢筋用管钳夹住，连接水平钢筋时，必须先将钢筋托平、再拧。

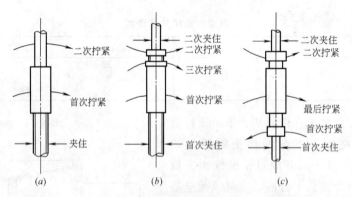

图 2-63 钢筋锥螺纹连接接头的连接
(a) 同径与异径接头连接；(b) 单向可调接头连接；(c) 双向可调接头连接

(5) 连接完的接头必须立即用油漆做上标记，防止漏拧。

5.2.6 施工完毕后的接头质量检查

钢筋锥螺纹连接接头在结构施工完毕后，还要进行一次检查，其检查的内容是进行接头外观质量检查、接头拧紧力矩值检查，在工程中随机截取试件进行拉伸试验检查。

1) 外观检查：在钢筋连接操作中，操作人员应认真逐个检查接头的外观质量，然后由质量员随机抽取同规格接头数的 10% 进行外观检查，应满足钢筋与连接套的规格一致，外露丝扣不得超过 1 个完整丝扣，并填写检查记录，如发现问题，应重拧或查找原因及时消除，不能消除时，应报告有关技术人员做出处理。

2) 接头拧紧力矩值检查。质量员要用专用扭力扳手，按规定的接头拧紧值，对连接质量进行抽查，抽查数量如下：

(1) 梁、柱构件按接头数的 15% 抽查，且每个构件的接头抽检数不得少于 1 个接头。

(2) 板、墙、基础底板，每 100 个接头为一验收批，不足 100 个也作为一批，每批抽验 3 个接头。

(3) 抽查接头的拧紧力矩值必须全部合格，如有 1 个构件中的 1 个接头达不到规定的拧紧力矩值，则该验收批接头必须逐个检查，并填写接头质量检查记录。

3) 在工程中抽取接头试件拉伸试验：

(1) 这种接头试件必须在工程中随机截取，每一个验收批为同规格接头 500 个，不足 500 个也作为一批，从中抽取 3 个作拉伸试验。

(2) 拉伸试验合格的标准与单件接头拉伸试验标准相同。

(3) 如有 1 个试件的强度不符合要求，应再取 6 个试件进行复检，复检中仍有 1 个试件试验结果不符合要求，则该验收批评为不合格。

(4) 对不合格接头可采用电弧焊贴角焊缝方法补强，设计、监理人员共同确定，持有焊工考试合格证的人员才能施焊。

5.3 钢筋滚压直螺纹连接

钢筋滚压直螺纹连接是利用钢筋端部的外直螺纹和套筒上的内直螺纹来连接钢筋，如图 2-64 所示。钢筋滚压直螺纹连接是钢筋等强度连接的新技术，这种方法不仅接头强度高，而且施工操作简便，质量稳定可靠。可用于直径为 20～40mm 的同径、异径，不能转动或位置不能移动钢筋的连接。滚压直螺纹连接与锥螺纹连接相比，钢筋端头的螺纹加工容易，钢筋拧入连接套内不需要扭力扳手的测定力矩。

5.3.1 主要机具设备

滚压直螺纹连接所用设备和工具主要由滚压直螺纹机、环规、塞规、管钳等。

(1) 钢筋剥肋滚压直螺纹机如图 2-65 所示。

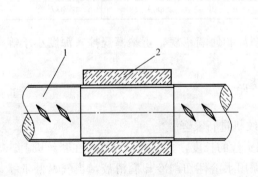
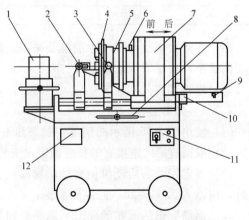

图 2-64 钢筋直螺纹连接
1—钢筋；2—套筒

图 2-65 剥肋滚压直螺纹成型机
1—台钳；2—涨刀触头；3—收刀触头；4—剥肋机构；5—滚丝头；6—上水管；7—减速机；8—进给手柄；9—行程挡块；10—行程开关；11—控制面板；12—机座

主要由台钳、剥肋机构、滚丝头、减速机和机座等组成。其工作原理是：钢筋夹持在台钳上，扳动进给手柄，减速机向前移动，剥肋机械对钢筋进行剥肋，到预定长度后，通过涨刀触头使剥肋机构停止剥肋，减速机继续向前进给，涨刀触头缩回，滚丝头开始滚压螺纹，滚到预定长度后，行程挡块与限位开关接触断电，设备自动停机并延时反转，将钢筋退出滚丝头，扳动进给手柄后退，通过收刀触头收刀复位，减速机退到极限位置后停机，松开台钳，取出钢筋，完成螺纹加工。

（2）环规是用于钢筋端头套丝的丝头质量检验工具，每种丝头直螺纹的检验工具为止端螺纹环规和通端螺纹环规两种。

（3）塞规是用于检验套筒质量的工具，每种套筒直螺纹检验工具分为止端螺纹塞规和通端螺纹塞规两种。

（4）工作扳手是用手拧钢筋和连接套筒的工具。

5.3.2 钢筋连接套

直螺纹连接套应符合以下要求：

（1）有明显的规格标记，两端孔应用密封盖扣紧。

（2）连接套进场时应有产品合格证。

（3）标准型连接套的外形尺寸应符合表2-32的规定要求。

连接套外形尺寸（mm） 表2-32

钢筋直径	螺距(p)	长度 l_{-2}^{0}	外径 $\Phi_{-0.4}^{0}$	螺纹小径 $D_{10}^{+0.4}$
$\Phi16$	2.5	45	$\Phi25$	$\Phi14.8$
$\Phi18$	2.5	50	$\Phi29$	$\Phi16.7$
$\Phi20$	2.5	54	$\Phi31$	$\Phi18.1$
$\Phi22$	2.5	60	$\Phi33$	$\Phi20.4$
$\Phi25$	3	64	$\Phi39$	$\Phi23.0$
$\Phi28$	3	70	$\Phi44$	$\Phi26.1$
$\Phi32$	3	82	$\Phi49$	$\Phi29.8$
$\Phi36$	3	90	$\Phi54$	$\Phi33.7$
$\Phi40$	3	95	$\Phi59$	$\Phi37.6$

（4）连接套螺纹中径尺寸的检验采用止端塞规和通端塞规。止端塞规拧入深度小于等于3倍螺距，通端塞规应能全部拧入。

（5）连接套应分类包装存放，不得混淆和锈蚀。

5.3.3 钢筋套丝

（1）使用图2-65所示的钢筋剥肋滚压直螺纹机进行套丝。

（2）根据直螺纹连接套的长度预定出钢筋端头丝的长度，并将其长度确定在套丝机上。

（3）固定钢筋，启动机械套丝，套丝机必须用水溶性切削冷却润滑液，当气温低于零度时，应掺入15%～20%的亚硝酸钠，不得用机油润滑。

（4）钢筋套出的丝扣的牙形、螺距必须与连接套的牙形、螺距相吻合，有效丝扣内的盘牙部分累计长度小于一扣周长的1/2。

（5）钢筋套出的丝扣用止端螺纹环规拧入深度小于等于3倍螺距，用通端螺纹环规能够全部拧入，如图2-66所示。

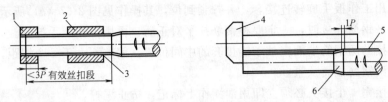

图 2-66 丝头质量检验示意图
1—止环规；2—通环规；3—钢筋丝头；4—丝头卡板；5—纵肋；6—第一小牙扣底

（6）钢筋套出的丝扣长度用丝头卡板测量时应比预定长度允许多一扣，如图 2-66 所示。

（7）检查合格的丝头，应立即将其一端拧上塑料保护帽，另一端拧上连接套，并按规格分类堆放整齐待用。

（8）经自检合格的钢筋丝头，应对每种规格加工批量随机抽检 10%，且不少于 10 个，并参照表 2-33 填写钢筋螺纹加工检验记录，如有一个丝头不合格，即应对该加工批全数检查。

钢筋螺纹加工检验记录　　　　　　表 2-33

工程名称				结构所在层数	
接头数量		抽检数量		构件种类	
序号	钢筋规格	螺纹牙形检验	公差尺寸合格	检验结论	

5.3.4 接头单体试件检验

直螺纹接头单体试件试验与锥螺纹接头单体试验的要求一样。

5.3.5 钢筋滚压直螺纹连接接头在施工中的应用操作

（1）连接套规格与钢筋规格必须一致。

（2）连接之前应检查钢筋螺纹是否完好，钢筋螺纹丝头上如发现杂物或锈蚀，可用钢丝刷清除。

（3）对于标准型和异径型接头连接首先用工作扳手将连接套与一端的钢筋拧到位，然后再将另一端的钢筋拧到位。如图 2-67（a）所示。

（4）活连接型接头连接，先对两端钢筋向连接套方向加力，使连接套与两端钢筋丝头

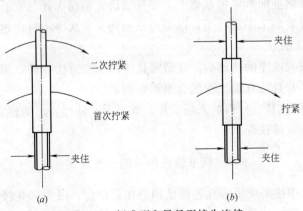

图 2-67 标准型和异径型接头连接

挂上扣，然后用工作扳手旋转连接套，并拧紧到位，其操作见图2-67（b）所示。

（5）在水平钢筋连接时，一定要将钢筋托平对正后，再用工作扳手拧紧。

（6）被连接的两钢筋端面应处于连接套的中间位置，偏差不大于一个螺距，并用工作扳手拧紧，使两钢筋端面预紧。

（7）每连接完1个接头必须立即用油漆作上标记，防止漏拧。

5.3.6 施工完毕后的接头质量检查

滚压直螺纹机螺纹连接的接头施工完毕，在工程中随机截取试件只作外观检查和接头试件拉伸试验，其要求与锥螺纹连接接头相同。

课题6 钢筋绑扎与安装

钢筋绑扎与安装是钢筋施工的最后一道工序，是对钢筋配料计算、加工制作的应用和检验，也是钢筋各种连接方法的综合应用。因此，无论绑扎安装任何部位的钢筋首先应做好以下准备工作。

6.1 钢筋绑扎及安装施工准备工作

6.1.1 熟悉施工图

（1）施工图是钢筋绑扎、安装的依据。熟悉施工图上明确规定的钢筋安装的位置、标高、形状、钢筋规格、根数、各部细部尺寸及长度要求。

（2）核对钢筋配料单对每个构件的配料尺寸，接头连接的方法、接头的位置、绑扎接头的搭接长度，钢筋弯钩长度、锚固长度是否符合施工图和施工验收规范的要求。

（3）审核施工图中的各种钢筋的位置是否符合钢筋混凝土结构的构造要求。

6.1.2 检查钢筋加工质量

（1）按钢筋配料单核对加工好的钢筋的钢号、直径、形状、尺寸、数量是否与配料单要求相同，是否符合施工图的要求，如发现有错配或漏配钢筋现象，要及时向施工员提出纠正或增补。

（2）检查已加工制成的钢筋堆放情况和锈蚀状况。

6.1.3 研究钢筋绑扎安装顺序

在熟悉施工图和钢筋配料单的基础上，要仔细研究钢筋绑扎与安装的顺序，复杂的工程要列出钢筋绑扎安装的工序流程图，以免造成钢筋安装次序不对而返工。

6.1.4 研究施工方法

在确定了钢筋安装次序的基础后，要研究具体的施工方法，确定绑扎方法，钢筋接头的位置及焊接方法，并且与有关工程配合组织好施工。

6.1.5 做好常用机具、材料的入场工作，如扳手、铁丝、小撬棍、铅丝钩、划线尺、材料车、保护层垫块、撑铁等。

6.2 钢筋绑扎接头的一般规定

在钢筋工程施工中接头采用绑扎连接使用的比较广泛，因为绑扎接头比焊接、机械连接操作简单，施工速度快，成本低，但是其连接的牢固性差。绑扎接头是靠混凝土的握裹力将钢筋连接在一起，当构件受拉混凝土开裂，或混凝土包裹钢筋的厚度不够、混凝土强度等级低等都会给绑扎接头的牢固性带来很大的影响，因此钢筋绑扎接头应符合以下要求：

6.2.1 受力钢筋的接头宜设置在受力较小处，在同一根钢筋上宜少设接头。

6.2.2 轴心受拉及小偏心受拉杆件（如桁架的拉杆）的纵向受力钢筋不得采用绑扎搭接接头。当受拉钢筋的直径 $d>28\text{mm}$ 及受压钢筋的直径 $d>32\text{mm}$ 时，不宜采用绑扎搭接接头。

6.2.3 纵向受拉钢筋绑扎搭接接头的搭接长度是根据钢筋的强度等级、混凝土的强度等级和同一连接区段的钢筋搭接接头面积百分率等因素用下列公式计算：

$$L_l = \xi L_a$$

$$L_a = a \frac{F_y}{F_t} d$$

式中 L_l——纵向受拉钢筋的搭接长度；

ξ——纵向受拉钢筋搀接长度修正系数取值按接头钢筋截面积占总截面积百分率；

当 $\xi \leq 25\%$ 时取 1.2，$25\% < \xi \leq 50\%$ 取 1.4，$50\% < \xi \leq 100\%$ 取 1.6；

L_a——纵向受拉钢筋的锚固长度；

F_y——钢筋受拉强度设计值；

F_t——混凝土轴心受拉强度设计值；

d——钢筋的公称直径；

a——钢筋的外形系数。光面钢筋 $a=0.16$，带肋钢筋 $a=0.14$。

纵向受拉钢筋接头所占面积百分率不同而搭接长度的修正系数，按表 2-34 取用并且在任何情况下，纵向受拉钢筋绑扎搭接接头的搭接长度均不应小于 300mm。

锚固钢筋的外形系数 a 表 2-34

钢筋类型	光面钢筋	带肋钢筋	三面刻痕钢丝	螺旋肋钢丝	三股钢绞线	七股钢绞线
钢筋外形系数 a	0.16	0.14	0.19	0.13	0.16	0.17

注：光面钢筋系指 HPB235 级热轧钢筋，末端应做成 180°弯钩，但作受压钢筋时可不做弯钩；带肋钢筋系指 HRB335、HRB400 和 RRB400 级热轧钢筋与热处理钢筋。

6.2.4 纵向受压钢筋绑扎搭接接头的搭接长度不得小于纵向受拉钢筋搭接长度的 0.7 倍，且在任何情况下不小于 200mm。

6.2.5 在绑扎拉头处，钢筋是带肋，可以不做弯钩，如钢筋是光面，拉头末端必须做 180°弯钩。

6.2.6 同一构件中相邻纵向受力钢筋的绑扎搭接接头宜相互错开。

钢筋绑扎搭接接头连接区段的长度为 1.3 倍搭接长度，凡搭接接头中点位于该连接区段长度内的搭接接头均属于同一连接区段。同一连接区段内纵向钢筋搭接接头面积百分率为该区段内有搭接接头的纵向受力钢筋截面面积与全部纵向受力钢筋截面面积的比值，如图 2-68 所示。

位于同一连接区段内的受拉钢筋搭接接头面积百分率，对梁类、板类及墙类构件，不宜大于 25%，对柱类构件不宜大于 50%。当工程中确有必要增大受拉钢筋搭接接头面积百分率时，对梁类构件不应大于 50%，对板类、墙类及柱类构件，可根据实际情况放宽。

6.2.7 在纵向受拉钢筋搭接长度范围内箍筋应加密，当钢筋受拉时，箍筋间距不应大于搭接钢筋较小直径的 5 倍，且不应大于 100mm；当钢筋受压时，箍筋间距不应大于

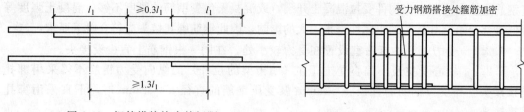

图 2-68 钢筋搭接接头的间距　　图 2-69 受力钢筋搭接处箍筋加密

搭接钢筋较小直径的 10 倍，且不应大于 200mm，当受压钢筋直径 $d>25$mm 时，应在搭接接头两个端面外 100mm 范围内各设置两个箍筋，如图 2-69 所示。

6.3 基础钢筋绑扎

6.3.1 钢筋绑扎工艺流程

（1）基础底板为单层钢筋绑扎工艺流程：弹底板钢筋位置线，柱子、地梁的位置线→按线放置底板钢筋，地梁钢筋→绑扎底板、地梁钢筋→设置垫块→放置柱子钢筋→放置预埋件或留设预留口→基础底板钢筋验收。

（2）基础底板为双层钢筋绑扎工艺流程：弹底板钢筋位置线，柱子、地梁的位置线→按线放置底板下排钢筋和地梁的下排钢筋→绑扎底板、钢筋→设置垫块→放置马凳→放置绑扎底板上排钢筋→设置柱子定位框→插柱子预埋钢筋→放置预埋件或留设预留口→基础底板钢筋验收。

6.3.2 基础底板及基础梁钢筋绑扎操作工艺

（1）按基础施工图表明的钢筋底板钢筋间距，柱子位置、地梁的位置，在底板上用石笔和墨斗弹出底板钢筋纵模位置线和柱子、地梁位置线。

（2）利用塔吊将钢筋运送到指定位置。

（3）当底板是单向板时下排钢筋先铺短向钢筋再铺长向钢筋，上排钢筋则先铺长向钢筋后铺短向钢筋。

（4）钢筋绑扎时，若是单向板靠近外围两行的相互交点每点都绑扎，则中间部分的相交点可相隔交错绑扎。若是双向板的钢筋必须将钢筋交叉点全部绑扎，采用一面顺扣应交错变换方向，相邻绑点面呈"八"字形，避免绑扎后钢筋底板钢筋变形。

（5）检查底板下层钢筋施工合格后，放置底板混凝土保护层垫块，垫块厚度等于保护层厚度，按每 1m 左右距离呈梅花型摆放。

（6）底板中若有基础梁可事先预制或现场就地绑扎，对于预制基础梁，施工时吊装就位即可。

（7）基础底板双层钢筋时，绑完下层钢筋设置保护层垫块后，在下层钢筋钢片上放置钢筋马凳，间距 1m 左右。在马凳上摆放长向钢筋，短向钢筋铺在长向钢筋上，没有放在马凳上的长向钢筋，再利用短向钢筋吊起，形成上层钢筋网片，绑扎方法与下层钢筋相同。

（8）双层钢筋下层钢筋弯钩垂直向上，上层钢筋弯钩垂直向下。

（9）底板上、下层钢筋有接头时，应按规范要求错开，其位置、数量、连接方法、搭接长度均应符合设计和施工规范的要求，如采用绑扎搭接，在钢筋搭接处，应在中心和两端按规定用铁丝绑扎牢固。

(10) 为了保证与基础底板相连的现浇钢筋混凝土柱、墙的位置正确，除了在底板上弹出柱、墙的位置线外，还要在上层钢筋设置柱、墙的定位框，将柱、墙的插筋固定在下层钢筋和上层钢筋定位框内。

(11) 钢筋绑扎安装完毕，按施工图和施工验收规范的要求进行验收，并填写隐蔽工程验收记录。

6.4 柱钢筋绑扎

6.4.1 柱钢筋绑扎工艺流程：弹柱外皮位置线、模板控制线→清理柱顶浮浆及裸露石子→清理柱筋污渍→修整底层伸出的柱预留钢筋→将柱子箍筋叠放在预留钢筋上→柱子竖向钢筋采用焊接，机械连接或绑扎连接→在柱顶绑定距框→在柱子竖向钢筋划箍筋间距标记→绑扎柱子箍筋。

6.4.2 柱子钢筋绑扎操作工艺

1) 按图纸要求间距，计算好每根柱子箍筋数量，将其套在下层伸出的竖向钢筋上。

2) 按预先设计的柱子竖向钢筋接头的连接方法，连接柱子的纵向钢筋，长度符合设计或施工规范要求，在搭接长度内绑扎。

3) 如果柱子竖向钢筋采用绑扎搭接，其搭接扣不少于3个，角部弯钩与模板呈45°，中间呈90°。

4) 在立好的柱子竖向筋上，按施工图要求画出箍筋间距，要注意抗震要求加密区的箍筋间距和长度。

5) 柱箍筋绑扎要符合以下要求。

(1) 按已画好的箍筋位置线，将已套好的箍筋往上移动，由上而下绑扎，宜采用缠扣绑扎，如图2-70所示。

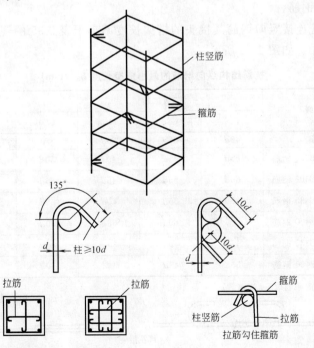

图2-70 柱箍筋绑扎

（2）箍筋与主筋要垂直，贴紧，箍筋转角处与主筋交点均要绑扎，主筋与箍筋非转角部分的相交点成梅花型交错绑扎。

（3）箍筋的弯钩叠合处应沿柱子竖向钢筋交错而置并绑扎牢固。如图 2-70 所示。

（4）有抗震要求的地区，柱箍筋断头弯成 135°，平直部分不小于 10d（d 为箍筋直径），如箍筋采用 90°搭接，搭接处应焊接，焊缝长度单面焊缝不小于 10d。

（5）柱基、柱顶、梁柱交接处的柱子的箍筋应加密。加密区的长度及加密区内箍筋间距应符合设计施工图和抗震规范要求，如设计要求箍筋设拉筋时，拉筋应钩住箍筋，如图 2-70 所示。

（6）凡绑扎接头内箍筋都应加密，箍筋加密间距在受拉区，间距小于或等于 5d，并且小于或等于 100mm，在受压区间距小于或等于 10d，并且小于或等于 200mm。

（7）柱筋保护层厚度应符合规范要求，主筋保护层厚度一般为 25mm，保护层垫块应绑在柱的主筋外皮上，间距一般 1000mm。

（8）当柱截面尺寸变化时，柱的竖向钢筋应在板内弯折，弯后的尺寸坡度要符合设计和施工验收规范要求。

6.5 钢筋混凝土墙钢筋绑扎

6.5.1 工艺流程：立 2～4 根竖筋→画水平筋间距→绑扎定位横筋→绑扎其余横、竖筋。

6.5.2 绑扎操作工艺

（1）弹墙体外皮线、模外控制线，清理受污甩搓钢筋。校正甩立筋，如有较大位移应加帮条焊处理。

（2）墙的竖向钢筋连接如采用焊接或机械连接就先安装竖向钢筋，如采用绑扎连接就先立 2～4 根竖向钢筋。

（3）采用绑扎连接竖向钢筋其接头的搭接长度不小于表 2-35 的规定。搭接处钢筋绑扎不少于三道绑扣。如图 2-71 所示。

抗震结构纵向钢筋的最小搭接长度 l_{lE}（mm） 表 2-35

钢 筋 等 级		一、二级抗震			三、四级抗震		
		C20	C25	≥C30	C20	C25	≥C30
	HPB235 钢筋	40d	35d	30d	35d	30d	25d
月牙纹（d≤25）	HRB335 钢筋	55d	45d	40d	50d	40d	35d
	HRB400 钢筋	60d	55d	45d	55d	50d	40d
月牙纹（d>25）	HRB335 钢筋	60d	55d	45d	55d	50d	40d
	HRB400 钢筋	—	60d	55d	60d	55d	50d
螺纹（d≤25）	HRB335 钢筋	45d	40d	35d	40d	35d	30d
	HRB400 钢筋	55d	45d	40d	50d	40d	35d

注：l_{lE} 按 2 舍 3 入的原则取 5d 的倍数。

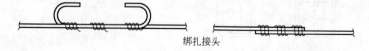

图 2-71 绑扎接头

(4) 在竖筋上画好水平筋分档标记,在下部及齐胸处绑两根横筋定位,并在横筋上画好竖筋分档标志,接着绑其余竖筋。最后在绑其余横筋,横筋在竖筋里面或外面应符合设计要求。

(5) 墙筋所有钢筋交叉点应逐点绑扎牢固,绑扎时相邻绑扎点的钢丝采用一面顺扣时,应互呈"八"字形,以免钢筋网歪斜变形。

(6) 墙体水平分布钢筋的搭接长度不应小于$1.2l_a$(l_a为钢筋锚固长度),同排水平分布钢筋的搭接接头之间及上、下相邻水平分布钢筋的搭接接头之间沿水平方向的净间距不宜小于500mm。

(7) 当墙体为双排钢筋时,两排钢筋之间用拉筋固定,拉筋加工尺寸要准确,不要顶模露筋,保护厚度不小于10mm,接近梅花型布置,间距1m左右。

(8) 为了保证墙体上门、窗洞口位置正确,在洞口竖筋上划出标高线,门窗洞口要按设计和规范要求绑扎过梁钢筋。

(9) 墙体水平筋在两端头、转角、十字吊点、联梁等部位的锚固长度,加工形状均应符合设计和规范要求。

(10) 在墙筋外侧应绑上带有铁丝的砂浆垫块或塑料卡,以保证保护层的厚度。

(11) 配合其他工程安装预埋管件、预留洞口等,其位置、标高均应符合设计要求。

(12) 在合模之前检查墙体钢筋,填写隐蔽工程验收记录。

6.6 肋形楼盖钢筋绑扎

肋型楼盖由板、次梁、主梁组成。由于肋形楼盖的钢筋分布复杂,绑扎时要统筹安排,根据各构件的受力性质布置钢筋,安排绑扎安装的顺序。

6.6.1 板、次梁、主梁钢筋在通标高处相交时,根据其受力性质板的钢筋在上,主梁钢筋在下,次梁钢筋居中。

6.6.2 肋形楼盖钢筋绑扎顺序

(1) 绑扎的总体程序时主梁→次梁→板。

(2) 当主梁和次梁均是连续梁时,先分段绑扎,后连接。

(3) 现绑扎主梁钢筋,一般事先预制后安装,也可在楼板上预制,然后入模。

(4) 次梁只能在模内绑扎,方法是先将主梁需要穿进次梁的部位稍抬高,再在次梁梁口搁两根横杆,把次梁纵筋放在横杆上并套入箍筋,按事先画好的间距摆开,抽去横杆,将下部纵筋落入箍筋内即可开始绑扎次梁。

6.6.3 肋形楼盖主、次筋钢筋绑扎

(1) 在梁侧模板上画出箍筋间距,摆放箍筋。

(2) 先穿主梁的下部纵向筋及弯起筋,将箍筋按已画好的间距逐个分开,穿次梁的下部纵向钢筋及弯起钢筋,并套好箍筋,绑主、次梁的上部纵向筋,按间距分绑上部纵向筋与箍筋的相交点,主次梁同时配合进行。

(3) 绑扎钢筋时,框架柱与梁和主、次梁相交处,上部纵向钢筋的净距不得小于30mm。下部纵向钢筋的净距不得小于25mm,净距太小会影响节点处混凝土的浇筑密实度。

(4) 梁的纵向筋与箍筋角点相交处宜用套扣绑扎,如图2-72所示,每点都绑扎、非

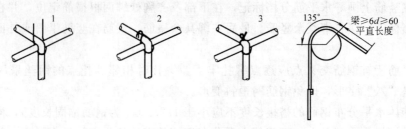

图 2-72 套扣绑扎

角点处可按梅花形交错绑扎。

(5) 箍筋的叠合处的弯钩要求和其他位置与柱子对箍筋要求相同。

(6) 梁端第一个箍筋应设置在距离柱节点边缘 50mm 处，梁端与柱、主梁与次梁相交处的主梁等箍筋应加密，其间距与加密区长度均要符合设计要求。

(7) 连续梁的纵向钢筋接头的位置和接头的连接方法均应符合设计和施工规范的要求。

(8) 在主、次梁受力筋下均匀设置保护层垫块，当受力筋为双排时可用短钢筋垫在两排钢筋之间，保证钢筋符合设计要求。

6.6.4 肋形楼盖板钢筋绑扎

肋形楼盖板钢筋绑扎方法与基础底板的绑扎方法基本相同。

6.7 钢筋绑扎安装的质量标准

6.7.1 保证项目

(1) 钢筋的品种和质量必须符合设计要求和有关标准的规定。

(2) 钢筋的表面必须清洁，带有颗粒状或片状老锈，经除锈后仍留有麻点的钢筋，严禁按原规格使用。

(3) 钢筋规格、形状、尺寸、数量、锚箍长度、接头位置，必须符合设计要求和施工规范的规定。

(4) 钢筋对焊接头的机械性能结果，必须符合钢筋焊接及验收的专门规定。

6.7.2 基本项目

(1) 缺扣、松扣的数量不超过绑扣数的 10%，且不应集中。

(2) 弯钩的朝向应正确，绑扎接头应符合施工规范的规定，搭接长度不小于规定值。

(3) 箍筋的间距数量应符合设计要求，有抗震要求时，弯钩角度为 135°，弯钩平直长度为 10d（d 是箍筋直径）。

6.7.3 允许偏差项目

允许偏差项目见表 2-36。

6.8 钢筋绑扎后的成品保护

6.8.1 钢筋绑扎后的成品严禁踩踏或堆放物品。浇筑混凝土前要有钢筋工专门检查，当发现钢筋位置变形时及时修整，尤其是保证负弯矩钢筋位置的正确性。

6.8.2 钢筋模板涂刷隔离剂严禁污染钢筋，如钢筋沾有隔离剂应及时清洗。

6.8.3 安装电线管、暖卫管或其他设施时，不得任意切断或移动钢筋。

现浇框架钢筋绑扎允许偏差　　　　　　表 2-36

项次	项　　　　目		允许偏差(mm)	检 验 方 法
1	网的长度、宽度		±10	尺量检查
2	网眼尺寸		±20	尺量连续三档,取其最大值
3	骨架的宽度、高度		±5	尺量检查
4	骨架的长度		±10	
5	受力钢筋	间距	±10	尺量两端、中间各一点,取其最大值
6		排距	±5	
7	绑扎箍筋、构造筋间距		±20	尺量连续三档,取其最大值
8	钢筋弯起点位移		20	
9	焊接预埋件	中心线位移	5	尺量检查
		水平高差	+3 -0	
10	受力钢筋保护层	梁、柱	±5	
		墙板	±3	

课题 7　钢筋工实训练习和考核

钢筋工是一个实践性很强的技术工种,在以后的建筑施工中,无论是承担钢筋工的工作,还是承担施工中的管理工作,都要掌握这项技术,在学习了以上的技术理论以后,再通过实训练习,做到理论联系实践,才能达到钢筋工的技术标准,其实训内容如下。

7.1　钢筋实训练习

7.1.1　建筑施工图识读

以本教材配套的工程施工图为例,进行识读施工图的练习。

1) 读懂建筑施工图

(1) 读懂建筑施工总平面图、平面图、立面图、剖面图、详图和标准图。

(2) 在读懂建筑施工图的基础上,编写工程概况,各轴线间的尺寸、层高、各房间的名称、尺寸、墙体厚度、柱子的种类和截面尺寸,楼梯、阳台、雨篷、挑檐的布置标高和尺寸,门窗的位置、种类和尺寸。

2) 读懂结构施工图

结构施工图是钢筋工识读的重点,必须读懂,读熟。

(1) 读懂基础结构平面图、楼层结构平面图、剖面图、详图和标准图。

(2) 在读懂结构施工图的基础上,编写工程结构概况,写出各梁、板、柱的种类、代号、数量、位置、标高、截面尺寸和长度。

(3) 写出各构件的配筋情况,对每个构件钢筋的品种、规格、数量、名称、位置都加以说明。

(4) 根据已学过的钢筋混凝土梁、板、柱的配筋构造要求,分析以上构件的配筋是否符合现行国家标准的构造要求。

7.1.2 钢筋配料计算

钢筋配料在钢筋工程施工中又称为抽筋,并且编写钢筋配料单,钢筋配料是在掌握了钢筋混凝土结构中梁、板、柱、墙等基本构造要求的基础上,才能进行配料计算。

(1) 掌握配料计算的基本规定

混凝土保护层的厚度、各种钢筋弯钩增加长度、钢筋弯曲调整值、钢筋绑扎搭接长度、钢筋压力焊压扁长度,钢筋接头位置的要求等。

(2) 以本教材配套的施工图为例进行配料计算练习。

7.1.3 钢筋基本加工

钢筋基本加工包括除锈、调直、切断、弯制成型,学生在实习教师指导下进行操作。

(1) 掌握钢筋除锈机、调直切断机、切断机、弯曲机的使用和安全操作流程。

(2) 在钢筋机械上正确完成钢筋的除锈、调直、切断、弯制成型。

(3) 掌握各种钢筋加工机械的养护。

在实习教师的指导下,每次实习完毕正确的对钢筋机械加以养护。

(4) 按质量标准对加工钢筋进行质量评定。

7.1.4 钢筋接头的连接

钢筋接头连接包括对焊、电渣压力焊、套筒连接和螺纹连接。

(1) 在实习教师的指导下,学生能正确使用钢筋对焊机、电渣压力焊机、挤压连接机、套丝机等机械。

(2) 掌握钢筋对焊机、电渣压力机、挤压连接机、套丝机的安全操作方法和养护方法。

(3) 在正确操作机械的基础上完成钢筋对焊接头,电渣压力焊接头,套筒连接接头,螺纹连接接头的操作。

(4) 按质量标准要求对钢筋接头进行质量评定。

7.1.5 钢筋绑扎与安装

在钢筋配筋计算,基本加工制作钢筋接头连接的基础上进行钢筋绑扎安装。

1) 钢筋绑扎前的准备工作

(1) 熟悉施工图、钢筋配料单,核对弯制成型钢筋。

(2) 绑扎工具准备、铅丝、保护层垫块制作准备。

(3) 确定钢筋绑扎安装方案。

2) 钢筋绑扎和安装操作

(1) 按施工图的要求进行梁、板、基础、楼梯等构件的绑扎安装。

(2) 按施工验收规范的要求对绑扎安装的构件进行质量评定。

7.2 钢筋工考核

学生通过现场学习和实训练习,在应知上达到中级钢筋工水平,在操作技能上达到初级钢筋工的水平

7.2.1 应知内容

(1) 识图的要领是什么?

(2) 柱平法施工图有哪些表示方法?柱的编号怎样表示?柱的标高怎样表示?柱的截

面尺寸怎样表示？柱的纵向钢筋怎样表示？柱的箍筋怎样表示？

（3）梁平法施工图有哪些表示方法？梁集中标注表示哪些内容？梁原位标注表示哪些内容？

（4）钢筋配筋计算一般规定包括哪些内容？

（5）怎样编写钢筋配料单？

（6）钢筋锈蚀分为哪几类？怎样进行处理？

（7）钢筋调直切断机操作要求是什么？安全操作规定是什么？

（8）钢筋冷拉调直的操作要求是什么？

（9）钢筋切断机操作要求是什么？安全操作规定是什么？

（10）钢筋弯曲机操作要求是什么？安全操作规定是什么？

（11）钢筋双控冷拉操作要求是什么？安全操作规定是什么？

（12）怎样选择对焊工艺？

（13）对焊机操作要求是什么？安全操作规定是什么？

（14）怎样选择电渣压力焊焊接参数？

（15）手工电渣压力焊操作要求是什么？安全操作规定是什么？

（16）套筒挤压连接操作要求是什么？安全操作规定是什么？

（17）钢筋套丝操作要求是什么？安全操作规定是什么？

（18）钢筋锥螺丝连接时操作要求是什么？

（19）钢筋绑扎安装前要做哪些准备？

（20）钢筋绑扎接头的一般规定是什么？

（21）基础钢筋、梁、板、柱的钢筋各自的绑扎操作工艺是什么？

7.2.2 应会内容

（1）能够识读一般钢筋混凝土框架结构、剪力墙结构的钢筋施工图。

（2）能够编制一般钢筋混凝土框架结构的钢筋配料单。

（3）能够识别常用钢筋品种、等级和直径尺寸。

（4）会钢筋除锈、调直、切断、弯制成型等操作，加工出的钢筋成品符合质量标准要求。

（5）会进行钢筋对焊、电渣压力焊、套筒连接、螺纹连接等钢筋接头的连接，接头验收质量达到B级接头水平。

（6）会进行一般钢筋混凝土框架结构、基础、主体钢筋的绑扎与安装。

单元 3　测量放线工

知　识　点：建筑识图、建筑施工、水准测量、角度测量、距离测量、施工测量
教学目标：能够熟读建筑结构施工图，陈述建筑施工过程，能够进行施工中的水准测量、角度测量、距离测量等操作

建造一栋房屋或一座构筑物，都有一整套施工图纸，要将设计好的施工图纸变成建造的实物，首先要把图纸上建筑物的平面尺寸和标高位置放样到施工场地上去，这个工作就叫做房屋的施工放线和抄平，因此施工抄平放线工作是房屋施工的开路先锋，是施工中必不可少的重要一环，它贯穿在整个施工过程之中，是施工的依据，质量控制和技术指导的有效手段。

挖土、砌砖、支模板、构件吊装等施工，都是根据放线和抄平设置的线来进行施工，因此放线的位置是否准确，将直接影响到房屋尺寸和位置的准确性，抄平、放线出了错误要引起返工，甚至毁掉整栋建筑，因此抄平放线是建筑施工中一个非常重要的环节。

放线人员为了做好放线工作，不仅需要掌握放线的基本知识和技能，而且必须具有认真负责、一丝不苟、实事求是的科学态度和职业道德，所以在放线前必须熟悉图纸，了解设计意图，听取设计交底，并对施工方案和施工现场有较全面的了解，对于图纸必须审查其尺寸、标高，如发现不符合处或不合理处，应立即向设计部门及工地技术人员提出，以免发生差错。此外，还必须对仪器进行检验和校正、准备放线工具，对于测量成果，设置的各种标志要认真加以保护，防止碰撞损坏，各种测量资料要认真整理好，内容应真实完整，保持原始性，按规定归档保存。

课题 1　建筑物的定位测量

建筑的定位就是将建筑物定位控制主轴测设在地面上，然后再根据这些主轴进行细部放线，建筑的定位依据是建筑施工总平面图。由于设计条件不同，建筑物定位的方法就不同，建筑物定位主要有：根据与原有建筑物的关系定位，即总平面设计时是依据原有建筑物与拟建建筑的位置关系，确定拟建建筑的位置；根据规划道路中心线的位置确定拟建建筑的位置；根据建筑红线定位，建筑红线是规划部门在现场直接测设用地单位的边界点，其各点连线称为建筑红线。建筑物根据这些建筑红线进行定位。

当施工现场只有一栋建筑物时，根据以上方法和施工总平面图的设计要求进行直接定位；当施工现场有多栋建筑物时根据以上方法和施工总平面图设计要求进行施工方格网的测设，各个建筑物再根据施工方格网给定的各个建筑物的坐标位置再进行定位。

1.1 定位测量的准备工作

1.1.1 熟悉施工图

1)首先要熟悉建筑总平面图。建筑物定位的施工图主要是建筑总平面图。建筑总平面图是说明建筑区域整体布局的图纸。图上应标出拟建建筑物的位置、平面外形尺寸、朝向、方位以及建筑物周围环境、道路、绿化、水源、电源干线的位置。有的总图上还标出等高线、坐标网、控制点等标志及建筑物室外地坪标高,室内首层建筑物±0.000的绝对高程等。建筑物定位测量的主要依据就是建筑总平面图。读懂建筑总平面图,应做到以下几点:

(1)拟建建筑物是依据哪种方法进行定位,例如是依据原有建筑、规划道路还是建筑红线。

(2)拟建建筑物与这些依据标志的细部尺寸是多少?

2)熟悉首层建筑施工平面图:拟建建筑物的总体位置由建筑总平面定位,而定位控制拟建建筑物的主轴线的细部尺寸则由建筑总平面图中查找,因为首层建筑施工平面图说明建筑的首层平面尺寸,轴线位置,内、外墙、柱与轴线的关系,内、外墙、柱的平面厚度尺寸。各种房间的用途,门窗洞口的大小、位置等。在建筑物定位测量时,读懂首层建筑物的平面图,应做到以下几点:

(1)外墙、边控与控制轴线的关系和建筑物外边缘到控制轴线尺寸。

(2)各纵、横轴之间的尺寸,建筑物纵、横轴线的全长尺寸即建筑的外形通长尺寸。

3)审核图纸:任何施工图,无论是集体或个人设计都不可能那么全面无误,有时也会出现差错,这就要求我们看图、熟悉图纸、对图纸进行审核,应做到以下几点:

(1)审核图纸首先核对图纸尺寸是否正确,尤其是建筑施工平面图的分尺寸与总尺寸是否对口、细部详图尺寸与总尺寸有无矛盾。

(2)审核建筑总平面图标志的建筑外形尺寸与首层建筑施工平面图的外形尺寸是否一致,当发现各部尺寸有矛盾之处应及时向有关技术人员及设计部门提出问题。

4)严格按图施工放线定位。学习熟悉及审核图纸之后,将提出的问题变为工程洽商,然后由设计部门补充到图纸上去,在进行放线定位时,必须一丝不苟的按照图纸的尺寸、轴线位置进行定位,决不允许任意擅自改动图纸尺寸。所以严格按图施工是测量放线人员必须遵守的要领,绝不可马虎从事。

1.1.2 测量仪器及木桩的准备

(1)经纬仪要进行照准部水准管轴垂直于竖轴的检验和校正,十字丝竖丝垂直于横轴的检验和校正,视准轴垂直于横轴的检验和校正,横轴垂直于竖轴的检验和校正,光学对点器的检验和校正,使经纬仪在使用中处于最佳技术状态。

(2)钢尺的检验和校正,当对于一般建筑工程定位,并且施工工期较短,不跨季节施工可以采用普通测量的方法,但是测量的相对误差不应大于1/3000;对于较重要的建筑工程,并且跨季节施工就应采用精密丈量的方法,对钢尺要进行检定,并考虑尺长改正值、温度改正值,用弹簧秤给钢尺施加拉力。尺长30m拉力98N,尺长50m拉力147N。

(3)准备木桩:放线定位必须用木桩,把木桩打入土中上面钉以小钉作为中心,是放线定位的依据。因此在放线定位前必须准备一批木桩,以便使用。木桩一般用50mm×

50mm 见方的方木锯成,长度为 40~60cm 不等,并将一端用斧子砍成尖头,便于打入土中。

1.1.3 红线桩、控制点的检测

红线桩是城市规划部门测定,在法律上起着建筑边界作用,因为红线桩的点位有坐标,它可以作为拟建建筑物放线定位的依据,另外还有甲方或测绘部门给定的控制点及水准点,在使用前必须经过检测,符合要求才能使用。红线桩应符合以下标准:红线桩、控制点之间如果通视,应直接量取边长和夹角,并与测绘部门给定的数值进行比较。边长的相对误差不大于 1/2500,角值相差不大于 40″应视为合格,否则应及时向甲方或测绘部门反映,查找原因,纠正后复查,合格后才能使用。

1.1.4 制定施工测量方案

施工测量方案是在施工之前,根据现场具体情况及设计要求,事先编制的一套完善的施工测量放线的方法,以便指导施工,使其顺利进行,施工测量方案包括以下内容:

(1) 工程概况:主要包括地理位置、结构形式、建筑面积、建筑总高度、施工工期、工程特点及特殊要求。

(2) 编制测量方案的依据:施工测量的基本要求,建筑物与红线桩、控制点的关系。

(3) 设计要求:包括建筑物定位条件、定位依据。

(4) 施工总平面图:包括场地的平整、平面各种临时设施、道路、地下地上各种管线定位。

(5) 红线桩、控制点及水准点的校测:包括校测记录、校测顺序、校测的标准。

(6) 场地平面定位与高程控制网的布置方案、形式、精度等级及施测方法。

(7) 建筑物定位、基础放线的主要方法及验线。

(8) 建筑物高程传递、竖向投测。

(9) 建筑物的沉降变形观测、竣工测量。

(10) 对于特殊要求的测量工作要提出所使用的仪器型号,测量工作的班组人员组成及管理。

1.2 建筑物定位测量的基本操作

在进行建筑物定位测量时,除了能正确、熟练使用经纬仪外,还需要一些基本的操作手法,将这些操作手法用于定位测量工作中,才能完成建筑物定位测量的工作。

1.2.1 桩位的确定。建筑物在进行定位测量时一般使用木桩标定建筑物的控制轴线,所以在建筑物进行定位测量时,首先学会桩位的确定方法。

1) 先用经纬仪定线,在经纬仪视线方向和设计距离处,由量尺员同时拿木桩和钢尺,量取木桩侧面中线位置,使钢尺的读数符合设计距离。操作时要轻拿木桩,桩尖稍离地面,使桩身处于自由垂直状态,目估尺身水平,这样木桩打入土中后,点位不落在桩外。

2) 经纬仪视线照准木桩下部:如图 3-1 所示,当木桩同时满足定线和距离要求时,将木桩钉牢,桩身打入土中

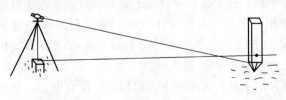

图 3-1 桩位确定程序

深度不应少于 20cm，外露高度要考虑量尺的方便和满足设计标高的需要。一般要用水准仪配合抄平，把各桩顶截成同一标高。露出地面较高的桩，要培土加以保护。

1.2.2 点位的投测。在桩位定好以后，将更精确的轴线点画在桩顶上，其操作方法如下：

1) 用经纬仪按定线的方向照准桩顶面。如图 3-2 所示。量尺员手持铅笔，按观测员指挥沿定线方向，在桩顶测出 1、2 两点，并将两点连成一条重合于视线的直线。

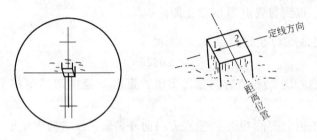

图 3-2 点位的测设方法

2) 精密丈量距离时，在桩顶画出垂直于视线的距离横线，如图 3-2 所示。在十字线交点处顶上小钉，表示点的位置。

1.2.3 已知水平角测设

在建筑物进行测量定位时，大多数的角度是已知角度的测设，而且建筑物的横轴与纵轴的夹角往往多数是 90°。为了使建筑物的四个大角轴线在闭合时，精度达到闭合差小于或等于 $\pm 60''\sqrt{n}$（n 为测站数）。如图 3-3 所示，OA 是地面上给出的两点，这两点在定位测量中即为纵轴的位置。要求以 O 点为角顶，顺时针测设一个 $\beta = 90°$ 的角，定出 B 点，为横轴的位置，根据精度要求不同，测设方法有如下两种方法：

1) 一般测设方法：当测设精度要求不高时采用，操作步骤如下：

(1) 将仪器安于 O 点，将度盘对到 $0°00'00''$。

(2) 扳下复测器，放松水平制动，使度盘与转动部分分离，用盘左照准 A 点。

(3) 扳上复测器，使度盘与转动部分结合，平转镜，将度盘读数对到要测角 49°50′（测微轮式仪器，先将测微尺对到小数部分，后对度盘整数部分），检查全部读数符合设计角后，在视线方向上定出 B_1 点。如图 3-3 所示。

(4) 将度盘读数对到 $90°00'00''$，用盘右照准 A 点，扳上复测器，平转镜，将读数对到要测角 139°50′在视线方向上，定出 B_2 点。如图 3-3 所示。

(5) 正常情况下 B_1、B_2 近于重合，取 B_1、B_2 的中点 B 作为观测成果∠AOB 就是要

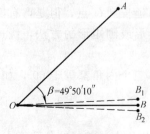

图 3-3 正倒镜法测已知角

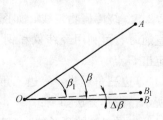

图 3-4 改正法测已知角

求的设计角。

(6) $\angle AOB_1$ 与 $\angle AOB_2$ 之差不得大于 $40''$，否则应重新测量。

2) 精确方法：当对建筑物定位较高时，采用精确测量方法，操作步骤如下：

(1) 如图 3-4 所示，先按一般方法测出 B_1 点。

(2) 反复观测水平角 $\angle AOB_1$，若干测回（最少两次以上），准确计算出若干测回的平均角度值 β_1，并计算出与已知水平角 β 的差值 $\Delta\beta$，$\Delta\beta=\beta-\beta_1$。

(3) 计算从 B_1 点到需要点 B 的改正距离：$BB_1=OB_1\dfrac{\Delta\beta}{\rho}$

式中 OB_1 为测站点 O 至定位点 B_1 的距离
$$\rho=206265''$$

(4) 从 B_1 点沿 OB_1 的垂直方向量出 BB_1，定出 B 点，则 $\angle AOB$ 就是要定位的已知水平角。

(5) 如 $\Delta\beta$ 为正值，则沿 OB_1 的垂直方向向外量取，反之向内量取。

例如：在施工定位放线中已知定位角为 $45°$，OB_1 长为 $12m$，采用精确方法测量，反复测出 $\angle AOB_1$ 的 $\beta_1=45°00'30''$ 计算 BB_1 的改正距离。

解：(1) $\Delta\beta=\beta-\beta_1=45°-45°00'30''=-30''$

$$BB_1=OB_1\dfrac{\Delta\beta}{\beta}=12000\times\dfrac{-30''}{206265''}=-1.75mm$$

应从 B_1 点向内垂直方向量取 $1.75mm$ 为 B 点。

1.2.4 正倒镜挑直法：在城市进行施工时，可以将建筑物的定位轴线做在附近高大建筑物上或墙上，如图 3-5 所示的 A、B 两点，在施工层上能够看到 A、B 两点，当建筑物定位轴线 A、B 两点确定位置，再次使用定位轴线的 A、B 两点时，其操作方法如下：

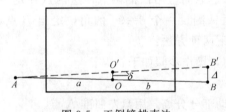

图 3-5 正倒镜挑直法

(1) 如图 3-5 所示，先大致在 O 点附近的 O' 点安置经纬仪，整平后，先以正镜后视 A 点，固定水平转动部分。

(2) 纵转望远镜成倒镜，再测定 B 点。由于 O' 不在 AB 的连线上，所以在 O' 点处观测的是 B' 点。

(3) 测取 BB' 的距离 Δ，只要将经纬仪在 O' 点移动 δ 距离就使得经纬仪处于 A、B 两点的连线上。

(4) 由图 3-5 所示，当 $AO=a$，$OB=b$，则经纬仪移动距离 $\delta=\dfrac{a}{a+b}\cdot\Delta$。

1.2.5 绕障碍物定线，如图 3-6 所示，欲将直线 AB 延长到 C 点，但是，有障碍物不能直通时，可利用经纬仪和钢尺相配合，用测等边三角形或测矩形的方法，绕过障碍物，定出 C 点。

1) 等边三角形法：等边三角形的特点是三条边等长，三个内角都等于 $60°$，如图 3-6 (a) 所示，操作方法如下：

(1) 先做 AB 的延长线，定出 F_1 点。移经纬仪于 F_1 点。

(2) 后视 A 点，顺时针转 $120°$，量取 $F_1P=l$ 长度定出 P 点，将经纬仪移至 P 点。

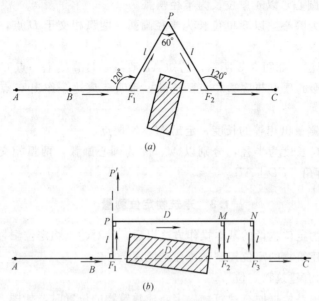

图 3-6 绕障碍物定线

(3) 后视 F_1 点,逆时针转 60°,量取 $PF_2=F_1P=l$,定出 F_2 点,将经纬仪移至 F_2 点。

(4) 后视 P 点,顺时针转 120°,定出 C 点,C 点就是直线 AB 的延长线上的点。

2) 矩形法:矩形的特点是对应边相等,内角都等于 90°,操作方法如下:

(1) 如图 3-6 (b) 中先作直线 AB 的延长线,定出 F_1 点。

(2) 然后用测直角的方法,按箭头指的顺序,依次定出 P、M、N、F_2、F_3,最后定出 C 点。

(3) 为减少后视距离短对测角误差的影响,可将图中转点 P 的引测距离适当加长。

1.2.6 过直线上的一点作垂线。

在依据原有建筑物进行定位时,往往需要从原有建筑物的边线做出垂线,以确定原有建筑物的边线延长线,作垂线时可以采用以下方法:

1) 比例法:如图 3-7 所示,已知 AB 直线,过 A 点作直线的垂线:根据勾股弦定理,当三角形各边长度的比值为 3:4:5 或 6:8:10 时,其长边对应的角为直角。垂线的做法如下:

(1) 从 A 点起在直线上量取 3 单位长定出 C 点。

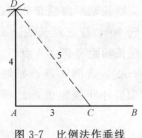

图 3-7 比例法作垂线

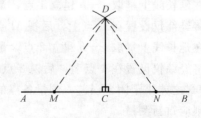

图 3-8 等腰三角形法作垂线

(2) 以 A 点为圆心,以 4 单位长为半径画弧。

(3) 再以 C 点为圆心,以 5 单位长为半径画弧,两弧相交于 D 点,将 AD 连线,则 ∠DAC 即为直角。

2) 等腰三角形法:如图 3-8 所示,已知 AB 直线,过直线上一点 C 作垂线,根据几何定理,等腰三角形的顶点与底边中点的连线,垂直于底边,作出 C 点的垂直线。其垂直线的做法如下:

(1) 自 C 点两侧量出相等的长度,定出 M、N 两点。

(2) 以大于 MC 长度为半径,分别以 M、N 为圆心画弧,两弧相交于 D,作 CD 连线,则 ∠MCD 为直角,CD⊥AB。

1.3 建筑物定位测量

在掌握了建筑物定位测量的基本操作方法以后,针对建筑物定位测量的具体情况,运用这些操作方法将建筑物的定位控制轴测设在地面上。

1.3.1 根据原有建筑物定位

当施工总平面图是依据原有建筑物确定新建建筑物的位置时,如图 3-9 所示新建工程与原有建筑横向距离为 y,纵向距离为 x,其测量定位过程如下:

(1) 从原有建筑物 M、N 点作垂线,在垂线上测取 1~1.5m,分别定出 M'、N'点。

(2) 将经纬仪设置在 M'点上作 M'N'延长线,如图 3-9 所示。

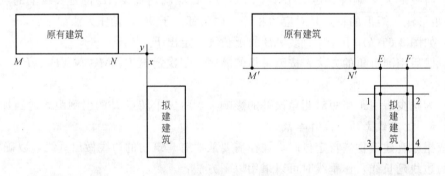

图 3-9 根据原建筑定位

(3) 在 M'N' 的延长线上从 N' 量取 $y+b$(b 为从新建建筑物到轴线的距离),建立 E 点。

(4) 在 M'N' 的延长线上从 E 点,量取新建建筑物短向轴线距离,建立 F 点。

(5) 将经纬仪设置在 E 点上,后视 M'点逆时针转 90°,建立延长线。

(6) 在延长线上量取 $x+b$ 建立 1 点,量取新建建筑物长轴距离建立 2 点。

(7) 将经纬仪设置在 F 点上,后视 M'点,逆时针转 90°,建立延长线。

(8) 在延长线上量取 $x+b$ 建立 2 点,量取新建建筑长轴距离建立 4 点。

(9) 将经纬仪设置在 4 点上,后视 2 点,逆时针转 90°,观测 3 点,如果观测到 3 点的角度与 90°之差小于闭合误差,测量各点的距离相对偏差小于规定值,此项定位放线为合格,否则应重新测量。

(10) 将经纬仪设置在 3 点上操作过程与 4 点的方法相同。

(11) 1—2线、3—4线是新建建筑短轴的位置,1—3线、2—4线是新建建筑长轴的位置。

1.3.2 根据道路中心线定位,如果建筑施工总平面图,新建建筑物的定位是根据道路中心线定位,如图3-10所示。

新建工程与道路中心线相平行,纵横距离均已知,先换算出控制桩至道路中心线的距离。测设步骤如下:

(1) 量取道宽中心定出 A、B 点,将仪器置于 A 点作 AB 延长线标出 cd 线段。

(2) 量取道宽中心定出 M、N 点,为精确测取道路中心,MN 的距离要适当加长,将仪器置于 M 点,前视 N 点,低转望远镜照准 cd 线段,标出两线交点 O,抬高望远镜,自 O 点量距,在视线方向定出 F 点,再抬高望远镜,从 F 点量距定出 E 点。

(3) 将仪器置于 F 点,后视 N 点测直角,定出4、1点。

(4) 将仪器置于 E 点,后视 M 点测直角,定出3、2点。

(5) 将仪器置于1点,后视 F 点测直角与2点闭合,并丈量1、2点距离进行校核。

1.3.3 直角坐标法定位

当建筑区建有施工方格网或轴线网时,采用直角坐标法定位最为方便。如图3-11所示。

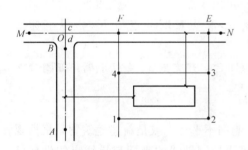

图3-10 根据道路中心线定位

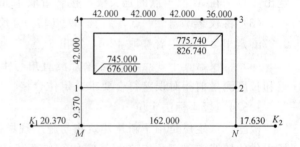

图3-11 直角坐标法定位(单位:m)

K_1、K_2 是场区施工方格网的两个控制点,要求根据厂房角点坐标,在地面上测设出建筑物的具体位置。轴线距建筑物外墙370mm。

因为场区建立了施工方格网,所以建筑物坐标以建筑坐标表示,测设方法如下:

1) 确定矩形控制网

设控制桩至建筑物距离为6m,各控制桩坐标计算过程如表3-1所示。

各控制桩坐标计算过程 表3-1

点位	A	B
K_1	730.000	650.000
K_2	730.000	850.000
1	745.000−(6.000−0.370)=739.370	676.000−(6.000−0.370)=670.370
2	745.000−(6.000−0.370)=739.370	826.740+(6.000−0.370)=832.370
3	775.740+(6.000−0.370)=781.370	826.740+(6.000−0.370)=832.370
4	775.740+(6.000−0.370)=781.370	676.000−(6.000−0.370)=670.370

2) 计算各控制坐标

(1) 建筑物长度轴线距离=$B_左$−$B_右$−外墙至轴线距离

$$=826.74-676-2\times0.37$$
$$=150\mathrm{m}$$

(2) 建筑物宽度轴线距离 $=A_左-A_右-$外墙至轴线距离
$$=775.74-745-2\times0.37$$
$$=30\mathrm{m}$$

(3) 控制网长 $=B_2-B_1=832.37-670.37=162\mathrm{m}$

(4) 控制网宽 $=A_3-A_2=781.37-739.37=42\mathrm{m}$

(5) 1 点至 K_1 点纵坐标差 $=A_1-AK_1=739.37-730=9.37\mathrm{m}$

(6) 1 点至 K_1 点横坐标差 $=B_1-BK_1=670.37-650=20.37\mathrm{m}$

(7) 2 点至 K_2 点纵坐标差 $=A_2-AK_2=739.37-730=9.37\mathrm{m}$

(8) 2 点至 K_2 点纵坐标差 $=BK_2-B_2=850-832.37=17.63\mathrm{m}$

3) 控制坐标测设步骤

(1) 置仪器于 K_1 点，精确对中，前视 K_2 点，沿视线方向从 K_1 量取 1 点与 K_1 横坐标差 20.37m 定出 M 点，从 K_2 量取 2 点与 K_2 横坐标差 17.63m，定出 N 点，如图 3-11 所示。

(2) 将仪器置于 M 点，后视 K_2 转 $90°$ 角，从 M 点量取 1 点与 K_1 点纵坐标差 9.37m 定出 1 点，在 M 至 1 点的延长线，接着量取 42m，定出 4 点。

(3) 将仪器置于 N 点，后视 M 点转 $90°$ 角，从 N 点量取 2 点与 K_2 点纵坐标差 9.37m 定出 2 点，接着量取 42m，定出 3 点。

(4) 将仪器置于 3 点，后视 N 点测直角与 4 点闭合，并丈量 3、4 点距离，如闭合误差和长度测量值相对误差符合要求，定位合格。

1.3.4 极坐标法定位

极坐标法定位是用于新建建筑物与施工现场控制网不平行，或是新建建筑物是根据现场提供的导线点或三角点来测量定位，如新建建筑物控制轴线的坐标与导线点的坐标已知，建筑物的长度与宽度已知，如图 3-12 和表 3-2 所示。

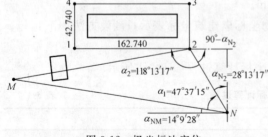

图 3-12 极坐标法定位

	极坐标法定位	表 3-2
点位	A	B
M	698.230	512.100
N	598.300	908.250
1	739.000	670.000
2	739.000	832.740

M 点与 1、2 点不通视，矩形网边长 162.74m，边宽 42.74m，测站选在 N 点，用极坐标法定位测设步骤如下：

1) 计算观测角和丈量距离（用计算器和三角函数表配合计算）。

(1) N_2 坐标角 $=\mathrm{tg}\alpha_{N_2}=\dfrac{BN-B_2}{A_2-AN}=\dfrac{908.25-832.74}{739-598.3}$

$$tg\alpha_{N_2} = 0.536674$$

查表 $\alpha_{N_2} = 28°13'17''$

(2) MN 坐标角 $= tg\alpha_{MN} = \dfrac{AM-AN}{BN-BM} = \dfrac{698.23-598.3}{908.25-512.1} = 0.25225$

查表 $\alpha_{MN} = 14°09'28''$

(3) $\angle MN2$ 夹角 $\alpha_1 = 90° - \alpha_{N_2} - \alpha_{MN} = 90° - 28°13'17'' - 14°09'28'' = 47°37'15''$

(4) $\angle N21$ 夹角 $\alpha_2 = 180° - (90° - \alpha_{N_2}) = 180° - (90° - 28°13'17'') = 118°13'17''$

(5) $N2$ 距离 $= \sqrt{(908.25-832.74)^2 + (739-598.3)^2} = 159.682\text{m}$

2) 测设步骤

(1) 将仪器置于 N 点，后视 M 点，转角 $\alpha_1 = 47°37'15''$ 在视线上量取 N_2 距离 159.682m，定出 2 点。

(2) 将仪器置于 2 点，后视 N 点，转角 $\alpha_2 = 118°13'17''$，在视线上量取矩形网边长 162.74m，定出 1 点。

(3) 为提高测量精度，每角应多测几个测回，取平均值，然后以这条边为基线再推测出其他三条边。

课题2 建筑施工抄平放线

建筑施工中抄平放线是测量放线工的日常工作量较大的工作内容。抄平包括建筑物的±0.000点的建立，建筑物标高的传递。放线包括建筑物轴线、墙的外边线、门口位置线、柱的位置线和50cm水平线、构件位置线等测量和传递，为建筑施工建立依据。

2.1 新建建筑物±0.000的建立

在建筑设计中，将建筑物的首层地面的标高定为±0.000，高于首层地面的标高为正值，低于首层地面为负值，所以，在建筑施工中，建筑物的±0.000的位置是建筑物各部标高的起始点，建立±0.000的位置操作步骤如下：

2.1.1 熟悉施工图：新建建筑物的±0.000的位置在建筑施工总平图中加以说明。±0.000是属于相对高程。±0.000的位置通过绝对高程来确定。在施工总图新建建筑物的±0.000相当于绝对高程的某个数值，此数值就是确定±0.000位置的依据，例如施工总平图说明±0.000相当于黄海高程+4.5m，也就是说此新建建筑物首层地面的高程比以黄海海平面建立的大地水准面高出4.5m。

2.1.2 熟悉已知高程的位置和数值：在进行新建建筑物的±0.000位置确定时，要根据测量规划部门给定的已知高程，经过水准测量传递到施工现场，所以首先要熟悉给定的已知高程的位置和数值，并且验证其位置是否被触动。

2.1.3 已知高程的传递：当测量规划部门给定的已知高程为一个点时，应采用闭合水准路线或支水准路线方法，根据已知水准点高程传递到施工现场，建立绝对高程点。

2.1.4 用已知高程点确定出±0.000点：将已知高程点传递到施工现场时，根据已知高程点测量出±0.000的位置，操作步骤如下：

1) 以已知高程点为后视，测出后视读数，求出视线高：视线高=已知高程+后视读数。

2) 根据视线高先求出±0.000的设计高程（$H_设$）与视线高（H_i）的高差，即为前视读数H：

$$H=H_i-H_设$$

3) 以前视读数H为准，当水准仪读到H值时，在尺底画出标记，即为±0.000的位置。

4) 使用▼标记将±0.000的位置画在新建建筑物附近的永久建筑上，一般设置点不少于3个。

5) 例题：某建筑物的±0.000的设计高程为119.8m，传递到施工现场的水准点B_{mo}的高程H_o=119.053m。测设出±0.000的位置。

（1）两点间安置水准仪，测已知高程点上的后视读数a=1.571m。则视线高H_i=H_o+a=119.053+1.571=120.624m。

（2）计算建筑物±0.000的前视读数：

$$H=H_i-H_设=120.624-119.8=0.824m$$

（3）立水准尺于需要设立±0.000位置的建筑物上，按观测员指挥上下慢慢移动尺身，当水准仪的中丝对准0.824m时停位，沿尺底在墙上画出一水平线，以水平线基准画成▼形。即为新建建筑物的±0.000位置。

2.1.5 对已设定的±0.000位置进行复核无误，填写测量记录表。

2.2 高程的传递

对于多层或高层建筑施工中，为了控制每层的施工高度，都要建立本层的±0.000点。首层的施工高度起点是±0.000、二层以上的建筑物在控制本层、施工高度时也需要±0.000点，所以建筑物的层高，就是二层以上建筑物的±0.000点，例如首层建筑物的层高为3m，则二层建筑物±0.000点是从首层建筑物的±0.000点垂直量取3m，就是二层建筑物的±0.000点。其操作方法如下。

2.2.1 在首层建筑物施工完毕，将施工现场的±0.000点转抄到新建建筑物的外墙角、外角柱上。

2.2.2 用钢尺自±0.000点向上垂直丈量，根据建筑物的层高把标高传递上去。

2.2.3 根据从下面传上来的层高的标高作为该楼层施工的±0.000点。

2.3 条形基础挖土的放线

在进行条形基础挖土的放线以前，首先要熟悉施工图，掌握各基础挖土的深度和宽度及放坡的坡度值。放线步骤如下。

2.3.1 将主轴线控制桩找出来，并对它们的位置进行复核无误后才能使用。

2.3.2 放线时，如图3-13所示，可以先从控制桩Ⅰ向Ⅰ′方向拉通线，拉紧小线后，将线挂在桩心小钉上。这时通过Ⅰ及Ⅰ′桩心的小线即是这一道墙的轴线位置。

2.3.3 拉好通线后，由A点这个中心桩顺小线向Ⅰ′方向量尺寸，根据图上轴线的距离，定出各轴线的中心桩。定其他桩的方法是（1）先从A点大概量一个轴线间尺寸，把一个木桩在该处打下去，再提一下小线，使桩在小线通过的位置上，其他轴线的桩也按

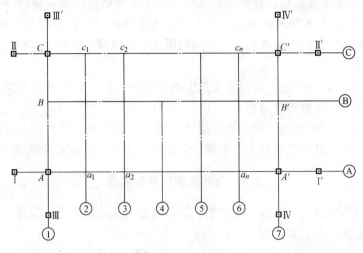

图 3-13 放线定各轴线图

此种方法打入土中。(2) 根据开间大小拉钢尺,量取尺寸在桩上画一铅笔痕,这时铅笔痕与小线交点即为桩的中心。该中心点用红铅笔画一小十字即可。(3) 在量尺时钢尺的零点位置必须始终在 A 点不动,中间各桩的尺寸相加累计而得。如第一开间①至②轴的尺寸为 3.3m,则 a_1 桩点的钢尺在 3.3m 处定下来,第二开间②至③轴尺寸为 2.7m,则 a_2 桩点在钢尺 3.3+2.7=6m 处定下来,以此类推。(4) 在量各轴线桩位时不允许将钢尺的零点随桩位的定出每量一次移动一次。因为这样移动的丈量会造成误差增大。

2.3.4 在完成了Ⓐ轴线上各道横向轴线一端的桩点之后,可以在 C 轴线位置上再用上述方法定出Ⓒ轴线上各横轴另一端的桩点。如图 3-13 所示 $c_1 c_2 c_3 \cdots c_n$。

2.3.5 当利用纵墙主轴线定完横墙轴线之后,同样也可以反过来利用横墙的主轴线定出各纵墙的中心桩位。如图 3-13 所示中 B 及 B' 从而定出 B 轴线的位置。

2.3.6 当各条轴线的中心桩都定完之后,按照基础大样图上基槽的底宽,加上上口应放坡度的尺寸,由各桩中心向两边量出每边应有的尺寸,并在量出的尺寸处画一记号,然后在每道记号拉通小线,在小线的位置上撒上白灰,就得到如图 3-14 所示的基础灰线外框图。挖土就可以按此划出的范围进行施工。

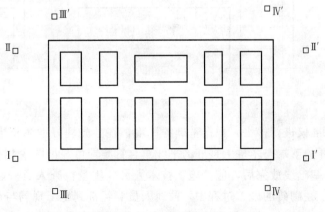

图 3-14 地槽灰线图

91

2.3.7 挖土线放好之后,在基槽边及转角处,内外墙交接处,每间隔10~20m,离槽边线20~30cm打入土中一根木桩,在木桩上抄上标高,标高可以是±0.000,也可以根据地坪可能低的情况抄上负的标高值。再按图纸上基底深度,在抄好的平线上写上下挖多少米深的字样。

2.3.8 如采用机械挖土,必须随着挖土的进展跟着抄平,尤其挖开始几铲时,就应抄平确定挖掘深度,避免出现超挖。

2.3.9 抄平时,根据挖土深度在地槽的土壁上抄出平橛,平橛的上平面一般以垫层的上标高为准。平橛以上机械挖土,平橛以下采用人工铲平,将基槽底清理平整。

2.4 条形基础砌砖的放线

在垫层或钢筋混凝土基础施工完毕后,就需要进行基础砌砖前的放线。砌砖时放线的精确度应比挖土放线高,其过程如下:

2.4.1 将经纬仪支架在房屋主轴线Ⅰ的控制桩上(如图3-13所示)对中,调平后前视读轴线的另一端桩点Ⅰ′,照准后固定水平制动螺旋。

2.4.2 松开竖直度盘制动螺旋使望远镜向下转动,对准基槽内的垫层,每隔10~15m用红铅笔画出一道标记,将这些标记用墨线连起来,即成了这道基槽的墙基的轴线。

2.4.3 用同样的方法,将经纬仪支架在如图3-13中Ⅱ及Ⅲ两处,定出C轴及1轴在垫层上的位置,这时基槽内有了三条轴线,可以用钢尺和小线在基槽内用放挖土线定桩点的方法,最后将各个点连成每条墙基的轴线。

2.4.4 放完基础墙的轴线之后,应检查一遍有无差错,经检查无误后,才可以按照施工图标出的各道墙基础大放脚的宽度,从轴线向两侧量出尺寸逐个弹线。在弹线时要附带把附墙砖垛、管道穿墙孔洞位置一起弹出线来,以便瓦工砌砖。如图3-15所示是基础砌砖线的一角示意图。

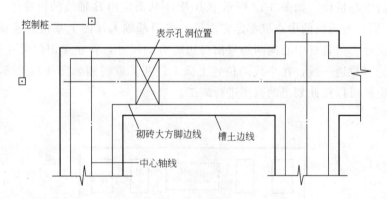

图3-15 砖砌基础放线

2.4.5 用水准仪进行抄平,根据基础的深度,在预先埋好的木桩上抄出皮数杆下端的平线,将皮数杆的下端与木桩上抄好的平线重合钉牢即可。如图3-16所示。

2.4.6 整个基础线放完后,应经施工技术人员、质量检查人员一起复验。认为合格后才可进行砌砖。在砌砖的施工过程中,放线人员要经常到施工现场与瓦工配合施工。

2.4.7 在基础砌完之后,根据控制桩将主轴线弹到基础墙身上,如图3-17所示。并

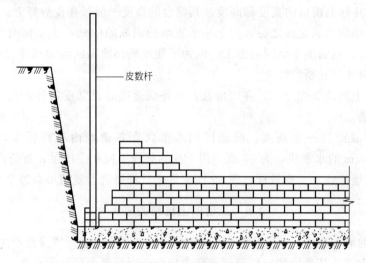

图 3-16 基础抄平

用墨线弹出墙轴线，标出轴线号或中字形式，并在墙的四周弹出水平标高线。

2.5 砖混结构施工首层墙的放线

在进行首层建筑结构施工放线前，利用定位主轴线的位置来检查砌好的基础有无偏移。同时复核整个建筑物轴线的总长和各轴线之间的距离，是否符合允许偏差值。只有经过复核认为下部基础施工合格，才能在基础防潮层上设置上部结构施工的墨线。其操作过程如下：

2.5.1 在基础墙检查合格之后，利用基础墙上的主轴线，用小线在防潮层上将两头拉通，并将线反复弹几次检查无障碍之处，在小线通过的地方间距 10～15m 画上标记。

2.5.2 根据这些标记，用墨斗弹出各主要墙的轴线，如果上部结构墙的厚度比基础墙窄还应将墙的边线弹出来，如图 3-17 所示。

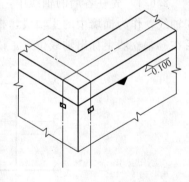

图 3-17 主轴线

2.5.3 轴线和墙的边线弹完以后，检查无误，再根据图纸上标出的门窗口位置，在基础墙上量出尺寸，用墨线弹出门口的大小，并弹出交叉的斜线以示洞口，如图 3-18（a）所示，并且标上门口的尺寸。

2.5.4 窗口的位置一般画在墙的侧立面上，用箭头表示其位置及宽度尺寸，如图 3-

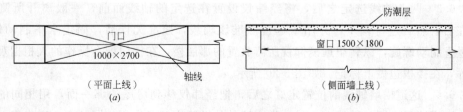

图 3-18 门窗口放线

18（b）所示，并标上窗口的宽度和高度，其窗台的高度一般标在皮数杆上。

2.5.5 主结构墙放完线之后，对于非承重墙的隔断墙的线，也要同时放出。虽然在施工主体结构时，隔断墙不能同时施工，但为了能准确预留隔断墙的马牙槎及拉结钢筋的位置，必须同时放出隔断墙线。

2.5.6 墙上的线放完之后，在墙角处，内外墙交接处设立皮数杆，瓦工根据墙线和皮数杆进行砌墙。

2.5.7 当墙砌到一定高度，应随即用水准仪在各道墙内进行抄平，并弹出高于±0.000位置50cm的水平线，为50线，用于控制装饰工程和主体梁、板的高度。

2.5.8 砌墙放线、立皮数杆、弹50线完成之后都要进行复核填写抄平放线记录表。

2.6 二层以上结构的放线

因为楼层的墙身高度，一般比基础的高度要高1~2倍。这样墙身所产生的垂直偏差，相对会比基础大。尤其外墙的向外偏斜或向内偏斜，会使整个房屋的长度和宽度增长或缩短，如果仍然在四边外墙做主轴线放线，会由于累计误差使墙身到顶时斜得更严重，而使房屋垂直度偏差超过允许的偏差造成质量事故。因此，在二层楼以上放线时采用取中间轴线放线之法，即在全楼长的中间取一条轴线，和在两山墙间取一条轴线，在楼层平面上组成一对直角坐标轴，从而进行楼层放线，以控制外墙的两端尺寸，防止可能发生的最大误差。其操作步骤如下：

2.6.1 先在各墙的轴线中，选取在纵向墙中间部位的某道轴线，如图3-19所示。取⑥轴线，作为横墙中的主轴线，根据基础墙的主轴线Ⅰ轴线，向⑥轴线量出尺寸，量准确后在⑥轴立墙上标出轴线位置。以后每层均以此⑥轴立线为放线的主轴线。

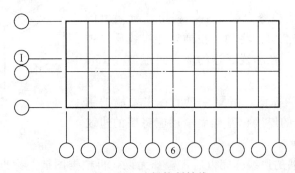

图3-19 选择控制轴线

2.6.2 同样，在山墙上选取纵墙中一条在山墙中部的轴线，如图3-19所示的Ⓒ轴，同样在Ⓒ轴墙根部标出立线，作为以上各层放纵墙线的主轴线。

2.6.3 两条轴线选定之后，将经纬仪设置在选定的轴线面前，一般离开所测高度10m左右，然后进行调平，并用望远镜照准该轴线，照准无误后，固定水平制动螺旋，扳开竖直制动螺旋，纵转望远镜仰视所需放置的那层楼，在楼层配合操作的人根据观测者的指挥，在楼板边做上标记。如图3-20所示。

2.6.4 这道横墙轴线的位置定好之后，把经纬仪移到房屋的那一面，用相同的方法定出这道横墙另一面的轴线点，另一道山墙处的纵墙主轴线也用相同的方法定出来。

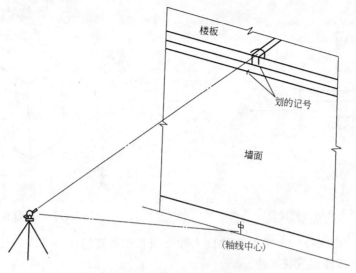

图 3-20 控制轴线向上传递

2.6.5 楼层上已有的四点位置就等于决定了楼层互相垂直的一对主轴线。其他各墙的轴线根据图纸的尺寸,以主轴线为基准线,在楼层上进行放线。再弹出各道墙的外边线,而四周外墙只弹里边线的墨线,让瓦工根据外墙的厚度和垂直要求来砌砖。

2.6.6 二层以上的每层的砌墙的±0.000点由首层的±0.000位置用钢尺垂直引上来,其层高作为二层立皮数杆的±0.000点。

2.7 高层建筑轴线的传递和楼面放线

高层建筑的高程传递,采用沿柱身、楼梯间、外墙向上引测的方法,即可将标高传到各楼层,满足施工的要求,控制建筑物的垂直偏差,以做到正确进行各楼层定位放线。根据施工规范规定,高层建筑柱及墙的垂直度允许偏差,每层不超过5mm,全高不超过楼高的1/1000,并不大于20mm。因此控制轴线能垂直的向上传递,是保证高层建筑正常施工的主要条件之一。高层建筑控制轴线向上传递主要有以下几种方法:

2.7.1 经纬仪投测法。其操作方法如下:

某工程37层,全高110.75m,采用经纬仪投点法作建筑物轴线竖向传递测量,测量步骤如下:

1) 当基础工程施工高出地面后,用经纬仪将③、ⓒ轴线从轴线控制桩上精确的引测到建筑物四面的底部立面上,并做好固定标志,作为向上投测点的后视依据。如图 3-21 所示的 C_1、C_2、3_1、3_2 四点。同时做轴线的延长线,各在一定距离,距建筑物约30~50m设置轴线引桩,如图 3-21 中 A、B、C、D 各点,标志和引桩都要加强保护。

2) 随着建筑物的升高,须逐层向上传递轴线,方法是:

(1) 将经纬仪安置在引桩 A 点,对中调平,将视线照准标志 C_1。

(2) 抬高望远镜,用盘左,盘右两次将轴线投测到所要放线的楼面上,取两次投递间的中间点为 C 点,并取出标记。

(3) 采用同样的方法分别在 B、C、D 各点设置仪器,投测出 C'、3、$3'$ 各点。如图 3-22 所示。

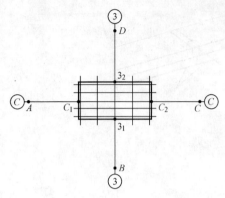

图 3-21 标志及引桩的设置

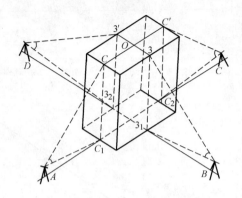

图 3-22 经纬仪投测示意图

3）将 C、C' 连线，3、3' 连线在楼面上即得到互相垂直的两条基准轴线。根据两条基准轴线便可进行该楼层放线工作。

4）当楼高超过十层时，因仪器距建筑物较近，投测的仰角过大，影响投测精度，为此，须把轴线再延长。

5）延长轴线的方法是：在十层楼面的 $C—C'$、$3—3'$ 轴线上分别设置经纬仪，先照准地面上的Ⓐ、Ⓑ、Ⓒ、Ⓓ轴线引桩，用定线法将轴线引测到场区以外约 120m 处安全地带或附近大楼屋面上，重新建引桩 E、F、G、H。如图 3-23 所示。

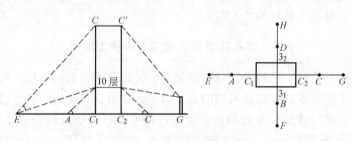

图 3-23 引桩测设示意图

6）10 层以上轴线的投测方法与 10 层以下的道理相同。只是仪器要设置在 E、F、G、H 各点，后视点可依第 10 层的标高为依据，也可依底层标高为依据向上投测。

7）楼层平面几何尺寸要检验规划。

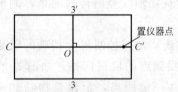

图 3-24 楼层平面定线

Ⓒ轴或③轴若轴线较长，不宜用简单的拉小线方法定线，其操作方法如下：

Ⅰ．先在 C、C' 两点间拉线，在靠近 C' 点安置仪器，仪器中心与小线对齐，然后照准 C 点，便可定出 C 轴各点位置。如图 3-24 所示。

Ⅱ．将仪器置于两轴交点 O 处，检验两轴交角是否等于 90°，如果闭合误差大于 40″要查找原因并及时纠正。

2.7.2 激光投测法

激光投测法是利用激光铅直仪，将首层的控制主轴线投测到各个楼层上，激光铅直仪是一种专用的铅直定位仪器，比较广泛的应用于烟囱、塔架和高层建筑的铅直定位，如图3-25所示时采用激光铅直仪进行轴线垂直传递的示意图，发射望远镜的视准轴和仪器竖轴在一条直线上，有的激光器在望远镜侧面，采用光束对中，操作时将仪器对中，调平后接通激光电源，使激光器启辉，发射出铅直光束。测距200m高，光束直径可维持在15～20mm以内，在投点位置设置光束接收靶环，则靶环中心和铅直仪中心（即地面控制点）在一条铅垂线上。接收靶环一般用300mm×300mm透明有机玻璃板制作，画有相距10mm的靶环，镀在金属框内，便于使用。

激光投测方法如下：

（1）设置控制点，要根据建筑物平面图形确定控制点位置，使控制点之间连线（基准线）能控制楼层平面尺寸，控制点一般不少于三点，控制点不宜设在轴线上，应离开轴线500～1000mm。因为轴线上往往有梁、柱、墙，妨碍控制点竖向传递，如图3-26所示。

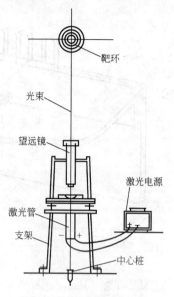

图3-25 激光定位示意图

（2）首层的控制点建立时，位置要精确，距离要精确，为了使首层的控制点传递上去，各楼层对应控制点位置要保留200mm×200mm的孔洞，以便于激光束的通过。

（3）投测时，仪器设置在控制点上，仔细对中，严格调平，接受靶放在光束对应位置，然后接通电源，使激光器起辉，在接受靶上映出红色光点。

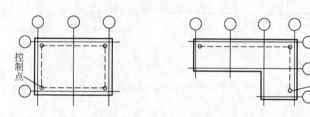

图3-26 控制点设置平面图

（4）通过调整望远镜焦距，使光电直径达到最小，为检查仪器垂直误差，将仪器水平旋转360°，如果光点在靶上移动时形成的是一个圆圈，应进一步调平，如仪器本身无误差，则光点始终指向一点，若仪器不能严格调平，可以以圆心为投测点。

（5）让靶环中心对准激光光点，将靶环固定在楼板上，作为该楼层定位放线的基准点。

（6）各基准点投测完毕，要检查投测点间的距离、角度是否与首层控制点一致，如超过允许误差应查找原因，及时纠正。

（7）激光竖相投测示意图如图3-27所示。控制点投测到该楼层，即可将控制点进行连线作为控制轴线，根据控制轴线进行楼层的放线工作。

2.7.3 高层建筑楼面的放线工作

高层建筑主体结构一般为框架结构或剪力墙结构。在首层施工放线时与砖混结构主体

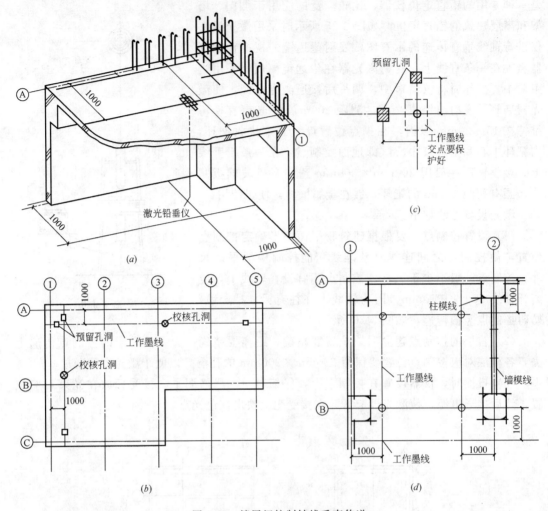

图 3-27 楼层间控制轴线垂直传递

施工放线的方法基本相同,一般选定建筑外边桩或外墙的主轴线为控制轴线,进行放线,二层以上的楼面放线操作如下:

(1) 利用从首层传递上来的控制点连线作控制轴线。这种控制轴线一般离轴线1000mm,弹出墨线作为工作墨线。如图 3-27 所示。

(2) 根据工作墨线再弹出柱、墙的墨线。如图 3-27 所示。

(3) 柱、墙的模板标高,用水准仪抄平将标记标在柱、墙的钢筋上,一般标记高度比该层的±0.000点高0.5~1m,然后根据标记找平柱,墙模板底部,以便于立模。如图 3-27 所示。

2.8 抄平放线工作中的注意事项

2.8.1 认真熟悉图纸,坚持按图施工,如已完工序出现偏差,仍以图示尺寸进行放线。设计变更要及时标记在相应的图纸上,防止遗忘造成错误。

2.8.2 定位过程出现的废定位桩,无用的标线要及时清除掉,防止在施工中用错。

2.8.3 每次抄平放线后都应进行复查，防止出现错误，各项数据应坚持使用计算器计算，避免心算。

2.8.4 按图进行放线，看一次图示尺寸，放一个位置线，避免完全靠记忆尺寸放线。

2.8.5 各种标桩、标点要加以保护，使用前必须检查点位有无变化。

课题3 建（构）筑物的施工观测

建（构）筑物的施工观测包括建（构）筑物的沉降观测、倾斜观测、冻胀观测、裂缝观测等。这些施工观测也是测量放线工必须掌握的操作技能之一，尤其是建筑物施工的沉降观测是最为重要的任务之一。因为通过建筑物施工中的沉降观测可以判定整体建筑施工是否正常、安全。因为当观测到建筑物的沉降量下降速度过快、过大会发生倾斜应立即停止施工，采用必要措施加以处理，否则会造成房屋倒塌。

3.1 建筑物的沉降观测

对于多层或高层建筑物、大型厂房、重要设备基础、高大构筑物以及人工处理的地基、水文地基、条件复杂的地基、使用新材料、新工艺施工的基础等，都应系统的进行沉降观测，及时掌握沉降变化规律，以便发现问题，采取措施，保证结构使用安全，同时为以后的施工积累经验。

建筑物的沉降观测操作步骤如下：

3.1.1 布设观测点

1) 选择观测点的位置：观测点应设在能够正确反映建筑物沉降变化、有代表性的地方。如房屋拐角、沉降缝两侧、基础结构变化、荷载变化、地质条件变化的地方，对于圆形构筑物应对称的设在构筑物周围。点位数要视建筑物的大小、平面布置情况，由技术人员和观测人员确定。点与点之间距离不宜超过30m。

2) 观测点的形式和埋设要求：观测点的形式可选用如图3-28所示的构造形式。图3-28（a）是在墙体内埋设一角钢，外露部分置尺处焊一半圆球面。图3-28（b）是在墙体内或柱身内埋一根直径20mm的弯钢筋，钢筋端头磨成球面。图3-28（c）是在基础面上埋置一短钢筋。

对观测点的埋设要求如下：

（1）点位必须稳定牢固，确保安全，能长期使用。

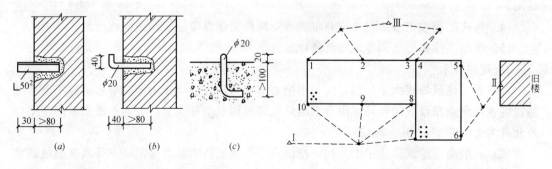

图3-28 观测点构造形式　　　　　图3-29 观测点平面布置图

(2) 观测点置尺处必须是个球面，与墙面要保持一定距离，能够在点位上垂直立尺，注意墙面突出部分（如腰线）的影响。

(3) 点位要通视良好，高度适中，便于观测。

(4) 当施工荷载达到建点高度时，要及时建点，及时测出初始数据。

(5) 点位距墙阳角不少于20cm，距混凝土构件边缘不少于5cm，要加强保护，防止碰撞。

(6) 按一定比例画出点位平面图，每个点都应编号，以便观测和填写记录。如图3-29是某建筑物观测点的平面布置图。

3.1.2 建立水准点

正在施工的建筑物上建立了观测点以后，就要在建筑物附近建立水准点。建筑物的沉降量是通过水准点与观测点的测量观测比较得出的数值，因此对水准点有以下的要求：

(1) 作为后视的水准点必须稳定牢固，不允许发生变动，否则就失去了对观测点的控制作用。

(2) 水准点和观测点应尽量靠近，距离不宜大于80m，做到安置一次仪器即可直接进行观测，以减少观测中的误差。

(3) 水准点不应少于3点，各点间应进行高程联测，组成水准控制组，以备某一点发生变化互相校核，水准点可以采用绝对高程，也可采用相对高程。

(4) 点位要建立在安全地带，应避开铁路、公路、地下管线以及受震地区，不能埋设在低洼积水和松软土地带。如附近有施工控制点，可利用施工控制点作为水准点。

(5) 埋设水准点时，尚应考虑冻胀的影响，采取防冻措施。

(6) 如观测点附近有旧建筑物，可将水准点建在旧建筑物上，但旧建筑物的沉降必须证明已达到终止，且不受冻胀的影响，绝对不能建在临建工程、电杆、树木等易发生变动的物体上。

3.1.3 沉降观测

1) 观测时间

(1) 在施工阶段从建观测点开始，每增加一次较大荷载（如基础回填，砌体每增高一层，柱子吊装，房盖吊装、安装设备，烟囱每增高10m等）均应观测一次。

(2) 工程恒载后每隔一段时间要定期观测。如果施工中途停工时间较长，在停工时和复工前都应进行观测。

(3) 在特殊情况下，如暴雨后基础周围积水，基础附近大量挖方等，要随时检查观测。

(4) 特殊工程竣工后施工单位要将观测资料移交建设单位，以便继续观测。

(5) 观测工作要持续到建筑物沉降稳定为止。

2) 观测要求

(1) 高层建筑物或大型厂房，应采用精密水准测量方法，按国家二等水准技术要求施测，将各观测点布设成闭合环或附合水准路线联测到水准基点上。二等水准测量高差闭合差允许为$\pm 0.6 n$mm（n为测站）。

(2) 一般高层建筑物或中型厂房，按国家三等水准技术要求施测，三等水准测量高差闭合差容许值为$\pm 1.4 n$mm（n为测站）。

(3) 为了提高观测精度，可采用三固定的方法即固定人员、固定仪器和固定施测路线、镜位与转点。

3) 观测方法

(1) 将在建筑物上布设的观测点和建立的水准点连成闭合水准路线，并建立镜位与转点。

(2) 根据施工现场的水准点高程，建立沉降观测中设置的水准点假定高程，使这些假定高程的水准点成为沉降观测中已知高程。

(3) 观测时前、后视宜使用同一根水准尺，视线长度小于50m，前、后视距大致相等，每次观测固定的后视点，按规定的观测路线进行。

(4) 各观测点的首次高程必须测量精确，各点首次高程值是以后各次测用以进行比较的依据。建筑物每次观测的下沉量很小，如果初测精度不高或有错误，不仅得不到初始数据，还可能给以后观测造成困难。

(5) 每次沉降观测测量须认真记录全部观测结果，并进行闭合计算，闭合误差附合等级允许偏差值后再进行平差计算。计算后的高程才能填入沉降量观测记录表内的高程值。

4) 观测记录整理

(1) 每次观测结束后，要对观测成果逐点进行核对，根据本次所测高程与前次所测高程之差计算出本次沉降量，如表3-3所示。第一次观测1点的高程为1.431m，第二次观测1点的高程为1.423m，沉降量=1.423-1.431=-0.008m。为-8mm，填入表中。

沉降观测记录表　　　　　　表3-3

工程名称：××教学楼　　　　　　　　　　　　　　　　　　　观测：×××

观测次数	观测日期	观测点									荷载
		1			2			3			
		高程(m)	本次下沉(mm)	累计下沉(mm)	高程(m)	本次下沉(mm)	累计下沉(mm)	高程(m)	本次下沉(mm)	累计下沉(mm)	
		观测点号									
1	1986.6.14	1.431	0	0	1.442	0	0	1.425	0	0	±0.00以下完
2	6.29	1.423	-8	-8	1.435	-7	-7	1.419	-6	-6	一层板吊装完
3	7.14	1.416	-7	-15	1.429	-6	-13	1.413	-6	-12	二层板吊装完
4	8.3	1.413	-3	-18	1.426	-3	-16	1.409	-4	-16	三层板吊装完
5	8.18	1.411	-2	-20	1.424	-2	-18	1.407	-2	-18	四层板吊装完
…	…	…	…	…	…	…	…	…	…	…	…
注明	水准点为假定高程，Ⅰ点为1.000m，Ⅱ点为1.240m，Ⅲ点为1.120m										

(2) 根据本次所测高程值与上次所测高程之差相加计算出累计沉降量。如表3-3所示第二次观测沉降量为-8mm，第三次观测沉降量为-7mm，累计沉降量=-8+(-7)=-15mm，填入累计下沉栏一栏。

(3) 将每次观测的日期、建筑物施工的层数标注清楚，填写在表格内。

5) 沉降观测例题：如图3-30所示，是某教学楼水准点、观测点、观测路线布置图。

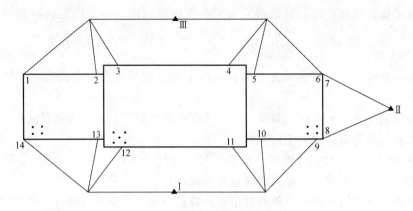

图 3-30 沉降观测平面布置

图中Ⅰ、Ⅱ、Ⅲ为水准点，1~14 为观测点，沉降观测记录表如表 3-3 所示。

为更清楚地表示出建筑物在施工中沉降量、时间、荷载之间的变化规律，还要画出它们之间的曲线关系图。画图的方法步骤如下：

(1) 时间与沉降量关系曲线的画法是：在毫米方格计算纸上画，纵轴表示沉降量，横轴表示时间，按每次观测的日期和各点沉降量，在坐标内标出对应点，然后将各点连线，就描绘出该点的关系曲线。如图 3-31 下部所示。

(2) 时间与荷载的关系曲线是：以纵坐标表示荷载，以横坐标表示时间，按每次观测的日期和荷载标出对应点，然后将各点连成线，就给出该点的关系曲线，如图 3-31 上部所示。

(3) 曲线图使人形象了解沉降变化规律，如果一点突然出现不合理的变化规律，如沉降量突然增大，要分析原因，是测量误差还是点位发生变化，如果是点位发生不合理变化，应及时向有关技术负责人汇报。

3.1.4 沉降观测数值的分析

在进行建筑物或构筑物的沉降观测的同时，还要掌握沉降量数值的变化对建筑物使用功能和安全性的影响程度，建筑物的沉降主要反应在建筑物的地基变形上，地基变形与许多因素有关，

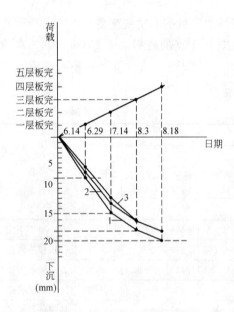

图 3-31 时间、荷载、沉降关系图

例如建筑的高度和荷载值、地基的承载力、地基土的工程性质等因素有关，评价建筑物的沉降量有以下几个方面：

1) 由于建筑物地基不均匀，荷载差异很大，体型复杂等因素引起地基变形，使建筑物产生沉降、沉降不均造成建筑倾斜或开裂（其地基变形特征如图 3-32 所示）。

2) 由于建筑物结构不同，沉降观测点所重视的内容不同，其观测重点如下所述：

(1) 对于砌体承重结构，在沉降观测时，以局部倾斜值控制建筑物沉降是否符合要求，局部倾斜是指砌体承重结构沿纵向 6~10m 内基础两点的沉降差与其距离的比值。

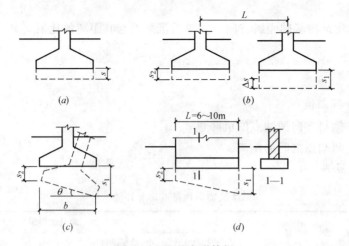

图 3-32 地基变形特征
(a) 沉降量；(b) 沉降差；(c) 倾斜；(d) 局部倾斜

计算公式 $$S_{12}=\frac{S_1-S_2}{L}$$

式中 S_{12}——局部倾斜值；

S_1、S_2——砌体承重结构沿纵向 6~10m 内的 A 点、B 点的沉降值；

L——A 点、B 点两点取 6~10m 距离。

砌体承重结构基础的局部倾斜变形允许值，对于中、低压缩性土 $S_{12} \leqslant 0.002$，对于高压缩性土 $S_{12} \leqslant 0.003$。

例如：在某道砌体承重墙设的 A 点、B 点两点的观测点，地基土为低压缩性土，分别成沉降量为 $S_1=20$mm，$S_2=14$mm。S_1 与 S_2 间距 10m，判定此道墙的局部倾斜是否符合要求。

解：$S_{12}=\dfrac{S_1-S_2}{L}=\dfrac{20-14}{10000}=0.0006$

$S_{12}=0.0006<0.002$，符合要求

(2) 对于框架结构和单层排架结构，在沉降观测时，有相邻柱基的沉降差控制，其沉降差如下：框架结构对于中、低压缩性土小于等于 $0.002L$；对于高压缩性土小于等于 $0.003L$。

砌体墙填充的边排柱对于中、低压缩性土小于等于 $0.0007L$；对于高压缩性土小于等于 $0.001L$。

L 为相邻柱基的中心距离（mm）。

例如：某框架结构两个相邻柱间距为 4.5m，地基土为中压缩性土。A 点沉降量为 15mm，B 点沉降量为 10mm，验算此框架沉降量是否符合要求。

解：(1) 相邻柱沉降差 $=15-10=5$mm

(2) 允许沉降差 $=0.002\times4500=9$mm

相邻柱沉降差 $=5$mm，小于允许沉降差 $=9$mm，符合要求。

(3) 对于多层高层建筑和高耸结构应由倾斜值控制，必要时尚应按平均沉降量进行

控制。

倾斜值是指建筑物基础倾斜方向两端点的沉降差与其距离的比值，其计算公式：

$$\Delta S_{AB} = \frac{S_A - S_B}{L}$$

式中 ΔS_{AB}——倾斜值；

S_A、S_B——倾斜方向两端点的沉降量；

L——两端点之间的距离。

允许倾斜值见表3-4。

建筑物的地基变形允许值　　　　　　　　　　　表3-4

变 形 特 征	地基土类别	
	中、低压缩性土	高压缩性土
砌体承重结构基础的局部倾斜	0.002	0.003
工业与民用建筑相邻柱基的沉降差 （1）框架结构 （2）砖石墙填充的边排柱 （3）当基础不均匀沉降时不产生附加应力的结构	0.002*l* 0.0007*l* 0.005*l*	0.003*l* 0.001*l* 0.005*l*
单层排架结构（柱距为6m）柱基的沉降量（mm）	(120)	200
桥式吊车轨面的倾斜（按不调整轨道考虑） 纵向 横向	0.004 0.003	
多层和高层建筑基础的倾斜　$H_g \leqslant 24$ 　　　　　　　　　　　$24 < H_g \leqslant 60$ 　　　　　　　　　　　$60 < H_g \leqslant 100$ 　　　　　　　　　　　$H_g > 100$	0.004 0.003 0.002 0.0015	
高耸结构基础的倾斜　$H_g \leqslant 20$ 　　　　　　　　　$20 < H_g \leqslant 50$ 　　　　　　　　　$50 < H_g \leqslant 100$ 　　　　　　　　　$100 < H_g \leqslant 150$ 　　　　　　　　　$150 < H_g \leqslant 200$ 　　　　　　　　　$200 < H_g \leqslant 250$	0.008 0.006 0.005 0.004 0.003 0.002	
高耸结构基础的沉降量（mm）　$H_g \leqslant 100$ 　　　　　　　　　　　　$100 < H_g \leqslant 200$ 　　　　　　　　　　　　$200 < H_g \leqslant 250$	(200)	400 300 200

注：1. 有括号者仅适用于中压缩性土；
　　2. *l* 为相邻柱基的中心距离（mm）；H_g 为自室外地面起算的建筑物高度（m）。

3.2 构筑物的倾斜观测

对于圆形构筑物，如烟囱、水塔、电视塔等的倾斜观测，应在互相垂直的两个方向分别测出顶部中心对底部中心的垂直偏差，然后用矢量相加的方法，计算出总的偏差值及倾斜方向。其操作方法如下：

3.2.1 如图 3-33 所示，在距烟囱约为烟囱高度 1.5 倍的地方，建一固定点安置经纬仪，在烟囱底部地面垂直于经纬仪视线放一根木方。

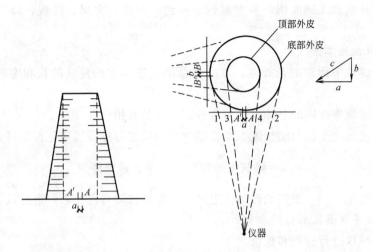

图 3-33 烟囱倾斜度观测

3.2.2 然后用经纬仪望远镜分别照准烟囱底部外皮，向木方上投得 1、2 点，取中得 A 点。

3.2.3 再用经纬仪望远镜照准烟囱顶部外皮，在顶部的木方上投点 3、4 点，再取中得 A' 点。

量得 A' 点至 A 点的距离 a 就是烟囱在这个方向的中心垂直偏差。

3.2.4 用同样的方法在另一方向再测出垂直偏差 b。

3.2.5 烟囱的总偏差值为两个方向的矢量相加总偏差 $\Delta = \sqrt{a^2 + b^2}$。

3.2.6 烟囱的倾斜 $i = \dfrac{\Delta}{H_g}$，式中 H_g 为烟囱高度，i 应符合表 3-4 中的数值。

3.2.7 例如某烟囱高 100m，用经纬仪测得烟囱向南偏 25mm，向西偏 35mm，试计算烟囱总偏差值，并判定其倾斜是否符合要求。

解：(1) 求总偏差值 $\Delta = \sqrt{a^2 + b^2} = \sqrt{25^2 + 35^2} = 43$ mm。

(2) 烟囱倾斜 $i = \dfrac{\Delta}{H_g} = 43/100000 = 0.00043$。

(3) 查表 3-4 允许倾斜值为 0.005，实际倾斜小于允许倾斜值，符合要求。

课题 4　测量放线工实训练习与考核

测量放线是一个实践性较强的技术工种，在学习了以上的技术理论后再通过实训练习，理论与实践相结合才能达到测量放线工的标准，其实训内容与安排如下。

4.1　建筑工程施工图读识练习

4.1.1　读懂建筑工程施工图

根据配套的工程施工图，进行识读施工图的练习。

(1) 读懂总平面图，掌握拟建工程定位的标志，±0.000 相对于绝对高程的数值。

(2) 读懂建筑施工平面图，掌握各轴线尺寸，确定定位轴线。

(3) 读懂建筑施工剖面图，掌握基础、窗台、过梁、大梁、楼板、楼梯等各部位的标高。

4.1.2 审核施工图

(1) 复核建筑平面图的总长度、宽度与总平面图标志的建筑的长和宽的尺寸是否相符合。

(2) 复核建筑平面图的总体尺寸与各分部尺寸是否相符合。

(3) 复核建筑施工图与结构施工图各轴线平面尺寸与标高尺寸是否相符合。

4.2 建筑物的定位、抄平、放线练习

根据识读的施工图，由实训教师设定定位标志和已知高程标志，进行以下练习。

4.2.1 测量仪器及木桩的准备

(1) 对经纬仪进行检验和校正。

(2) 对水准仪进行检验和校正。

(3) 对钢尺进行检验和校正。

(4) 准备好木桩、铅笔、小线等。

4.2.2 测量练习

(1) 进行建筑物定位练习，根据定位目标，编制定位测量方案，在方案的指导下在实训场地进行定位，放置建筑物的控制桩。

(2) 进行建筑物±0.000点的设定练习，根据确定目标高程，引入施工现场，编制高程确定测量方案，在指导下进行抄平，放置±0.000点。

(3) 对定位测量和高程测量进行复核，并填写测量复核表，检验其结果是否符合规范要求。

4.2.3 放线练习

(1) 根据测定的控制桩的位置，用钢尺量出其他轴线的位置，并设置轴线桩。

(2) 根据施工图的要求放出各轴线的基础开挖边线和±0.000以上的墙身、桩、门窗口位置线。

4.3 建筑物沉降观测练习

以学校内的建筑物为观测目标，进行以下练习。

4.3.1 布设观测点

在建筑物上按要求布设观测点。

4.3.2 建立水准点

在建筑物附近按要求建立水准点。

4.3.3 在建筑物上布设的观测点和建立的水准点连成闭合水准路线，绘制平面图，并建立镜位与转点。

4.3.4 进行沉降观测

(1) 由教师假定每个观测点的沉降量，将其假定值画在每个观测点上。

（2）由学生进行沉降观测，并进行闭合计算。
（3）验算各假定沉降量是否符合规范要求。

4.4 测量放线工考核

在完成了理论学习和实训练习后，学生在理论上应达到中级工水平，在操作上达到高级工水平，主要考核目标如下：

4.4.1 应知

（1）能够熟练识读一般建筑施工图。
（2）了解一般民用与工业建筑的施工程序。
（3）掌握水准仪测量的施测、记录、成果检验及平差计算方法。
（4）懂得水准仪各部分应满足的几项几何条件，按规定步骤对仪器进行检验，掌握水准仪的检验校正方法。
（5）掌握测回法观测水平角的观测步骤，限差检查和记录、计算方法。
（6）熟悉根据竖盘的读数计算竖直角的公式，熟练计算竖盘指标差。
（7）懂得普通经纬仪应满足的几项几何条件，掌握检验校正普通经纬仪的方法。
（8）掌握建筑物的沉降观测水准点的布设要求，观测点的形成及布设要求，观测方法与要点，沉降观测成果整理。
（9）熟知全站仪测量的一般原理，使用方法。
（10）掌握钢尺丈量水平距离的程序及要点，掌握钢尺测设距离的精确方法。
（11）掌握尺长、温度、垂曲、倾斜各项因素确定方法。
（12）了解测量误差产生的原因，懂得消减误差的针对性的措施。
（13）了解系统误差，偶然误差的特性及相应的消减误差的方法。
（14）掌握多层和高层建筑施工中控制轴线的投射和高程的传递方法。
（15）掌握砖混结构、框架结构、框架剪力墙结构施工的放线方法和皮数杆制作和设置的要求。
（16）掌握一般建筑工程的测量放线方案的编写方法。

4.4.2 应会

（1）提供一台普通水准仪和一根水准尺，先说出仪器各组成部分的名称、作用与用法。
（2）从已知高程进行 2000m 的往返水平高程测设，高程测量的闭合差在允许范围内。
（3）会编制施工现场 ±0.000 的测定方案。
（4）在规定的时间内，用水准抄平线，设水平桩或测设设计标高。
（5）会填写高程测量记录，测量数据的整理和平差计算。
（6）提供一台水准仪，一根水准尺，检验其原水准轴，横丝以及管轴与视准轴的关系是否合乎要求，并进行检校，使水准仪达到标准要求。
（7）提供一台普通经纬仪，说出经纬仪各组成部分的名称、作用与用法。
（8）对指定地面点进行对中、整平并测出两个方向的水平角值，用盘左、盘右测定的角值偏差应在允许范围内。
（9）根据建筑施工总平面的要求，依据原有建筑物或建筑规划红线的位置确定拟建建筑物的位置，设置拟建建筑物的控制轴线。

(10) 提供一台经纬仪，能进行水准管、十字丝、视准轴与横轴垂直度等检验和校正。

(11) 提供钢尺、标杆、测杆等工具测量一般水平距离，其偏差应在允许范围内。

(12) 在规定的时间内，根据施工图和控制桩完成基础放线的工作。

(13) 在规定的时间内，完成工程主体结构的放线工作，并设置好皮数杆。

单元 4　建筑材料试验工

知 识 点： 常用建筑材料、取样、试验、填写试验报告等内容。
教学目标： 通过学习使学生掌握以上所讲知识点的基本理论达到初级试验工的水平。

在建筑施工中，建筑材料质量直接影响工程质量，使用合格的建筑材料是建成合格建筑物的前提之一，因此，建筑材料在使用前，根据各项规定进行取样、检验，并将检验的结果与相关标准进行核对，看是否达到标准要求。这就是建筑工地上的材料试验工的主要工作内容。

为了保证取样、检验的公正、真实和合理性，现在全国推行建设部规定的见证取样制度，其规定如下：

1.1　见证取样送检的程序和要求

1.1.1　施工单位应在施工前根据单位工程施工图纸，工程规模和特点，与建设（监理）单位共同制定有见证取样送检的计划，并报质量监督站和监测单位。

根据《建设工程质量管理办法》和建设部颁发的建建（2000）211号文字规定施工现场必须对水泥、混凝土、混凝土掺加剂、砌筑砂浆、结构用钢材及焊接或机械连接件、砖、防水材料等8种材料进行见证取样。

根据《混凝土结构工程施工质量验收规范》（GB 50204—2002）的规定，结构实体重要部位的现浇混凝土，除按规定见证取样进行标准试验外，还要进行同条件养护试件强度见证取样检验。

根据《建筑装修工程质量验收规范》（GB 50210—2001）的规定，除所有装修材料必须进行进场检验外，并按规定进行抽样复验，当国家规定和合同约定或材料质量发生争议时，应进行见证检验。

1.1.2　建设单位委派具有一定施工试验知识的专业技术人员或监理人员担任见证人。有见证取样和送检印章，填写见证取样和送检见证备案书。施工和材料设备供应单位人员不得担任见证人。

1.1.3　施工单位与建设、监理单位共同确定承担有见证试验资格的试验室。

承担有见证试验的实验室，应选具有资质承担对外试验业务的实验室或法定监测单位。承担该项目施工的本企业试验室不得承担有见证试验业务，承担施工任务的企业没有实验室，全部试验任务都委托具有对外试验业务的实验室时，可以同时委托有见证取样的试验业务，但每个单位工程只能选定一个承担有见证取样试验的实验室。

1.1.4　建设（监理）单位，施工单位应将单位工程见证取样送检计划，有见证取样和送检见证人备案书，委托见证取样检验的实验室，见证取样检验实验室的资质证书及委托书，送该单位工程质量监督站备案。建设（监理）单位的见证取样送检见证人备案书应送承担见证取样送检实验室备案。

1.1.5 见证人应按照施工见证取样送检计划,对施工现场的取样和送检进行旁站见证,按照标准要求取样制作试块,并在试样或其包装上做出标识、标志。标识应标明工程名称、取样部位、样品名称、数量、取样日期、见证人制作见证记录,在试验单上取样人和见证人共同签字,试件共同送至承担见证取样检验的实验室。

1.1.6 承担见证取样检验的实验室,在检查确认委托试验文件或试件上的见证标识后方可试验。有见证取样送检的实验报告应加盖"有见证取样试验专用章"。

1.1.7 有见证取样送检的试验结果达不到规定质量标准,实验室应向承担监督工程的工程质量监督站报告,当试验不合格,按有关规定允许加倍取样复试,加倍取样送检时也按以上规定执行。

1.1.8 有见证取样送检的各种试验项目,当次数达不到要求时,其工程应由法定监测单位进行监测确定,监测费用由责任方承担。

1.1.9 有见证取样送检试验资料必须真实完整,符合试验管理规定,对伪造、涂改、抽换或遗失试验资料的行为,对责任单位负责人依法追究责任。

1.2 见证员的基本要求

1.2.1 见证人应是建设单位或监理单位人员。

1.2.2 必须具备初级以上技术职称或具有建筑施工专业知识。

1.2.3 见证员要经过培训,考试合格并取得见证员证书。见证员分为一、二、三级。

1.2.4 见证员除符合以上要求外,建设单位必须有书面授权书并向质量监督站递交授权书,质量监督站发给见证员登记表。如表4-1所示。

见证员登记表(可代备案书) 表4-1

姓 名		建设单位			
性 别		年龄		工作年限	
学 历		专业		职称(务)	
工作简历					
推荐单位意见	建设单位法人代表签字			营建办主任签字	
考试考核结果	年度考试成绩: 年度考核情况:			评 语 考核人: 年 月 日	
审批单位意见	证书级别和编号: 印鉴印模: 批准单位:		有效期: 签发人: 年 月 日		

建设单位向质量监督站申报的见证取样和送检人要填写取样和送检见证人备案书，备案书如表 4-2 所示。

有见证取样和送检见证人备案书　　　　　　　　　表 4-2

有见证取样和送检见证人备案书

_____质量监督站

_____试验室

我单位决定，由_____同志担任_____工程有见证取样和送检见证人有关印章和签字如下，请查收备案。

有见证取样和送检印章	见证人签字

建设单位名称(盖章)_____　　　　　　　年　　月　　日

监理单位名称(盖章)_____　　　　　　　年　　月　　日

项目负责人签字　_____　　　　　　　　　年　　月　　日

1.3　见证员的职责

1.3.1　取样现场见证，取样时见证员必须在现场进行见证，见证员应监督施工单位取样按随机取样方法和试件制作方法进行取样。

1.3.2　见证员在现场取样后应对试样进行监护，亲自封样加锁，必要时应与施工试验员一起将试样送至检测单位，并在检验委托单上签字。

1.3.3　见证员应遵守国家有关规定，坚持原则。见证员对见证取样试样的代表性、真实性负有法律责任。

1.3.4　见证员应建立见证取样档案，包括以下内容：

（1）见证取样送检计划。见证员应与建设单位在施工前根据单位工程施工图纸分析工程规模和特点，制定见证取样送检计划，且见证频率不小于试验频率的 30%。

（2）见证员应按计划按检测项目施工部位及时见证取样，分类建立检测项目台账，台账如表 4-3 所示。

建设工程现场建筑材料有见证取样登记台账　　　　　表 4-3

单位工程名称：

材料项目名称：　　　　　　　　　　　　　　　　　　　　　　　施工单位：

序号	产地、型号	进场数量	进场时间/取样时间	代表批量	使用部位	委托单编号	检测结果/报告单编号	不合格材料处理情况	取样人	见证人

注：1. 本台账按材料类别分别设立；

　　2. 本台账由见证人填写；

　　3. 本台账在工程竣工后作为技术资料备查。

课题1　水泥取样和检验方法

在建筑施工中常用的水泥品种有硅酸盐水泥、普通硅酸盐水泥、矿渣硅酸盐水泥、火山灰硅酸盐水泥、粉煤灰硅酸盐水泥、复合硅酸盐水泥。

1.1　水泥检验执行的标准

在水泥进行检验时，得出的水泥各种性能应与以下现行标准进行比较。

1.1.1　《硅酸盐水泥、普通硅酸盐水泥》（GB 175—1999）

1.1.2　《矿渣硅酸盐水泥、火山灰质硅酸盐水泥及粉煤灰硅酸盐水泥》（GB 1344—1999）

1.1.3　《复合硅酸盐水泥》（GB 12958—1999）

1.2　水泥产品的基本要求

1.2.1　进入现场的水泥必须有生产厂家出具的出厂质量证明书，证明书内容包括水泥品种、强度等级、出厂日期、出厂编号和试验数据。

1.2.2 水泥的标志：水泥袋上应注明：产品名称、代号、净含量、强度等级、生产许可证编号、生产者名称、地址、出厂编号、执行标准号、包装年、月、日。

1.2.3 水泥进场后施工企业按单位工程取样复试。在委托的水泥试验单上填写水泥厂名、牌号、品种、强度等级、出厂日期、出厂编号。

1.3 水泥取样批量及取样方法

1.3.1 散装水泥：同一生产厂家生产的同期、同品种、同强度等级的水泥，以一次进场的同一出厂编号为一批，随机从不少于3个车罐中，用槽形管如图4-1所示在适当位置插入水泥一定深度（不超过2m）取样，经搅拌均匀后，从中取出不少于12kg水泥作为试样，放入干净、干燥、不易污染的容器中。

1.3.2 袋装水泥：同一水泥厂生产的同期、同品种、同强度等级水泥，以一次进场的同一出厂编号为一批，随机从20袋中使用取样器，如图4-2所示，等量取出水泥，经搅拌后取出12kg作为试样。

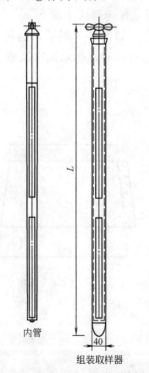

图4-1 散装水泥取样管（槽形管状取样器）
$L=1000\sim2000mm$

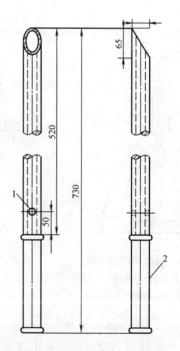

图4-2 袋装水泥取样器（取样管）
1—气孔；2—手柄
材质：黄铜，气孔和壁厚尺寸自定

1.3.3 水泥属于见证取样范围，应执行见证取样的规定。

1.4 水泥试验项目

水泥的必试项目：安定性、凝结时间、强度。其他项目：细度、烧失量、碱含量等。

1.5 水泥凝结时间的试验

1.5.1 主要试验仪器设备

(1) 水泥砂浆搅拌机：主要由搅拌锅、搅拌叶片、传动机构和控制系统组成。搅拌叶片与搅拌锅配合，如图 4-3 所示，用于搅拌水泥净浆。

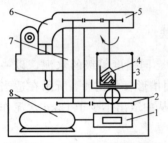

图 4-3 胶砂搅拌机传动原理
1—蜗轮、蜗杆；2—平齿轮；3—搅拌锅；4—搅拌叶；5—平齿轮；6—支撑架；7—立轴；8—电机

搅拌叶片在搅拌锅内作旋转方向相反的公转和自转，并可在竖直方向调节。

(2) 凝结时间测定仪。如图 4-4 所示，主要由铁座 1 与可以自由滑动的金属棒 2 构成，松紧螺旋 3 是用来调整固定金属棒位置的高低。金属棒上套带有上、下可以自由滑动的指针 4、利用量程 0~75mm 的标尺 5 指示金属棒的下降距离。

(3) 测定凝结时间的试针。如图 4-5 所示，试针直径为 1.1±0.04mm，长 50mm，硬钢丝制成不得弯曲，使用时装在凝结时间测定仪金属棒下端。

(4) 装净浆的圆模。如图 4-6 所示，圆模上部内径为 65mm，下部内径 75mm，高 40mm，在测定水泥凝结时间时，将水泥净浆放入圆模内。

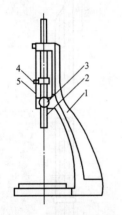

图 4-4 凝结时间测定仪
1—铁座；2—金属圆棒；3—松紧螺旋；4—指针；5—标尺

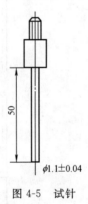

图 4-5 试针

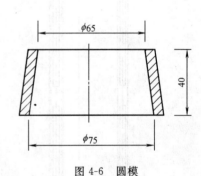

图 4-6 圆模

1.5.2 试验操作步骤

(1) 搅拌锅和搅拌叶片先用湿棉布擦过，将秤好的 500g 水泥试样倒入搅拌锅内。

(2) 拌合时，先将锅放到搅拌机锅座上，升至搅拌位置，开动机器，同时将标准稠度用水量的水徐徐加入，慢速搅拌 120s，停拌 15s，接着快速搅拌 120s 后停机，水泥净浆搅拌完毕。

(3) 将圆模放在玻璃板上，内侧稍涂上一层机油，调整凝结时间测定仪的试针，当试针接触玻璃板时，指针应对准标尺零点。

(4) 水泥净浆搅拌完毕，立即一次装入圆模，振动数次刮平，然后放入湿气养护箱内，记录开始加水的时间作为凝结时间的起始时间。

(5) 试件在湿气养护箱中养护至加水后 30min 时进行第一次测定。

(6) 在最初测定的操作时应轻轻扶持金属棒，使其徐徐下降以防试针撞弯，但结果以自由下落为准。

(7) 在整个测试过程中试针贯入的位置至少要距圆模内壁 10mm。

(8) 当试针沉至距底板 3～5mm 时，即为水泥达到初凝状态，当试针下沉不超过 0.5mm 时，水泥达到终凝状态。

(9) 由开始加水至初凝状态、终凝状态的时间分别为该水泥的初凝时间和终凝时间，用小时（h）和分（min）来表示。

(10) 测定时应注意，水泥临近初凝时，每隔 5min 测定一次，临近终凝时每隔 15min 测定一次。达到初凝和终凝状态时应立即重复测一次，当两次结论相同时，才能定为达到初凝和终凝状态。

(11) 每次测定不得让试针落入原针孔，每次测试完毕将试针擦净，并将圆模放回湿气养护箱内，整个测定过程中要防止圆模受振。

1.5.3 水泥凝结时间的标准

(1) 各种水泥初凝时间不得早于 45min。

(2) 终凝时间：硅酸盐水泥不迟于 6.5h，普通硅酸盐水泥、矿渣硅酸盐水泥、火山灰质硅酸盐水泥、粉煤灰硅酸盐水泥等不迟于 10h。

(3) 试验的水泥低于以上指标为不合格水泥。

1.6 水泥安定性的试验

1.6.1 主要试验仪器设备

(1) 拌合铲与球形钵：主要用于人工拌合水泥净浆使用，如图 4-7、图 4-8 所示。

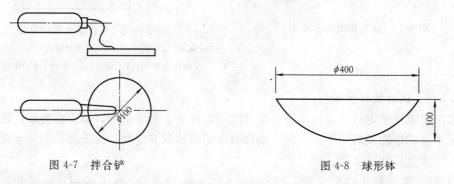

图 4-7 拌合铲   图 4-8 球形钵

(2) 沸煮箱：如图 4-9 所示，其有效容积约为 410mm×240mm×310mm。箅板与加热器之间的距离大于 50mm，箱内层由不宜锈蚀的金属材料制成，能在（30±5）min 内将箱内的试验用水由室温升至沸腾并可保持沸腾状态 3h 以上，整个试验过程中不需补充水量，沸腾箱用于沸煮试验水泥饼。

(3) 雷氏夹：由铜质材料制成，其结构如图 4-10 所示，当一指针的根部先悬在尼龙丝上，另一个指针的根部再挂上 300g 重量的砝码时，两根指针的距离增加应在（17.5±2.5）mm 范围以内，即 $2x=(17.5±2.5)$ mm，如图 4-11 所示，当去掉砝码后，针尖的距离能恢复至挂砝码前的状态。

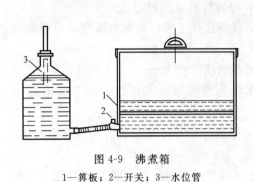

图 4-9 沸煮箱
1—箅板；2—开关；3—水位管

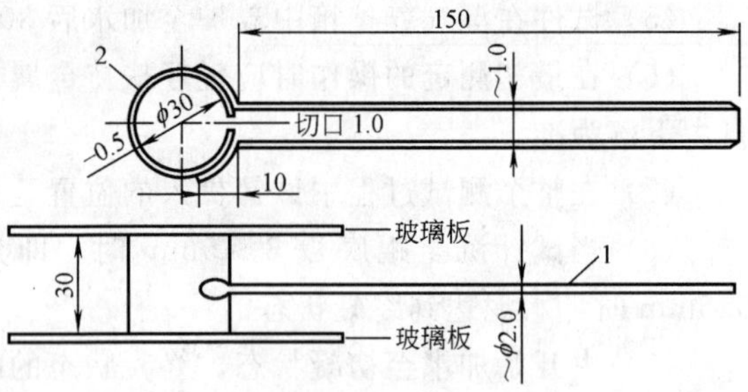

图 4-10 雷氏夹（单位：mm）
1—指针；2—环模

（4）雷氏夹膨胀值测定仪：如图 4-12 所示，雷氏夹膨胀值测定仪标尺最小刻度为 1mm，与雷氏夹配合使用，用于测定沸煮后水泥饼的膨胀值。

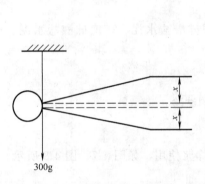

图 4-11 雷氏夹受力示意图

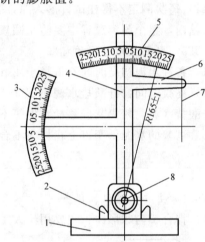

图 4-12 雷氏膨胀值测定仪
1—底座；2—模子座；3—测弹性标尺；4—立柱；5—测膨胀值标尺；6—悬臂；7—悬丝；8—弹簧顶纽

1.6.2 试验操作步骤

水泥安定性测定时可以用饼法，也可以用雷氏法。有争议时以雷氏法为准。饼法是观察水泥净浆试饼沸煮后的外形变化，来检验水泥的体积安定性，雷氏法是测定水泥净浆在雷氏夹中沸煮后的膨胀值。

1）准备好两块重约 25~80g，100mm×100mm 的玻璃，在其表面涂一层油，并以前述标准稠度用水量的操作方法制成标准稠度净浆备用。

2）试饼的试件制作：将制作的净浆取出一部分分成两等份，使之成球形，放在预先涂油的玻璃板上，轻轻振动玻璃板，并用湿布擦过的小刀由边缘向中间抹动，做成直径 70~80mm，中心厚度约 10mm，边缘渐薄，表面光滑的水泥试饼，接着将试饼放入湿气养护箱内养护（24±2）h。

3）雷氏法的试件制作：将预先准备好的雷氏夹放在已涂油玻璃板上，并立刻将已制好的标准稠度净浆装满的环模内，装模时一只手轻轻扶持环模，另一只手用宽约 10mm 的小刀插捣 15 次左右后抹平，接着将环模放入湿气养护箱内养护（24±2）h。

4）沸煮

（1）调整好沸煮箱内的水位，使能保证在整个沸煮过程中水都没过试件，不得中途补水，同时又保证能在（30±5）min 内升至沸腾。

（2）脱去玻璃板取下试件，当为饼法时，先检查试饼是否完整，如试饼已开裂、翘曲，要检查原因，确证无外因时，该试饼已属于不合格，不必再沸煮。在试件无缺陷的情况下，将试饼放在沸煮箱的水中箅板上，然后在（30±5）min 内加热至沸，并恒沸 3h±5min。

（3）当用雷氏法时，使用雷氏膨胀测定仪，测量试件指针尖端间的距离（A），精确到 0.5mm，接着将试件放入水中箅板上，指针朝上，两个试件之间互不交叉，然后在（30±5）min 内加热至沸腾，并恒沸 3h±5min。

1.6.3 试验结果评定：沸煮结束，即放掉箱中的热水，打开箱盖，使箱体冷却至室温，取出试件进行判别。

（1）试饼法结果评定：目测试件未发现裂缝，用直尺检查试件的品面没有弯曲，两个试件都符合这样的要求，水泥安定性为合格，反之为不合格。

（2）雷氏法结果评定：将试件放在雷氏膨胀仪上测量试件指针尖端间距（C），精确至小数点后一位，当两个试件沸煮后增加距离为 $C-A$ 的平均值不大于 5.00mm 时，即认为水泥安定性合格。当两个试件的 $C-A$ 值相差超过 4mm 时，应用同一样品种水泥重做一次试验，在进行评定。

（3）安定性不合格的水泥为废品，不准使用。

1.7 水泥强度等级试验

1.7.1 主要试验仪器、设备

1）试体带模养护的养护箱温度，保持在 20±1℃ 相对湿度不低于 90%。

2）金属丝网试验筛：金属丝网试验筛的筛网孔尺寸如表4-4的要求。

试验筛　　　　　　　　　　　　　　　　　表4-4

系列	网眼尺寸(mm)	系列	网眼尺寸(mm)	系列	网眼尺寸(mm)
R20	2.0 1.6	R20	1.0 0.50	R20	0.16 0.080

3）水泥胶砂搅拌机：用于水泥强度等级试验的试件胶砂搅拌，其结构原理如图4-13所示。

（1）搅拌时间：搅拌机的搅拌时间是由时间继电器控制。在使用前要用秒表检查定时 3min 是否正确，如误差超过±5s，就要进行调整。

（2）首次使用前，要检查接线是否正确。

（3）每次试验完毕或更换水泥品种时，应将叶片、锅壁的胶砂擦洗干净。

（4）经常检查叶片与锅盖的问题，使其保持在 (1.5±0.5)mm 范围内，一般仪器出厂时有供检查用的 1.5mm 间隙样板。如间隙超过技术标准，可在机器架子

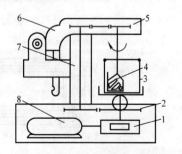

图4-13 胶砂搅拌机传动原理
1—蜗轮、蜗杆；2—平齿轮；3—搅拌锅；4—搅拌叶；5—平齿轮；6—支撑架；7—立轴；8—电机

与机头的四个固定螺钉中的加减垫片的方法来调整。

（5）搅拌锅和叶片属易磨损件，要经常检查，不能调整时要及时更换。

（6）定时对机器的各个部件清洗、加油。

4）试模：试模由三个水平的模槽组成，如图 4-14 所示，将水泥胶砂装入试模，可同时成型三条截面为 40mm×40mm×160mm 的长方体的试件。

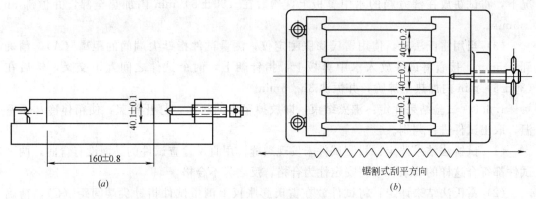

图 4-14　典型的试模
(a) 立面图；(b) 平面图

5）振实台：振实台如图 4-15 所示。将装满水泥胶砂试件的试模装在振实台上，通过振实台的振动将试模的胶砂振实。

振实台安装在高度约 400mm 的混凝土基座上，混凝土基座的体积约为 0.25m³，重约

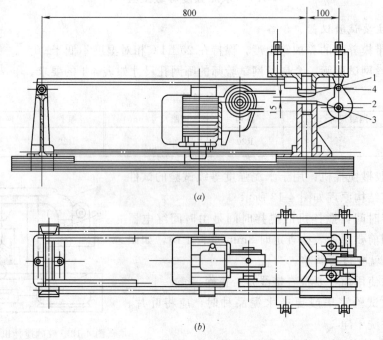

图 4-15　典型的振实台
(a) 立面图；(b) 平面图
1—突头；2—凸轮；3—止动器；4—随动轮

600kg，需防止因外部振动影响胶砂振实效果时，可在整个混凝土基座下放一层厚约5mm天然橡胶弹性衬垫。

6）抗折强度试验机：电动抗折试验机如图4-16所示。电动抗折试验机用于检验水泥胶砂试件的抗折强度，按以下要求使用：

（1）将砝码移到0点调整抗折机杠杆达到水平状态。

（2）将试件放在抗折夹具内摆正，调节抗折夹具上的手轮，使标尺杠杆离开水平位置向上扬起一定的角度，在试件被折断时，使杠杆达到水平状态。

（3）按启动按钮，电动机移动带动转动丝杆转动，使游标砝码向右移动，当将试件折断，在上杠杆与游标砝码所处位置读出试件抗折数值。

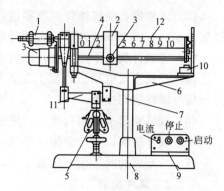

图4-16 电动抗折试验机
1—平衡锤；2—游动砝码；3—电动机；4—传动丝杠；5—抗折夹具；6—机架；7—立柱；8—底座；9—电器控制箱；10—微动开关；11—下杠杆；12—上杠杆

7）液压式压力试验机：液压式压力试验机主体部分构造如图4-17所示。液压式压力试验机主要用于水泥胶砂试块、砂浆试块、混凝土试块等抗压强度值测定的设备，其使用要求如下：

（1）试验前应对试件的试验最大载荷进行估计，然后选定相应的测量范围，根据不同的测量范围换挂不同的摆砣，以求得准确数据。

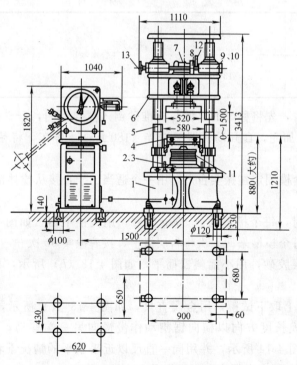

图4-17 YE-200A型液压式压力试验机外形及地基图
1—底座；2—活塞；3—油缸；4—下压板；5—丝杠；6—横梁；7—电动机；8—链轮；9—蜗杆；10—蜗轮；11—水平板；12—行程开关；13—手轮

(2) 试验前,应将指针对准零位,调整的方法是先开动油泵拧开送油阀,直到活塞自缸底升起约 10~15mm 左右,关闭送油阀,转动手轮,使指针正好对准刻度盘上的零点。

(3) 将试件放在下压板上,推到试验机内,对准中心。

(4) 开动横梁电动机,使上压板下降到离试件 10mm 处,再转动横梁上的手轮,使上压板与试件表面接触。

(5) 按试验要求的加荷速度,缓慢的打开送油阀进行加荷试验。

(6) 试件破坏以后,关闭送油阀,停止油泵电动机,记录荷载数值。

(7) 拧开回油阀,使下压板下降,取出压碎的试件。

1.7.2 试件制作、养护

(1) 水泥试样应充分拌匀,通过 80mm 筛,筛余≤10%。

(2) 实验室温度应为 17~25℃,相对湿度大于 50%,水泥试样、标准砂、拌合水及试模的温度与室温相同。

(3) 将试模擦净,四周的模板与底座的接触面上应涂黄油,紧密装配,防止漏浆,内壁均匀刷上一层机油。

(4) 拌制水泥胶砂。水泥与标准砂的重量比为 1:2.5。水灰比按同品种水泥固定,硅酸盐水泥、普通硅酸盐水泥、矿渣水泥为 0.44,火山灰水泥、粉煤灰水泥为 0.46。

(5) 每成型三条试件需称材料用量见表 4-5。

材料用量表　　　　　　　　　　　　表 4-5

材　料	用　量	材　料	用　量
水泥(g)	540	拌合水(g)	P.Ⅰ、P.Ⅱ 238 P.O 238* P.S 238* P.P 248* P.F 248* P.C 238*
标准砂(g)	1350		

(6) 胶砂搅拌时,先将称好的水泥与标准砂倒入搅拌锅内,开动搅拌机,拌和 5s 后徐徐加水,20~30s 加完,自开动机器起搅拌 (180±5)s 停车,将粘在叶片上的胶砂刮下,取下搅拌锅。

(7) 将空试模套模固定在振实台上,用一个适当勺子直接从搅拌锅里将胶砂分二层装入试模。

(8) 装第一层时,每个槽里约放 300g 胶砂,用大播平器,如图 4-18 (a) 所示,垂直架在模套顶部沿每个模槽来回一次将料层播平,接着振实 60 次。

(9) 再装第二层胶砂,用小播料器播平,如图 4-18 (b) 所示,再振实 60 次,移走套模。

(10) 从振实台上取下试模,用金属直尺,如图 4-18 (c) 所示,以近似 90°在试模模顶的一端,沿试模长度方向以横向锯割动作慢慢向另一端移动,一次将超过试模部分的胶砂刮去,如图 4-14 所示,并用同一直尺以近乎水平的情况下将试件表面抹平。

(11) 将试模在次固定在振实台上再振动 120±5s 停车。

(12) 振动完毕,取下试模,用刮平尺刮去高出试模的胶砂并抹平,并在试模上编号。

(13) 将试模放入养护箱的水平架上养护,不得将试模放在其他试模上,一直养护到

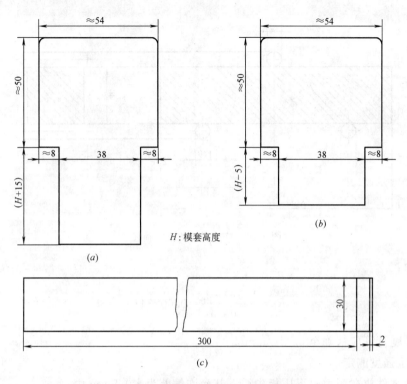

图 4-18 典型的播料器和金属刮平尺
(a) 大播平器；(b) 小播平器；(c) 金属刮平尺

规定时间再取出脱模。

(14) 强度试验试件的龄期：试件龄期是从水泥加水搅拌开始时算起，不同龄期强度试验应符合以下要求：24h±5min、48h±30min、72h±45min、7d±2h、28d±8h。

(15) 脱模前，用防水墨汁对试件进行编号，两个龄期的试件在编号时应将同一试模中的三个试件分在两个以上龄期内。

(16) 试件的尺寸是 40mm×40mm×160mm。

1.7.3 水泥试件强度试验

1) 抗折强度测定：将试件平放在抗折试验机支撑圆柱上，试体长轴垂直于支撑圆柱，如图 4-19 所示。

(1) 通过加荷圆柱以 50N/s±10N/s 的速率均匀的将荷载垂直地加在试件上，直至试件折断。

(2) 保持两个半截试件处于潮湿状态直至抗压试验。

(3) 抗折强度 R_f 的单位为 MPa，按下式计算：

$$R_f = 1.5 F_f \cdot L/b^3$$

式中　R_f——试件折断时施加的荷载（N）；
　　　L——抗折试验机支撑圆柱之间中心距离（mm）；
　　　b——试件正方形截面的边长（mm）。

因为支撑圆柱之间中心距离为 100mm，如图 4-19 所示，试件的边长为 40mm，所以

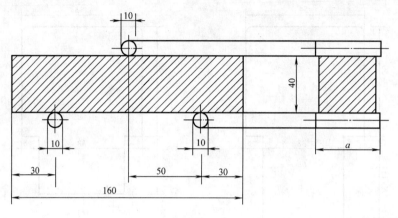

图 4-19 抗折强度测定加荷图

抗折强度为：

$$R_f = \frac{1.5 F_f \cdot L}{b^3} = 0.00234 F_f$$

抗折强度计算应精确至 $0.1 N/mm^2$。

2) 抗压强度测定

(1) 将试件放在压力机下压板中心，其允许偏差为±0.5mm内；

(2) 开动压力机，整个加荷过程中以（2400±200）N/s的速度均匀加荷直至破坏；

(3) 抗压强度 R_c 以 MPa 为单位，按下式计算：

$$R_c = F_c / A$$

式中　F_c——试件压坏的最大荷载（N）；

　　　A——试件受压面积。

因为试件受压面积受到抗折断裂面的影响，计取受压面积为 40mm×62.5mm，所以上式

$$R_e = F_c / A = 0.004 F_c$$

抗压强度计算应精确至 $0.1 N/mm^2$。

3) 试验结果评定

(1) 抗折强度：以一组三个试件抗折结果的平均值作为试验结果，当三个强度值中有超出平均值±10%时，应剔除后再取平均值作为抗折强度试验结果。

(2) 抗压强度：以一组三个试件得到的六个抗压强度测定值的算术平均值为试验结果，当六个测定值中由一个超出六个平均值的±10%，就应剔除这个结果，而以剩下五个平均值为结果。如果五个测定值中再有超过平均值±10%的试件，则此组结果作废。

(3) 得出试件抗折、抗压强度之后与以下表 4-6、表 4-7、表 4-8 的数值比较，确定水泥的强度等级，只有试件的抗折、抗压两个强度值达到要求才是某等级的水泥。

硅酸盐水泥（P·Ⅰ、P·Ⅱ）、普通硅酸盐水泥（P·O） 表4-6

品种及代号	强度等级	抗压强度（MPa）		抗折强度（MPa）	
		3d	28d	3d	28d
硅酸盐水泥 P·Ⅰ（不掺混合料） P·Ⅱ（掺少于5%的混合料）	42.5	17.0	42.5	3.5	6.5
	42.5R	22.0	42.5	4.0	6.5
	52.5	23.0	52.5	4.0	7.0
	52.5R	27.0	52.5	5.0	7.0
	62.5	28.0	62.5	5.0	8.0
	62.5R	32.0	62.5	5.5	8.0
普通硅酸盐水泥 P·O（掺6%~15%混合材料）	32.5	11.0	32.5	2.5	5.5
	32.5R	16.0	32.5	3.5	5.5
	42.5	16.0	42.5	3.5	6.5
	42.5R	21.0	42.5	4.0	6.5
	52.5	22.0	52.5	4.0	7.0
	52.5R	26.0	52.5	5.0	7.0

矿渣硅酸盐水泥（P·S）、火山灰质硅酸盐水泥（P·P）
及粉煤灰硅酸盐水泥（P·F） 表4-7

强度等级	抗压强度（MPa）		抗折强度（MPa）		强度等级	抗压强度（MPa）		抗折强度（MPa）	
	3d	28d	3d	28d		3d	28d	3d	28d
32.5	10.0	32.5	2.5	5.5	42.5R	19.0	42.5	4.0	6.5
32.5R	15.0	32.5	3.5	5.5	52.5	21.0	52.5	4.0	7.0
42.5	15.0	42.5	3.5	6.5	52.5R	23.0	52.5	4.5	7.0

复合硅酸盐水泥（P·C） 表4-8

强度等级	抗压强度（MPa）		抗折强度（MPa）		强度等级	抗压强度（MPa）		抗折强度（MPa）	
	3d	28d	3d	28d		3d	28d	3d	28d
32.5	11.0	32.5	2.5	5.5	42.5R	21.0	42.5	4.0	6.5
32.5R	16.0	32.5	3.5	5.5	52.5	22.0	52.5	4.0	7.0
42.5	16.0	42.5	3.5	6.5	52.5R	26.0	52.5	5.0	7.0

课题2 钢筋取样和试验方法

钢筋属于建筑使用钢材的范围，钢筋的质量直接关系到建筑的安全，因此钢筋取样也属于见证取样的范围。

2.1 钢筋进场材质检验

2.1.1 钢筋进入施工现场必须有钢筋生产厂质检部门提供的产品合格证，内容包括：制作厂名称、炉罐号（或批号）、钢种、钢号、强度、级别规格、重量及件数、生产日期、出厂批号、机械性能检验数据及结论，化学成分检验数据及结论，并有钢厂质检部门印章及标准标号、合格证编号。

2.1.2 成捆钢筋上挂有标牌，标牌注明生产厂家、出厂日期、规格、数量。

2.1.3 进口钢筋除有机械性能检验报告外，还必须有化学成分试验报告，弄清进口钢筋的国别及质量检验标准。

2.1.4 对进入施工现场的钢筋还要再次取样进行检验，按见证取样的程序进行。

2.2 常用建筑钢材、钢筋执行标准，必试项目、组批原则及取样数量

常用建筑钢材、钢筋执行标准、必试项目、组批原则及取样数量见表4-9。

常用钢材试验规定   表4-9

序号	材料名称及相关标准规范代号	试验项目	组批原则及取样规定
1	碳素结构钢(GB 700—88)	必试：拉伸试验（屈服点、抗拉强度、伸长率）、弯曲试验	同一厂别、同一炉罐号、同一规格、同一交货状态每60t为一验收批，不足60t也按一批计；每一验收批取一组试件（拉伸、弯曲各一个）
2	钢筋混凝土用热轧带肋钢筋(GB 1499—1998)	必试：拉伸试验（屈服点、抗拉强度、伸长率）、弯曲试验；其他：反向弯曲、化学成分	同一厂别、同一炉罐号、同一规格、同一交货状态每60t为一验收批，不足60t也按一批计；每一验收批，在任选的两根钢筋上切取试件（拉伸、弯曲各两个）
3	钢筋混凝土用热轧光圆钢筋(GB 13013—91)		
4	钢筋混凝土用余热处理钢筋(GB/T 13014—91)		
5	低碳钢热轧圆盘条(GB/T 701—1997)	必试：拉伸试验（屈服点、抗拉强度、伸长率）、弯曲试验；其他：化学成分	同一厂别、同一炉罐号、同一规格、同一交货状态每60t为一验收批，不足60t也按一批计；每一验收批，取试件其中拉伸1个、弯曲2个(取自不同盘)
6	冷轧带肋钢筋(GB 13788—2000)	必试：拉伸试验（屈服点、抗拉强度、伸长率）、弯曲试验；其他：松弛率、化学成分	同一牌号、同一外形、同一生产工艺、同一交货状态每60t为一验收批，不足60t也按一批计；每一验收批取拉伸试件1个（逐盘）、弯曲试件2个（每批）、松弛试件1个（定期）；在每盘中的任意一端截去500mm后切取
7	冷轧扭钢筋(JC 3046—1998)	必试：拉伸试验（屈服点、拉抗强度、伸长率）、弯曲试验重量、节距、厚度	同一牌号、同一规格尺寸、同一台轧机、同一台班每10t为一验收批，不足10t也按一批计；每批取弯曲试件1个，拉伸试件2个，重量、节距、厚度各3个
8	预应力混凝土用钢丝(GB/T 5223—2002)	必试：抗拉强度、伸长率、弯曲试验；其他：屈服强度、松弛率（每季度抽验）	同一牌号、同一规格、同一生产工艺制度的钢丝组成，每批重量不大于60t；钢丝的检验应按(GB/T 2103)的规定执行；在每盘钢丝的两端进行抗拉强度、弯曲和伸长率的试验；屈服强度和松弛率试验每季度抽验1次，每次至少3根
9	中强度预应力混凝土用钢丝(YB/T 156—1999)	必试：抗拉强度、伸长率、反复弯曲；其他：非比例极限($\delta_{0.2}$)、松弛率（每季度）	钢丝应成批验收，每批由同一牌号、同一规格、同一强度等级、同一生产工艺制度的钢丝组成。每批重量不大于60t；每盘钢丝的两端取样进行抗拉强度、伸长率、反复弯曲的检验；规定非比例伸长的($\delta_{0.2}$)和松弛率试验，每季度抽检1次，每次不少于3根

续表

序号	材料名称及相关标准规范代号	试验项目	组批原则及取样规定
10	预应力混凝土用钢棒(GB/T 111—1997)	必试:抗拉强度、伸长率、平直度;其他:规定非比例伸长应力、松弛率	钢棒应成批验收,每批由同一牌号、同一外形、同一公称截面尺寸、同一热处理制度加工的钢棒组成;不论交货状态是盘卷或直条,检件均在端部取样,各试验项目取样均为一根;必试项目的批量划分按交货状态和公称直径而定(盘卷:≤13mm,批量为≤5盘);(直条:≤13mm,批量为≤1000条,13~26mm,批量为≤200条;≥26mm,批量为≤100条)
11	预应力混凝土用钢绞线(GB/T 5224—2003)	必试:整根钢绞线的最大负荷、屈服负荷、伸长率、松弛率、尺寸测量;其他:弹性模量	预应力钢绞线应成批验收,每批由同一牌号、同一规格、同一生产工艺制度的钢绞线组成,每批重量不大于60t;从每批钢绞线中任抽3盘,每盘所选的钢绞线端部正常部位截取一根进行表面质量、直径偏差、捻距和力学性能试验。如每批少于3盘,则应逐盘进行上述检验。屈服和松弛试验每季度抽检一次,每次不少于一根
12	预应力混凝土用低合金钢丝(YB/T 038—93)	必试项目(1)拔丝用盘条:抗拉强度、伸长率、冷弯;(2)钢丝:抗拉强度、伸长率、反复弯曲、应力松弛	拔丝用盘条见低碳热轧圆盘条;钢丝:每批钢丝应由同一牌号、同一形状、同一尺寸、同一交货状态的钢丝组成;从每批中抽查5%,但不少于5盘进行形状、尺寸和表面检查;从上述检查合格的钢丝中抽取5%,优质钢抽取10%,不少于3盘;拉伸试验每盘一个(任意端),不少于5盘,反复弯曲试验每盘一个(任意端去掉500mm后取样)
13	一般用途低碳钢丝(GB/T 343—94)	必试:抗拉强度、180°弯曲试验次数、伸长率(标距100mm)	每批钢丝应由同一尺寸、同一锌层级别、同一交货状态的钢丝组成;从每批中抽查5%,但不少于5盘进行形状、尺寸和表面检查;从上述检查合格的钢丝中抽取5%,优质钢抽取10%,不少于3盘,拉伸、反复弯曲试验每盘各一个(任意端)

2.3 取样方法

2.3.1 拉伸和弯曲试样,可在每批材料或每盘中任选两根钢筋距端部500mm处截取。

2.3.2 试样长度应根据钢筋种类、规格及试验项目而定,一般习惯试样长度见表4-10。

钢材试样长度 表4-10

试样直径(mm)	拉伸试样长度(mm)	弯曲试样长度(mm)	反复试样长度(mm)	试样直径(mm)	拉伸试样长度(mm)	弯曲试样长度(mm)	反复试样长度(mm)
6.5~20	300~400	250	150~250	25~32	350~450	300	

2.4 钢筋外观检验

钢筋进入施工现场首先进行外观检验,外观检验按以下要求操作:

2.4.1 用卡尺测量钢筋的直径尺寸,包括直径、不同度、肋高等与表4-11所示的钢筋标准要求尺寸进行比较,其偏差应符合规定值。

月牙肋钢筋的尺寸和允许偏差（mm） 表 4-11

公称直径	内径 d		横肋高 h		纵肋高 h_1		横肋宽 b	纵肋宽 a	间距 l		横肋末端最大间隙（公称周长的10%弦长）
	公称尺寸	允许偏差	公称尺寸	允许偏差	公称尺寸	允许偏差			公称尺寸	允许偏差	
6	5.8	±0.3	0.6	+0.3 −0.2	0.6	±0.3	0.4	1.0	4.0	±0.5	1.8
8	7.7		0.8	+0.4 −0.2	0.8	±0.5	0.5	1.5	5.5		2.5
10	9.6	±0.4	1.0	+0.4 −0.3	1.0		0.6	1.5	7.0		3.1
12	11.5		1.2		1.2		0.7	1.5	8.0		3.7
14	13.4		1.4	±0.4	1.4		0.8	1.8	9.0		4.3
16	15.4		1.5		1.5	±0.8	0.9	1.8	10.0		5.0
18	17.3		1.6	+0.5 −0.4	1.6		1.0	2.0	10.0		5.6
20	19.3		1.7	±0.5	1.7		1.2	2.0	10.0	±0.8	6.2
22	21.3	±0.5	1.9		1.9		1.3	2.5	10.5		6.8
25	24.2		2.1	±0.6	2.1	±0.9	1.5	2.5	12.5		7.7
28	27.2		2.2		2.2		1.7	3.0	12.5		8.6
32	31.0	±0.6	2.4	+0.8 −0.7	2.4		1.9	3.0	14.0		9.9
36	35.0		2.6	+1.0 −0.8	2.6	±1.1	2.1	3.5	15.0	±1.0	11.1
40	38.7	±0.7	2.9	±1.1	2.9		2.2	3.5	15.0		12.4
50	48.5	±0.8	3.2	±1.2	3.2	±1.2	2.5	4.0	16.0		15.5

注：1. 纵肋斜角 θ 为 $0\sim30°$，如图 4-11 所示；
   2. 尺寸 a、b 为参考数据。

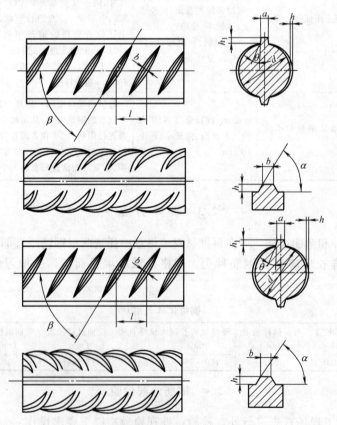

月牙肋钢筋表面及截面形状

d—钢筋内径；α—横肋斜角；h—横肋高度；β—横肋与轴线夹角；h_1—纵肋高度；θ—纵肋斜角；a—纵肋顶宽；l—横肋间距；b—横肋顶宽

2.4.2 观看钢筋表面质量：钢筋表面不得有裂纹、结疤、折叠、凸块或凹陷。

2.4.3 进行重量偏差检验：试样不少于10支，总长度不小于60m，长度逐根测量精确到10mm，试样总重量不大于100kg时，精确到0.5kg，试样总重量大于100kg时，精确到1kg，将称出的试样总重量除以试样的总长度，得出的每米重量与理论重量的偏差值应符合相关标准规定。

2.5 钢筋拉伸性能试验

2.5.1 主要试验设备：钢筋进行拉伸、弯曲试验时一般使用液压万能试验机。如图4-20所示。液压式万能试验机当前有100kN、300kN、600kN、1000kN等规格，主要用于钢材及其他金属材料的拉伸、弯曲、剪切等各种试验。

1）主体部分构造

（1）主体部分如图4-21所示，主体部分由两根柱1固定在座机上，工作油缸4固定在大横梁3的中央。工作油缸内的工作活塞5用防振调整球端轴支撑着小横梁7，当油泵送来的油使工作活塞上升时，试台9亦随之上升，试台前后两侧面装有刻度尺，用以指示弯曲支度间的距离。

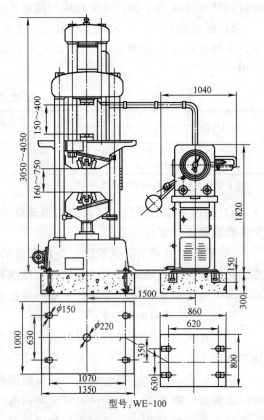

图4-20 100t液压式万能试验机外形及地基图

（2）下钳口座11装在机座中心的丝杆上端，用丝杆蜗轮螺母控制。当开动下钳口座升降电动机13时由于螺杆带动蜗轮旋转，使丝杆带动下钳口座升降到需要位置。

（3）为了防止下钳口座升的过高与试台相撞，在右立柱有一个操纵电钮14，一旦下钳口座触动此钮，会将下钳口座升降电动机电源切掉，使下钳口座停止上升。

2）测力计部分构造：测力系统由荷载测试机构自动描绘器、高压油泵及电动机、缓冲阀、液压传动系统、电开关及送、回油阀门等组成。

2.5.2 液压式万能试验机的使用和操作

1）度盘选用：在试验前，应对所做试验的最大载荷有所估计，选用相应的测量范围，

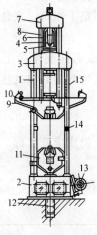

图4-21 液压式万能试验机主体部分
1—支柱；2—机座；3—大横梁；4—工作油缸；5—工作活塞；6—防振调整球端轴；7—小横梁；8—拉杆；9—试台；10—刻度尺；11—下钳口座；12—丝杆；13—电动机；14—操纵电钮；15—刻度尺

同时调整缓冲阀的手柄，以使相应的测量范围对准标准线。

2) 摆锤的悬挂：一般试验机有三个测量范围，共有三个摆砣，分别刻有 A、B、C 字样，A 摆砣固定在摆锤上，B、C 摆砣可以取下或安上，使用时按表 4-12 所示荷载范围选用。

摆 砣 选 用 表　　　　　表 4-12

试验机吨位	摆　砣			试验机吨位	摆　砣		
	A	A+B	A+B+C		A	A+B	A+B+C
30t	0～6	0～15	0～30	100t	0～20	0～50	0～100
60t	0～12	0～30	0～60				

注：表中大栏为测量范围，单位为 kN。

3) 指针零点的调整：试验前，当试验的上端已被夹住，但下端尚未夹住时，开动油泵将指针调整到零位位置。

4) 平衡锤的调节：试验时，先将需要的摆砣挂好，打开送油阀门，使活塞升起一小段，然后再关闭送油阀，调节平衡锤，使摆杆上的刻线与标定的刻线相垂，此时如果指针不对零，则可调整推杆，使指针对准刻度盘的零点。

5) 送油阀及回油阀的操作

（1）在试台升起时送油阀可开大一些。为使油泵输出的油能进入油缸内，使试台以最快的速度上升，减少试验的辅助时间，手轮可以转动四周。

（2）试验时，须平稳的做增、减负荷操作，试样断裂后，将送油阀关闭，然后慢慢打开回油阀以卸除荷载，并使试验机活塞回落到原来位置，使油回到油箱。

（3）当试杆加荷时，必须将回油阀关紧，不许有油漏回，送油阀手轮不要拧得过紧，以免损伤油针的夹楣，回油阀手轮必须拧紧，因油针端为较大的钝角，所以不易损伤。

6) 试样的装夹

（1）做拉伸试验时，先开动油泵，再拧开送油阀，使工作活塞升起一小段距离，然后关闭送油阀，将试件一端夹于上钳口，对准指针零点，再调整下钳口，夹住试样下端，开始试验。

（2）做压缩或弯曲试验时，将试样放置在试台的压板或弯曲支承架上，即可进行试验。压板和支承架与试样的接触面，应经过热处理硬化，以免试验时出现压痕，而损伤试验表面。

7) 应力应变图的示值

（1）试样试验后产生变形，传经弦线，使描绘筒准动，构成应变坐标，其放大比例有 1∶1、2∶1 和 4∶1 三种。

（2）推拉杆位移表示应力坐标上 1mm 等于的力值，如表 4-13 所示。

推拉杆位移表示应力值　　　　　表 4-13

30kN	60kN	100kN
0～6t 应力坐标上 1mm 等于 0.03kN	0～12t 应力坐标上 1mm 等于 0.06kN	0～20t 应力坐标上 1mm 等于 0.1kN
0～15t 应力坐标上 1mm 等于 0.075kN	0～30t 应力坐标上 1mm 等于 0.15kN	0～50t 应力坐标上 1mm 等于 0.25kN
0～30t 应力坐标上 1mm 等于 0.15kN	0～60t 应力坐标上 1mm 等于 0.3kN	0～100t 应力坐标上 1mm 等于 0.50kN

8）操作程序：除拉、剪、弯曲的试验部件不同外，其他操作程序与液压式压力试验机基本相同。

2.5.3 钢筋拉伸试验步骤

1）试样原始横断面的测定：试样在拉伸前，首先准确确定钢筋实际的横断面的面积，确定实际横断面积有以下两种方法：

（1）圆形试样横断面直径应在标距的两端及中间处两个相互垂直的方向上各测一次取其算术平均值，凡直径偏差不大于±0.45mm，不圆度小于0.45mm者，均按公称直径计算横截面积，若超以上误差范围，选用三处测得的横截面积中的最小值。

计算公式 $$S_0 = \frac{1}{4}\pi d_0^2$$

式中 S_0——原始横截面积（mm^2）；
d_0——原始直径（mm）。

（2）等横截面不经机加工的试件，可采用质量法测定其平均原始横截面积。

计算公式 $$S_0 = \frac{m}{\rho L_t}$$

式中 m——钢筋重量（g）；
ρ——钢筋密度（g/mm^3）；
L_t——钢筋长度（mm）。

2）原始标距（L_0）的标记和测量

（1）可以用两个或一系列等分小冲点或细划在试件上标出原始标距，标记应不影响试样断裂，对于脆性试样的小尺寸建议用快干墨水或带色涂料标出原始标距。

（2）试样标距长度应化整到5或10mm的倍数，小于2.5mm的数值舍去，等于或大于2.5mm及小于7.5mm者化整为5mm，等于或大于7.5mm者进位10mm。

（3）对于安装引申机的试样，可在其平行部分表面上做出两个细划痕，使其间距等于引申机的基础长度。

（4）试验前后试样标距长度或引申机基础长度的标记及测量均应精确到0.1mm。

（5）圆形试件的标距长度 L_0 分别等于 $5d_0$ 或 $10d_0$（d_0 为直径）。

3）试件拉伸的操作

（1）将制备好的试件安装于夹头中，试件标距部分不得夹入钳口中，试样被夹长部分不小于钳口的三分之二，并保证试件轴的受力。

（2）按以上讲解的液压万能试验机的使用要求进行操作，试件拉伸时，应力增加速度为 6~60MPa/s。

（3）试验应在（20±1.0）℃的温度条件下进行，如试验温度超过这一范围，应在试验记录和报告中予以注明。

4）有明显屈服现象的材料屈服强度的测定，其屈服点可借助于试验机测力度盘的指针或拉伸曲线来确定，即指针法和图示法。

（1）指针法：当测力度盘的指针停止转动的恒定负荷或第一次回转的最小负荷即为所求屈服点负荷 P_s。

（2）图示法：在拉伸曲线上找出屈服平台的恒定负荷，如图4-22（a）所示，或第一次下降的最小负荷,如图 4-22 (b) 所示,即为所求屈服点的负荷 P_s。

(3) 屈服强度按下式计算:

$$\sigma_s = \frac{P_s}{F_0} \text{ (MPa)}$$

式中 σ_s——条件屈服强度;
P_s——试样到达屈服平台时最大或最小荷载(N);
F_0——试样原始截面积(mm²)。

5) 无明显屈服现象材料的屈服强度测定。

对于拉伸曲线无明显屈服现象的材料,如图 4-23 所示,其屈服点取试样在拉伸过程中标距部分残余伸长达到原标距长度 2%时的应力值,屈服强度可用图解法或引伸机法测定。

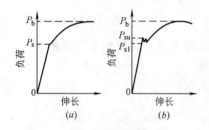
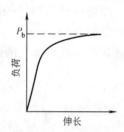

图 4-22 拉伸曲线上屈服平台
(a) 恒定负荷; (b) 第一次下降的最小负荷

图 4-23 无屈服平台的应力应变曲线

(1) 图解法:根据试件拉伸试验,绘出的负荷伸长图或负荷夹头位移图,如图 4-24 所示,找出屈服点,其方法如下:

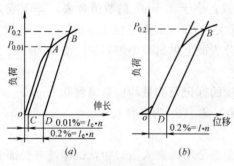

图 4-24 拉伸曲线
(a) 负荷-伸长; (b) 负荷-夹头位移
n—伸长或位移放大倍数

a. 自初始弹性直线段与横坐标轴的交点 O 起截取一个等于规定残余伸长的距离 CD。

b. 再从 D 点做平行于弹性直线段的 DB 线交拉伸曲线于 B 点,对应于此点的荷载即为所求规定残余伸长应力荷载 $P_{0.2}$。

c. 屈服强度 $\sigma_{0.2}$ 按下式计算

$$\sigma_{0.2} = \frac{P_{0.2}}{F_0}$$

式中 $P_{0.2}$——屈服强度的荷载(N);
F_0——试样标距原横截面积(mm²);
$\sigma_{0.2}$——条件屈服强度(MPa)。

(2) 引伸机法:将试件固定在夹头内,施加约相当于预期屈服强度 10%的初负荷 P_0,安装引伸机,继续施荷至 $2P_0$,保持 5~10s 后再制荷至 P_0,记下引伸机读数作为条件零点,以后按如下两种方法往复加、卸荷(卸至 P_0)或连续施荷,直至实测或计算的残余伸长等于或大于规定残余伸长值为止。

a. 卸荷法

Ⅰ. 从 P_0 起第一次负荷加致使试件在引伸机基础长度内的部分产生的总伸长为:

$$0.2\% \cdot l_e \cdot n + (1\sim2) \text{ 分格}$$

式中 l_e——引申机两夹持力口间的基础长度（mm）；

n——引申机放大倍数。

式中第一项为规定残余伸长，第二项为弹性伸长，在引申机上读出首次卸荷至 P_0 时的残余伸长。

Ⅱ. 以后每次加荷应使试件产生的总伸长为：前一次总伸长＋规定残余伸长－该次卸荷至 P_0 的残余伸长＋（1~2）分格。

Ⅲ. 取多次的总伸长值的平均值，所对应的应力点即为 $P_{0.2}$。

b. 直接加荷法：从 P_0 起按测定 σ_p（σ_p 为规定比例极限）所述方法等级施荷，求出弹性直线段相应小于等级负荷的平均伸长增量，由此计算出偏差直线段后的各级负荷的弹性伸长，从总伸长中减去防恒伸长即为残余伸长，残余伸长所对应的拉力值即为屈服点 $P_{0.2}$。屈服强度计算与上述相同。

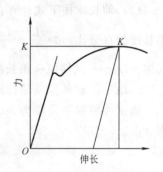

图 4-25 拉伸曲线（最大力）K

6）抗拉强度的测定：试件拉至断裂，从拉伸曲线图上确定试验过程中的最大拉力值，如图 4-25 所示，或从试验机测力盘上读取最大拉力值，抗拉强度按下式计算：

$$\sigma_b = P_b / P_0$$

式中 P_b——试件拉断后最大荷载值（N）；

P_0——试件原横截面积（mm^2）；

σ_b——试件抗拉强度（MPa）。

7）伸长率的测定

(1) 试件拉断后标距部分长度 L_1 的测量：将试件拉断处紧密对接起来，尽量使其轴线位于同一条线上，如拉断处由于各种原因形成缝隙，则此缝隙应计入试件拉断后的标距部分长度内。L_1 用下述两种方法之一测定。

a. 直测法：如拉断处到临近标距断点的距离大于 $1/3L_0$ 时（L_0 为试件标距），可直接测量两端点间的距离。

b. 移位法：如拉断处到临近标距端点的距离小于或等于 $1/3L_0$ 时，则可按以下方法确定 L_1。如图 4-26（a）所示，试件拉断处位于 AD 中间，但是，在试件拉断后，拉断点往往偏离中心，应采用移位法计算 L_1。

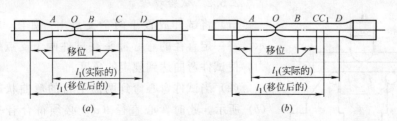

图 4-26 伸长率断后标距部分长度用移位法确定 l_1
(a) 长段所余格数为偶数；(b) 长段所余格数为奇数

Ⅰ.在长段上以拉断处 O 取 OA 短段格数向右量取得 B 点,当 BD 的长度所余格数为偶数时,取 BD 的 $1/2$ 为 C 点。

Ⅱ.当 BD 的长度所余格数为奇数时,BD 减 1 取 $1/2$ 为 C 点,BD 加 1 取 $1/2$ 为 C_1 点。

Ⅲ.偶数 $L_1=OA+OB+2BC$

奇数 $L_1=OA+OB+BC+BC_1$

(2)伸长率按下式计算:伸长率 δ 是试件在拉断后,其标距部分所增加的长度与原标距长度的百分比:$\delta=\dfrac{L_1-L_0}{L_0}\times100\%$

式中 L_0——试件原标距长度(mm);

L_1——试件拉断后标距长度(mm)。

当试件原标距长度为 $5d_0$ 时,伸长率以 δ_5 表示。当试件原标距长度为 $10d_0$ 时,伸长率 δ 以 δ_{10} 表示。

2.6 钢筋冷弯试验

钢筋冷弯试验是钢筋机械性能检测时必须检测的项目。

2.6.1 主要试验设备:包括压力机或万能试验机,试验机应具备下列设备:

(1)应有足够硬度的支承辊,其长度应大于试件的直径,支辊间的距离可以调节,如图 4-27 所示。

(2)具有不同直径的弯心冲头,弯心直径由有关标准规定,弯心冲头应有足够的硬度,如图 4-27 所示。

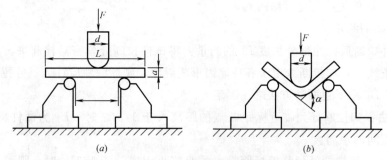

图 4-27 冷弯试验示意图
a—试样直径;L—试件长度;F—试验力;d—弯心直径;α—弯曲角度

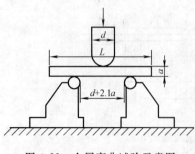

图 4-28 金属弯曲试验示意图

2.6.2 试验步骤

(1)将试件放置于两个支点上,如图 4-27(a)所示,将一定直径的弯心冲头在试件两个支点中间施加压力,使试件弯曲达到规定的角度。

(2)当试件弯心弯到两面平行的弯曲状态如图 4-27(b)所示,此时弯心直径(d)必须符合有关标准的规定,两支承辊间的距离为 $d+2.1a$,(a 为试件的直径),如图 4-28 所示。

(3) 试验时应在平稳压力作用下，缓慢施加试验力。

(4) 试验应在 10~35℃ 温度下进行，在控制条件下，试验在（20±5)℃ 条件下进行。

2.7 钢丝反复弯曲试验

对于中强度预应力混凝土用钢丝和预应力混凝土消除应力钢丝，反复弯曲是必须试验的项目，其试验方法如下：

2.7.1 主要试验设备

主要试验设备如图 4-29 所示，为反复弯曲试验机，其构造原理如下：

(1) 如图 4-29 所示，试样被夹块 6 固定，在弯曲臂 1 的作用下，绕弯曲圆柱 A、B 进行反复弯曲。

(2) 两弯曲圆柱的轴线应垂直于弯曲平面，且应位于同一水平面内，其偏差在 0.1mm 内。

(3) 夹持面 8 应突出于弯曲圆柱表面，不大于 0.1mm 的距离，即测量两圆弧中心连线上圆弧表面与试样的间隙不大于 0.1mm。

(4) 夹块的顶面应低于两弯曲圆弧中心的连线，当圆弧半径等于或小于 2.5mm 时，弯曲圆弧半径 r 值为 1.5mm，当圆弧半径大于 2.5mm 时，r 值为 3mm。

(5) 对于任何尺寸的弯曲圆弧，其弯曲臂至弯曲圆柱顶面的距离 h，拔杆的孔径 d，应符合表 4-14。

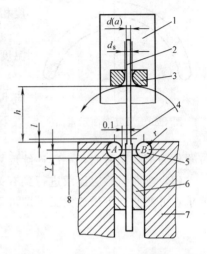

图 4-29　金属线材反复弯曲试验示意图
1—弯曲臂；2—试样；3—拔杆；4—弯曲臂转动中心；5—弯曲圆柱 A 和 B；6—夹块；7—支座；8—夹持面的顶面

尺寸和偏差（mm）　　　　　　　　　表 4-14

线材公称直径 d 或厚度 a	弯曲圆弧半径 r	距离 h	拔杆孔直径 d_g
0.3~0.5	1.25±0.05	15	2.0
>0.5~0.7	1.75±0.05	15	2.0
>0.7~1.0	2.5±0.1	15	2.0
>1.0~1.5	3.75±0.1	20	2.0
>1.5~2.0	5.0±0.1	20	2.0 和 2.5
>2.0~3.0	7.5±0.1	25	2.5 和 3.5
>3.0~4.0	10.0±0.1	35	3.5 和 4.5
>4.0~6.0	15.0±0.1	50	4.5 和 7.0
>6.0~8.0	20.0±0.1	75	7.0 和 9.0
>8.0~10.0	25.0±0.1	100	9.0 和 11.0

注：应选择适当的拔杆孔径，以保证线材在孔内自由运动。较小的孔径用于公称较小的线材；而较大的孔径用于公称直径较大的线材。对于非圆截面线材，应按其截面形状选用适宜的拔杆孔。

2.7.2 试验步骤

(1) 一般情况下，试验应在 10~35℃ 的室温条件下进行，如有特殊要求，试验温度应为 20±5℃。

(2) 按照表4-14所列的线材尺寸选择弯曲圆弧半径 r、弯曲圆弧顶部至拔杆底面的距离 h，以及拔杆孔径 d_e 等。

(3) 使弯曲臂处于垂直位置时，将试样由板杆孔插入夹块内，并夹紧其下端，使试样垂直于两弯曲圆柱轴线所在的平面。

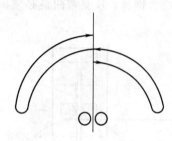

图4-30 反复弯曲示意图

(4) 为确定试杆与弯曲圆弧在试验时能良好接触，可施加某种形式的拉紧力，这种拉紧力不得超过公称抗拉强度相应拉力负荷的2%。

(5) 操作应平稳弯曲速度每秒不超过一次，但要防止温度升高而影响试验结果。

(6) 弯曲试验是将试杆从起始位置向右（左）弯曲90°后返回起始位置，作为第一次弯曲如图4-30所示。

再由起始位置向左（右）弯曲90°，试样再返回起始位置作为第二次弯曲，一次连续反复弯曲，试样折断时的最后一次弯曲不计。

(7) 弯曲试验应连续进行到有关标准中所规定的弯曲次数或试样折断为止，如有特殊要求，可弯曲到不用放大工具即可见裂纹为止。

2.8 试验结果的评定

2.8.1 每批钢筋按规定取样后，进行试验得出钢筋屈服点、抗拉强度、伸长率、冷弯、反复弯曲等试验结果填入试验报告，与以下国家规范要求的数值进行比较。见表4-15、表4-16、表4-17、表4-18等。

热轧钢筋力学性能、工艺性能检验要求　　　　表4-15

强度等级	公称直径 (mm)	力学性能			工艺性能	
		屈服点 R_e (σ_s、$\sigma_{p0.2}$) (MPa)	抗拉强度 R_m (σ_b) (MPa)	伸长率 $A_5(10)$ (δ_5),(%)	弯芯直径 d	弯曲角度 (°)
HPB235(Q235)	8～20	235	370	25	a	180
HRB335	6～25 28～50	335	490	16	$3a$ $4a$	180
HRB400	6～25 28～50	400	570	14	$4a$ $5a$	180
HRB500	6～25 28～50	500	630	12	$6a$ $7a$	180
HRB400	8～25 28～40	440	600	14	$3a$ $4a$	90

低碳热轧圆盘条力学性能和工艺性能　　　　表4-16

牌号	公称直径 mm	力学性能			工艺性能	
		$R_e(\sigma_s)$	$R_m(\sigma_b)$	$A_5(\delta_5)$	弯芯直径 d	弯曲角度(°)
		不小于 MPa			受弯部位表面不得产生裂纹	
Q215 Q235	5.5～10	215 235	375 410	27 23	$0.5a$	180

冷轧带肋钢筋力学性能和工艺性能　　　　　　　　　表 4-17

牌号	力学性能			工艺性能		
	Rm(MPa)	$A_{10}(\sigma_{10})$(%)	$A_{100}(\sigma_{100})$(%)	反复弯曲次数	弯心直径 d	弯曲角度(°)
	不小于	不小于			受弯部位表面不得产生裂纹	
CRB550	550	8.0	—			180
CRB650	650	—	4.0	3		
CRB800	800	—	4.0	3		180
CRB970	970	—	4.0	3		
CRB1170	1170	—	4.0	3		180

冷轧扭钢筋力学性能　　　　　　　　　表 4-18

钢筋级别	钢筋标志直径 (mm)	轧扁厚度 t 不小于 (mm)	节距 f_1 不大于 (mm)	抗拉强度标准值 (MPa)	抗拉强度设计值 (MPa)	伸长率 δ_{10} (%)	弹性模量 E (N/mm²)
Ⅰ型	6.5	3.7	75	≥580	360	≥4.5	1.9×10⁵
	8	4.2	95				
	10	5.3	110				
	12	6.2	150				
	14	8.0	170				
Ⅱ型	12	8.0	145				

2.8.2 合格判定

(1) 做热轧钢筋拉力试验。冷弯试验如果某一项试验结果不符合标准规定，则从同一批中再取双倍数量的试件进行试验，如果仍有一个指标不合格，则整体钢筋不合格。

(2) 对甲级钢丝逐盘取样做拉力试验，反复弯曲试验并按抗拉强度值确定每盘钢丝组别。乙级钢丝拉力试验、反复弯曲试验，如有一个试件不合格，应在未取过试样的钢丝盘中另取双倍数量的试样，再做各项试验，如仍有一个试样不合格，则应对该批钢丝逐盘检验，合格者方可使用，不合格钢筋、钢丝不得使用，并应有处理报告。

课题 3　钢筋焊接件取样和检验

在建筑施工中，钢筋焊接一般用于钢筋的接头。钢筋接头焊接质量如何直接关系到建筑物的安危，因此，对钢筋焊接件的质量检验非常重要，钢筋焊接件属于见证取样送检的范围。

3.1　执行标准

3.1.1　钢筋焊接件取样和检验执行《钢筋焊接及验收规程》（JGJ 18—2003）的标准。

3.1.2　规程规定，从事钢筋焊接施工的焊工必须持有焊工考试合格证才能上岗操作。

3.2　必验项目

各类焊接件必验项目见表 4-19。

各类焊接件必验项目 表4-19

焊接种类	必验项目	焊接种类	必验项目
点焊 焊接骨架、焊接网	抗拉试验、抗剪试验	电渣压力焊	抗拉试验
闪光对焊	抗拉试验、弯曲试验	气压焊	抗拉试验、梁、板另加弯曲试验
电弧焊	抗拉试验	预埋件钢筋T形接头	抗拉试验

3.3 试样尺寸

3.3.1 钢筋焊接接头拉伸试样尺寸要求见表4-20。

钢筋焊接接头拉伸试样尺寸 表4-20

焊接方法		试样尺寸(mm)	
		L_s	$L \geq$
电阻点焊			$300L_s+2L_j$
闪光对焊		$8d$	L_s+2L_j
电弧焊	双面帮条焊	$8d+L_h$	L_s+2L_j
	单面帮条焊	$5d+L_h$	L_s+2L_j
	双面搭接焊	$8d+L_h$	L_s+2L_j
	单面搭接焊	$5d+L_h$	L_s+2L_j
	熔槽帮条焊	$8d+L_h$	L_s+2L_j
	坡口焊	$8d$	L_s+2L_j
	窄间隙焊	$8d$	L_s+2L_j
电渣压力焊		$8d$	L_s+2L_j
气压焊		$8d$	L_s+2L_j
预埋件电弧焊			200
预埋件埋弧压力焊			

注：L_s—受试长度；L_h—焊缝（或镦粗）长度；L_j—夹持长度（100～200mm）；L—试样长度；d—钢筋直径。

3.3.2 钢筋焊接接头弯曲试验试样要求见表4-21。

钢筋焊接接头弯曲试验试样 表4-21

钢筋公称直径(mm)	钢筋级别	弯心直径 D(mm)	支辊内侧距 $(D+2.5d)$(mm)	试样长度 L(mm)
12	HPB235	$2d=24$	54	200
	HRB335	$4d=48$	78	230
	HRB400 RRB400	$5d=60$	90	240
	HRB500	$7d=84$	114	260

3.4 钢筋电阻点焊取样和检验

3.4.1 抽样试件的规定

1) 凡钢筋级别、直径及尺寸相同的焊接骨架和焊接网应视为同一类型制品，且每300件作为一批，一批内不足300件的亦应按一批计算。

2) 外观检查应按统一类型制品分批检查，每批抽查5%，且不得少于5件。

3) 力学性能试验：

(1) 热轧钢筋的焊点应做剪切试件，试件为3件。冷轧带肋钢筋焊点处做剪切试验外，还对纵向和横向钢筋作拉伸试验，试件为1件，试件从每批成品中切取。

(2) 当焊接骨架所切取试件的尺寸小于规定的试件尺寸，或受力钢筋直径大于8mm

时，可随生产过程中制作模拟焊接网片中切取试件。

(3) 试件尺寸：抗剪试件纵筋长应大于或等于 290mm，横筋长度应大于或等于 50mm（以竖筋两边各大于等于 25mm），拉伸试件的纵筋长度大于等于 300mm。如图 4-31 所示。

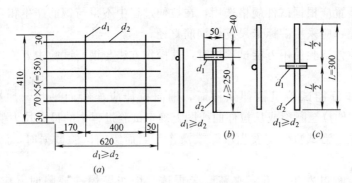

图 4-31 焊接试验网片与试件
(a) 焊接网片试验简图；(b) 钢筋焊点抗剪试件；(c) 钢筋焊点拉伸试件

4) 焊接网剪切试件应沿同一横向钢筋随机切取。切取剪切试件时，应使制品中的纵向钢筋成为试件的受拉钢筋。

5) 由几种钢筋直径组合的焊接骨架或焊接网，应对每种组合的焊点做力学性能试验。

3.4.2 焊接骨架和焊接网片的外观质量检查

1) 焊接骨架

(1) 应对焊点融化，压入较小钢筋的深度（应为较小钢筋直径的 18%～25%）进行检验，每件制品的焊点脱落、漏焊数量不得超过焊点总数的 4%，且相邻两焊点不得漏焊及脱落。

(2) 测量焊接骨架的长度和宽度，并抽查纵、横方向 3～5 格网格尺寸，其允许偏差应符合表 4-22 的规定，当外观检查结果不符合要求时，应逐件检查，并剔除不合格品进行整修再做一次验收。

焊接骨架的允许偏差　　　　　　　　　表 4-22

项　　目		允许偏差(mm)
焊接骨架	长度	±10
	宽度	±5
	高度	±5
骨架箍筋间距		±10
受力主筋	间距	±15
	排距	±5

2) 焊接网片：焊接网片应进行外形尺寸和外观质量检测，检查结果应符合表 4-23 的要求。

形状尺寸检查和外观质量检查　　　　　　　　表 4-23

焊接网的长度、宽度及网格尺寸	允许误差±10mm
网片两对角线之差	不得大于 10mm
焊接网交叉点开焊数	不得大于网片钢筋交叉点总数的 1%
任一根钢筋上开焊点数	不得大于网片钢筋交叉点总数的 1/2
焊接网最外边钢筋上的交叉点钢筋	不得开焊
外观质量	不得有裂纹、折叠、结疤、凹坑、油污及影响使用的缺陷

3.4.3 钢筋焊接骨架网片的力学试验

钢筋焊接骨架、网片的试件必须进行拉伸和剪切试验。

1）拉伸试验的操作

（1）根据钢筋的级别和直径，应选用适当的拉力试验机或万能试验机。

（2）加紧装置应根据试件规格选用，在拉伸过程中不得与钢筋产生相对滑移。

（3）拉伸前，应采用游标卡尺复合钢筋直径。

（4）钢筋拉伸试验使用万能试验机时，其操作方法与钢筋试验中万能试验及使用方法相同。

（5）在操作万能试验机拉伸试件时，轴向拉伸应连续而平稳，加载速度为10～30MPa/s，将试件拉至断裂或从拉伸曲线图上确定试验过程中的最大拉力值。

（6）试验中，当试验设备发生故障或操作不当而影响试验数据时，试验结果应视为无效。

（7）当试验断口发生气孔、夹渣、未焊透、烧伤等焊件缺陷时，应在试验记录中注明。

（8）抗拉强度应按下式计算

$$\sigma_b = F_b / S_0$$

式中 σ_b——抗拉强度（MPa），试验结果等数值应精确到0.5MPa；

F_b——最大拉力（N）；

S_0——试样公称截面面积（mm²）。

2）剪切试验

（1）试件的形状和尺寸应符合图4-31所示。

（2）剪切试验宜采用量程不大于300mm的万能试验机。

（3）剪切夹具可分为悬挂式夹具和吊架式锥形夹具两种，试验时，应根据试样尺寸和设备条件选用合适的夹具。

（4）夹具应安装于万能试验机的上钳口内，并应夹紧，试样横筋应夹紧于夹具的横槽内，不得转动，纵筋应通过纵槽夹紧于万能试验机的下钳口内，纵筋受拉的力应与试验机的加载轴线相重合。

（5）加载应连续而平稳，加载速率宜为10～30MPa/s，直至试件破坏为止，从测力盘上读取最大力，即为该试样的抗剪荷载。

（6）试验中，当试验设备发生故障或操作不当而影响试验数据时，试验结果应视为无效。

3.4.4 钢筋骨架、网片点焊试验结果评定

（1）焊点的抗剪试验结果，应符合表4-24的规定。

焊接骨架焊点抗剪力指标（N）　　　　表4-24

钢筋等级代号	较小钢筋直径(mm)								
	3	4	5	6	6.5	8	10	12	14
HPB235	—	—	—	6640	7800	11810	18460	26580	36170
HRB355	—	—	—	—	—	16840	26310	37890	51560
冷拔低碳钢丝	2530	4490	7020	—	—	—	—	—	—

(2) 拉伸试验结果不得小于试件规定的抗拉强度。

(3) 试验结果,当有1个试件达不到上述要求,应取6个抗剪试件或6个拉伸试件对该试验项目进行复验。复验结果仍有1个试件达不到上述要求,该批制品确认为不合格品。

(4) 对于不合格的产品经采取补强处理后,可提交二次验收,复验试件应从补强后的成品中切取,试件数量和要求与初始试验相同。

3.5 钢筋闪光对焊接头取样和检验

3.5.1 试件取样规定

(1) 在同一台班内,由同一焊工完成的300个同牌号、同直径钢筋焊接接头为一批,当同一台班内焊接接头较少,可在一周内累计,仍不足300个接头,应按一批计算。

(2) 力学性能检验时,应从每批接头随机切取6个接头,其中3个做拉伸试验,3个做弯曲试验。

(3) 焊接等长的预应力钢筋(包括螺丝端杆与钢筋焊接)时,可按生产视同等条件制品模拟试件,螺丝端杆接头可只做拉伸试验。

(4) 封闭环箍筋闪光对焊接头,以600个同牌号、同规格的接头作为一批,制作拉伸试验。

3.5.2 质量检验

1) 外观检查要求

(1) 接头处不得有横向裂纹。

(2) 与电极接触处钢筋表面不得有明显烧伤。

(3) 接头处弯折不得大于3°。

(4) 轴线偏差不得大于钢筋直径的0.1倍,且不大于2mm,有一个接头不符合要求时,应全数检查,不合格接头重焊。

2) 拉伸试验:拉伸试验方法与电阻点焊试件拉伸试验相同。

3) 拉伸试验结果评定

(1) 3个热轧钢筋接头试件的抗拉强度不得小于该牌号钢筋规定的抗拉强度,RRB400钢筋接头试件的抗拉强度均不得小于$570N/mm^2$。

(2) 至少应有2个试件断于焊缝之外,并应呈延性断裂。

(3) 当达到上述2项要求时,应评定该批接头为抗拉强度合格。

(4) 当试验结果有2个试件抗拉强度小于钢筋规定的抗拉强度,或3个试件均在焊缝或热影响区发生脆性断裂时,则一次判定该批接头为不合格品。

(5) 复验时,应再切取6个试件进行拉伸试验,复验结果仍有1个试件的抗拉强度小于规定值,或有3个试件断于焊缝或热影响区,呈脆性断裂,应判定该批接头为不合格品。

(6) 预应力钢筋与螺丝端杆闪光对焊接头拉伸试验结果,3个试件应全部断于焊缝之外,呈延性断裂为合格。

当试验结果有1个试件在焊缝或热影响区发生脆性断裂时,应从成品中再切取3个试件进行复验,或有2个试件在焊缝或热影响区发生脆性断裂时,应再取6个试件进行复验，复验结果，当仍有 1 个试件在焊缝或热影响区发生脆性断裂时，确认该批接头不合格。

4）弯曲试验

(1) 试件的长度宜为两支辊内侧距离另加 150mm。

(2) 应将试件受压面的金属毛刺和锻粗变形部分去除至母材外表齐平。

(3) 弯曲试验可在压力机或万能试验机上进行。

(4) 进行弯曲试验时，试件应放在两支点上，并应使焊缝中心与压头中心一致。

(5) 应缓慢加速，控制试验机压头行走的速度不大于 60mm/min，且至达到规定的弯曲角度或出现裂纹、破裂为止。

(6) 压头弯心直径和弯曲角度应按表 4-25 的规定确定。

压头弯心直径和弯曲角度 表 4-25

序 号	钢筋等级代号	弯心直径(D)		弯曲角(°)
		$d≤25$mm	$d>25$mm	
1	Q235	$2d$	$3d$	90
2	HRB335	$4d$	$5d$	90
3	HRB400	$5d$	$6d$	90

(7) 在试验过程中，应采取安全措施，防止试件弹出或突然断裂伤人。

5）弯曲试验结果评定

(1) 当弯至 90°试验结果有 2 个或 3 个试件外侧（含焊缝和热影响区）未发生裂缝，应评定该批接头弯曲试验合格。

(2) 当 3 个试件均发生裂缝，则一次判定该批接头为不合格品。

(3) 当有 2 个试件发生破裂，应进行复验。

(4) 复验时应再切取 6 个试件，复验结果，当有 3 个试件发生破裂，应判定该批接头为不合格品。

3.6 钢筋电弧焊接头的取样和检验

3.6.1 钢筋电弧焊接头的取样

(1) 在现浇混凝土结构中，应以 300 个同牌号钢筋、同形式接头作为一批，自房屋结构中，应在不超过二楼层中 300 个同牌号钢筋、同形式接头作为一批，每批随机切取 3 个接头，做拉伸试验。

(2) 在装配式结构中，可按产生条件制作模拟试件，每批 3 个做拉伸试验。

(3) 钢筋与钢板电弧焊焊接接头可只进行外观检查。

3.6.2 钢筋电弧焊接头的检验

1) 钢筋电弧焊接头外观检查

(1) 焊缝应平整、光滑、平缓、无凹陷、焊瘤、裂纹。

(2) 咬边、气孔、夹渣等缺陷及偏差应符合表 4-26 的规定。

2) 钢筋电弧接头拉伸试验：其拉伸试验的方法与上述闪光对焊接头拉伸试验方法相同。

3) 钢筋电弧焊接头拉伸试验结果的评定。

焊缝外观检查要求　　　　　　　　　　　　　　表 4-26

名　　称	单位	接　头　形　式		
		帮条焊	搭接焊钢筋与钢板搭接焊	坡口焊、窄间隙焊和熔槽帮条焊
帮条沿接头中心线的纵向偏移	mm	0.3d		
接头处弯折角	°	3	3	3
接头处钢筋轴线的偏移	mm	0.1d	0.1d	0.1d
焊缝厚度	mm	+0.05d 0	+0.05d 0	
焊缝宽度	mm	+0.10d 0	+0.10d 0	

(1) 3个钢筋接头试件的抗拉强度不得小于该级别钢筋规定的抗拉强度。

(2) 3个接头试件均应断于焊缝之外，至少有2个是延性断裂，达到二级要求，此批接头为合格。

(3) 当有一个试件的抗拉强度小于规定值或1个试件断于焊缝或2个试件脆断，应进行复验。

(4) 复验应从现场焊接接头中切取，其数量和要求与初始试验时相同。

3.7 钢筋电渣压力焊接头的取样和检验

电渣压力焊用于现浇钢筋混凝土结构中竖向或斜向钢筋接头，严禁用于水平接头。

3.7.1 钢筋电渣压力焊接头的取样

(1) 在现浇混凝土结构中，应以300个同牌号钢筋接头作为一批，在房屋结构中，应在不超过二楼层中300个同牌号接头作为一批，每批随机切取3个接头做拉伸试验。

(2) 在同一批中若有几种直径不同的钢筋焊接接头，应在最大直径钢筋接头中切取3个试件。

3.7.2 钢筋电渣压力焊接头的检验

1) 外观检查要求

(1) 敲去渣壳，四周焊包应均匀，突出钢筋表面的高度不得小于4mm。

(2) 钢筋与电极接触处应无烧伤的缺陷。

(3) 弯折角不得大于3°。

(4) 偏心不得大于0.1d（d 为钢筋直径），且不大于2mm。

2) 拉伸试验：拉伸试验方法与上述钢筋拉伸方法相同。

3) 拉伸试验结果的评定

(1) 3个钢筋接头试件的抗拉强度不得小于该级别钢筋规定的抗拉强度。

(2) 3个接头试件均应断于焊缝之外，至少有2个是塑性断裂。符合这2项规定，此批接头为合格。

(3) 当有一个试件的抗拉强度小于规定值或1个试件断于焊缝处或2个试件脆断，应进行复验。

(4) 复验应从现场焊接接头中切取，其数量和需求与初始试验时相同。

课题4 钢筋机械连接接头试件取样和检验

钢筋机械连接接头常用的接头类型有挤压套筒接头、锥螺纹套筒接头、滚轧直螺纹接头、熔融金属充填套筒接头、水泥灌浆充填套筒接头、受压钢筋墙面平接头等。钢筋机械连接接头属于见证取样范围，在进行检验时，无论哪种类型的机械连接接头首先符合国家行业标准《钢筋机械连接通用技术规程》（JGJ 107—2003）的规定。

钢筋机械连接接头的检验分为接头的类型检验和接头的施工现场检验与验收，一般是先完成接头的型式检验后，在施工中再进行接头的施工现场检验。

在确定钢筋连接接头性能等级时，材料、工艺、规格进行改动时，质量监督部门提出专门要求时，才对钢筋机械连接接头进行接头的型式检验。接头型式检验由国家、省部级主管部门认可的监测机构进行，并按表4-27的格式出具试验报告和评定结论。

接头试件型式检验试验报告　　　　　　　　　　　　　　表4-27

接头名称		送检验试件数量		送检日期			
送检单位				设计接头等级		A级	B级
接头试件基本参数	连接件示意图			连接件各部位尺寸(mm)			
				连接件原材料			
				连接工艺参数			
	钢筋母材编号	1	2	3	4	5	6
	实际面积(mm²)						
	钢筋公称直径(mm) 屈服强度(N/mm²)						
	抗拉强度(N/mm²)						
	弹性模量(N/mm²)						
试验结果	试件编号	No1	No2	No3	No4	No5	No6
	单向拉伸 强度(N/mm²)						
	割线模量(N/mm²)						
	极限应变(%)						
	残余变形(mm)						
	高应力反复拉压 强度(N/mm²)						
	割线模量(N/mm²)						
	残余变形(mm)						
	大变形反复拉压 强度(N/mm²)						
	残余变形(mm)						
评定结论							

试验单位：＿＿＿＿＿＿　负责人：＿＿＿＿＿＿　试验员：＿＿＿＿＿＿　校核：＿＿＿＿＿＿

注：接头试件基本参数栏应详细记载。对套筒挤压接头，应包括套筒长度、外径、内径、挤压道次、挤压力(kN)、压痕处平均直径（或挤压后套筒长度）、压痕总宽度。对锥螺纹接头应包括连接套长度、外径、内径、锥度、牙形角平分线垂直于钢筋轴线（或垂直于锥面）、扭紧力矩值(N·m)。可加页描述，盖章有效。

4.1 接头的型式检验

4.1.1 型式检验的接头试件尺寸：如图4-32所示，其尺寸如表4-28。

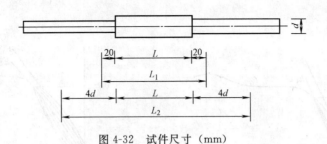

图 4-32 试件尺寸（mm）

型式检验接头试件尺寸　　　　　　　　表 4-28

编号	符号	含义	尺寸(mm)
1	L	接头试件连接件长度	实测
2	L_1	接头试件割线模量及残余变形的量测标距	$L+40$
3	L_2	接头试件极限应变的量测标距	$L+8d$
4	d	钢筋直径	公称直径

4.1.2 取样的数量：对每种形式、级别、规格、材料、工艺的机械连接接头，形式检验试件不应少于 12 个，其中单向拉伸试件不应少于 6 个，高应力反复拉压试件不应少于 3 个，大变形反复拉压试件不应少于 3 个。

4.1.3 试验的方法

(1) 将试件按要求夹在上下钳口中，各种试验加载制度如下所示。

(2) 单向拉伸试验加载制度如下：$0 \to 0.9 f_{yk} \to 0.02 f_{yk} \to$ 破坏（f_{yk} 为材料屈服强度的标准值），如图 4-33（a）所示。

(3) 高应力反复拉压时加载制度如下：$0 \to (0.9 f_{gk} \to 0.5 f_{gk})$（反复 20 次）$\to$ 破坏如图 4-33（b）所示。

(4) 大变形反复拉压 A 级接头试验加载制度如下：$0 \to 2\varepsilon_{yk}$（ε_{yk} 为钢筋在屈服强度标准值下的应力）$\to 0.5 f_{gk}$（反复 4 次）$\to 5\varepsilon_{yk} \to 0.5 f_{yk}$（反复 4 次）$\to$ 破坏如图 4-33（d）所示。

(5) 大变形反复拉压 B 级接头试验加载制度如下：$0 \to 2\varepsilon_{yk} \to 0.5 f_{yk}$（反复 4 次）$\to$ 破坏如图 4-33（c）所示。

4.1.4 试验结果的评定

(1) 接头应根据静力单向拉伸及高应力和大变形条件下反复拉、压性能的差异分为下列三个性能等级。

A 级：接头抗拉强度达到或超过母材抗拉强度标准值，平均具有高延性及反复拉压性能。

B 级：接头抗拉强度达到或超过母材屈服强度标准值的 1.35 倍，具有一定的延性及反复拉压性能。

C 级：接头只能承压。

(2) A 级、B 级、C 级的接头性能试验指标应符合表 4-29 的要求。

表中符号所代表的内容如表 4-30 所示。

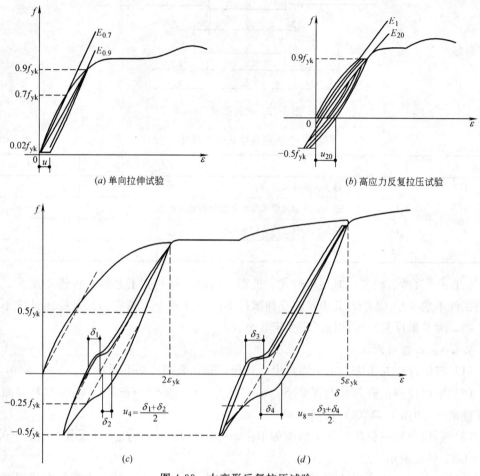

图 4-33 大变形反复拉压试验

注：1. δ_1 为 $2\varepsilon_{yk}$ 反复加载 4 次后，在加载应力水平为 $0.5f_{yk}$ 及反向卸载应力水平为 $-0.25f_{yk}$ 处作 $E_{0.7}$ 平行线与横坐标交点之间的距离所代表的应变值；

2. δ_2 为 $2\varepsilon_{yk}$ 反复加载 4 次后，在卸载应力水平为 $0.5f_{yk}$ 及反向加载应力水平为 $-0.25f_{yk}$ 处作 $E_{0.7}$ 平行线与横坐标交点之间的距离所代表的应变值；

3. δ_3、δ_4 为在 $5\varepsilon_{yk}$ 反复加载 4 次后，按与 δ_1、δ_2 相同方法所得的应变值。

4.2 接头的施工现场检验

工程中应用钢筋机械连接时，应由该技术提供单位提交有效的接头形式检验报告后才能使用钢筋机械连接。钢筋连接工程开始前及施工过程中，应对每批进场钢筋进行接头工艺检验。

4.2.1 接头工艺检验应符合下列要求

（1）每种规格钢筋的接头试件不应少于 3 根。

（2）对接头试件的钢筋母材应进行抗拉强度试验。

（3）3 根接头试件的抗拉强度均应满足表 4-29 的强度要求，对于 A 级接头，试件抗拉强度

接头试验表　　　　　　　　　　　　　　　　　　表 4-29

工程名称		结构层数		构件名称		接头等级	
试件编号	钢筋规格 d (mm)	横截面积 A (mm^2)	屈服强度标准值 f_{yk} (N/mm^2)	抗拉强度标准值 f_{tk} (N/mm^2)	极限拉力实测值 P(kN)	抗拉强度实测值 $f_{mst}^{\circ}=P/A$ (N/mm^2)	评定结果

评定结论	
备注	1. $f_{mst}^{\circ} \leqslant f_{tk}$ 且 $f_{mst}^{\circ} \geqslant 0.9 f_{st}^{\circ}$ 为 A 级接头； 2. $f_{mst}^{\circ} \geqslant 1.35 f_{yk}$ 为 B 级接头； 3. f_{st}°—钢筋母材抗拉强度实测值

试验单位：　　　（盖章）　　　负责人：　　　试验员：　　　试验日期：

主要符号　　　　　　　　　　　　　　　　　　　表 4-30

编号	符号	单位	含　义
1	E_s°	N/mm^2	钢筋弹性模量实测值
2	$E_{0.7}, E_{0.9}$	N/mm^2	接头在 0.7、0.9 倍钢筋屈服强度标准值下的割线模量
3	E_1, E_{20}	N/mm^2	接头在第 1、20 次加载至 0.9 倍钢筋屈服强度标准值时的割线模量
4	ε_u		受拉接头试件极限应变
5	ε_{yk}		钢筋在屈服强度标准值下的应变
6	u	mm	接头单向拉伸的残余变形
7	u_1, u_8, u_{20}	mm	接头反复拉压 4、8、20 次后的残余变形
8	$f_{mst}^{\circ}, f_{mst}^{\circ\prime}$	N/mm^2	机械连接接头的抗拉、抗压强度实测值
9	f_{st}°	N/mm^2	钢筋抗拉强度实测值
10	f_{tk}, f_{tk}'	N/mm^2	钢筋抗拉、抗压强度标准值

尚应大于、等于 0.9 倍钢筋母材的实际抗拉强度 f_{st}°。计算实际抗拉强度时，应采用钢筋的实际横截面面积。

4.2.2 现场检验应进行外观质量检查和单向拉伸试验，对接头有特殊要求的结构，应在设计图纸中另行注明相应的检验项目。

4.2.3 接头的现场检验按验收批进行。同一施工条件下采用同一批材料的同等级、同形式、同规格接头，以 500 个为一个验收批进行检验与验收，不足 500 个也作为一个验收批。

4.2.4 对接头的每一验收批，必须在工程结构中随机截取 3 个试件做单向拉伸试验，按设计要求的接头性能等级进行检验与评定。

4.2.5 接头试验评定

(1) 当3个试件单向拉伸强度试验结果均符合表4-29的强度要求时，该验收批评定合格。

(2) 当有1个试件的强度不符合要求，应再取6个试件进行复检，复检中如仍有1个试件试验结果不符合要求，则该批验收评为不合格。

(3) 在现场连续检验10个验收批，其全部单向拉伸试件一次抽样均合格时，验收批接头数量可扩大一倍。

4.2.6 外观质量检验的质量要求，抽样数量，检验方法及合格标准由各类型接头的技术规程确定。

4.3 带肋钢筋套筒挤压连接接头检验

带肋钢筋套筒挤压连接接头要进行接头形式检验、连接工艺检验、施工现场检验三种检验。

接头的形式检验和钢筋接头的工艺检验与上述钢筋机械连接接头的检验方法相同。

4.3.1 钢筋现场检验，挤压接头的现场检验需进行外观质量检查和单向拉伸试验，对挤压接头有特殊要求的结构，应在设计图纸中另行注明相应的检验项目。

1) 挤压接头单向拉伸试验

(1) 挤压接头的现场检验按验收批进行，同一施工条件下采用同一批材料的同等级、同形式、同规格接头，以500个为一个验收批进行检验与验收，不足500个也作为一个验收批。

(2) 对每一验收批，均应按设计要求的接头性能等级，在工程中随机抽3个试件做单向拉伸试验，试验项目按表4-31的要求项目进行。

(3) 当3个试件检验结果均符合表4-33的规定强度要求时，该验收批为合格。

(4) 如有一个试件的抗拉强度不符合要求，应取6个试件进行复检，复检中如仍有一个试件检验结果不符合要求，该验收批单向拉伸检验为不合格。

2) 挤压接头外观检验

(1) 验收批规定与单向拉伸要求相同，每一验收批中应随机抽取10%的挤压接头做外观质量检验。

(2) 挤压接头的外观质量应符合下列要求

a. 外形尺寸：挤压后套筒长度应为原套筒长度的1.1~1.15倍，或压痕处套筒的外径波动范围为原套筒外径的0.8~0.9倍。

b. 挤压接头的压痕道数应符合形式检验确定的道数。

c. 接头处弯曲度不得大于4°。

d. 挤压后套筒不得有肉眼可见裂缝。

(3) 质量不合格数少于抽检数的10%，则该批挤压接头外观质量评为合格。

(4) 当不合格数超过抽检数的10%时，应对该批挤压接头逐个进行复检，对外观不合格的挤压接头采取补救措施，不能补救的挤压接头应做标记。

(5) 在外观不合格的接头中抽取6个试件做抗拉强度试验，若有一个试件的抗拉强度低于规定值，则该批外观不合格，应会同设计单位处理，并记录存档。

(6) 外观检查记录见表4-32。

挤压接头单向拉伸性能试验报告 表 4-31

工程名称					楼层号		构件类型		
设计要求接头性能等级			A 级 B 级			检验批接头数量			
试件编号	钢筋公称直径 D(mm)	实测钢筋横截面积 A_s^o(mm²)	钢筋母材屈服强度标准值 f_{yk} (N/mm²)	钢筋母材抗拉强度标准值 f_{tk} (N/mm²)	钢筋母材抗拉强度实测值 f_{st}^o (N/mm²)	接头试件极限拉力 P(kN)	接头试件抗拉强度实测值 $f_{mst}^o = P/A_s^o$ (N/mm²)	接头破坏形态	评定结果
评定结论									
备 注	1. $f_{mst}^o \geqslant 35 f_{tk}$ 为 A 级接头,$f_{mst}^o \geqslant 1.35 f_{yk}$ 为 B 级接头; 2. 实测钢筋横截面面积 A_s^o 用称重法确定; 3. 破坏形态仅作记录备查,不作为评定依据								

试验单位_____(盖章) 负责_____ 校核_____
日期_____ 抽样_____ 试验_____

施工现场挤压接头外观检查记录 表 4-32

工程名称			楼层号			构件类型			
验收批号			验收批数量			抽检数量			
连接钢筋直径(mm)				套筒外径(或长度)(mm)					
外观检查内容		压痕处套筒外径（或挤压后套筒长度）		规定挤压道次		接头弯折≤4°		套筒无肉眼可见裂缝	
		合 格	不合格	合 格	不合格	合 格	不合格	合 格	不合格
外观检查不合格接头之编号	1								
	2								
	3								
	4								
	5								
	6								
	7								
	8								
	9								
	10								
评定结论									

备注：1. 接头外观检查抽检数量应不少于验收批接头数量的10%。
2. 外观检查内容共四项,其中压痕处套筒外径(或挤压后套筒长度),挤压道次,二项的合格标准由产品供应单位根据形式检验结果提供。接头弯折≤4°为合格,套筒表面有无裂缝以无肉眼可见裂缝为合格。
3. 仅要求对外观检查不合格接头作记录,四项外观检查内容中,任一项不合格即为不合格,记录时可在合格与不合格栏中打√。
4. 外观检查不合格接头数超过抽检数的10%时,该验收批外观质量评为不合格

检查人：_____ 负责人：_____ 日期：_____

4.3.2 在现场连续检验十个验收批,全部单向拉伸试验一次抽样均合格时,验收批接头数量可扩大一倍。

4.4 钢筋锥螺纹接头检验

钢筋锥螺纹接头的形式检验、工艺检验和单向拉伸检验与上述方法相同。

4.4.1 钢筋锥螺纹接头拉伸试验按表 4-33 所规定项目进行

接头性能检验指标　　　　　　　　　　　　　　　表 4-33

等级		A 级	B 级	C 级
单向拉伸	强度	$f_{mst}^\circ \geqslant f_{tk}$	$f_{mst}^\circ \geqslant 1.35 f_{yk}$	单向受压 $f_{mst}^{\circ\prime} \geqslant f_{yk}'$
	割线模量	$E_{0.7} \geqslant E_s^\circ$ 且 $E_{0.9} \geqslant 0.9 E_s^\circ$	$E_{0.7} \geqslant 0.9 E_s^\circ$ 且 $E_{0.9} \geqslant 0.7 E_s^\circ$	—
	极限应变	$\varepsilon_u \geqslant 0.04$	$\varepsilon_u \geqslant 0.02$	—
	残余变形	$u \leqslant 0.3mm$	$u \leqslant 0.3mm$	—
高应力反复拉压	强度	$f_{mst}^\circ \geqslant f_{tk}$	$f_{mst}^\circ \geqslant 1.35 f_{yk}$	
	割线模量	$E_{20} \geqslant 0.85 E_1$	$E_{20} \geqslant 0.5 E_1$	
	残余变形	$u_{20} \leqslant 0.3mm$	$u_{20} \leqslant 0.3mm$	
大变形反复拉压	强度	$f_{mst}^\circ \geqslant f_{tk}$	$f_{mst}^\circ \geqslant 1.35 f_{yk}$	
	残余变形	$u_4 \leqslant 0.3mm$ 且 $u_8 \leqslant 0.6mm$	$u_4 \leqslant 0.6mm$	

4.4.2 钢筋锥螺纹加工检验

1) 加工的钢筋锥螺纹丝头的锥度、牙形、锥距等必须与连接套的锥度、牙形、螺距一致,且经配套的量规检测合格。

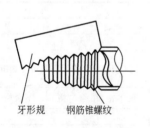

图 4-34　牙形检验

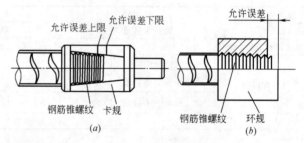

图 4-35　螺纹检验

2) 加工钢筋锥螺纹时,应采用水溶性切削润滑液,当气温低于 0° 时,应掺入 15%～20% 的亚硝酸钠,不得用机油做润滑或不加润滑液套丝。

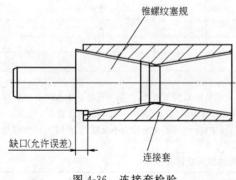

图 4-36　连接套检验

3) 钢筋锥螺纹加工检验

(1) 锥螺纹丝头牙形检验:牙形饱满、无断牙、无牙缺陷,且与牙形规的牙形吻合,牙齿表面光洁的为合格品如图 4-34 所示。

(2) 锥螺纹丝头锥度与小端直径检验:丝头锥度与卡规或环规吻合,小端直径在卡规或环规的允许误差之内为合格。如图 4-35。

(3) 连接套质量检验:锥螺纹塞规插入连接套后,连接套的大端边缘在锥螺纹塞规大端的缺口范围内为合格，如图 4-36 所示。

4) 对每种规格锥螺纹丝头加工批量随机抽检 10%，且不少于 10 个，并按表 4-34 要求检查

钢筋锥螺纹接头拉伸试验报告 表 4-34

工程名称			结构层数		构件名称		接头等级	
试件编号	钢筋规格 d (mm)	横截面积 A (mm²)	屈服强度标准值 f_{yk} (N/mm²)	抗拉强度标准值 f_{tk} (N/mm²)	极限拉力实测值 P (kN)	抗拉强度实测值 $f_{mst}^0=P/A$ (N/mm²)	评定结果	

5) 如有一个丝头不合格，即应对该加工批全数检查，不合格丝头应重新加工，须再次检验合格后方可使用。

6) 已检验合格的丝头应加以保护，钢筋一端丝头应带上保护帽，另一端可按表 4-35 规定的力矩进行连接，并按规定分类堆放整齐使用。

接头的拧紧力矩值 表 4-35

钢筋直径(mm)	16	18	20	22	25～28	32	36～40
拧紧力矩(N·m)	118	145	177	216	275	314	343

钢筋锥螺纹接头质量检查记录 表 4-36

工程名称				检验日期		
结构所在层数				构件种类		
钢筋规格	接头位置	无完整丝扣外露	规定力矩值 (N·m)	施工力矩值 (N·m)	检验力矩值 (N·m)	检验结论

注：1. 检验结论：合格"√"；不合格"×"。
　　检查单位：　　　　　　　　　　检查人员：
　　检验日期：　　　　　　　　　　负 责 人：

4.4.3 锥螺纹接头外观检验

1)随机抽取同规格接头的10%进行外观检查,应满足钢筋与连接套的规格一致,接头丝口无完整丝扣外露。

2)用质检的力矩扳手,按表4-35规定的接头拧紧值检查接头的连接质量,规定如下。

(1)抽检数量:梁、柱构件按接头数的13%抽取,且每个构件的接头抽验数不得少于一个接头。基础、墙、板构件按各自接头数,每100个接头作为一个验收批,不足100个也作为一个验收批,每批抽检3个接头。

(2)抽检的接头应全部合格,如有一个接头不合格,则该验收批接头应逐个检查,对查出的不合格接头应进行补验,并按表4-36要求填写接头质量检查记录。

课题5 结构普通混凝土取样和试验

结构混凝土属于见证取样送检的范围,同时按计划结构实体重要部位必须进行同条件养护试件强度见证检测。

5.1 执 行 标 准

结构普通混凝土取样试验施工应执行以下标准
(1)《混凝土结构工程施工质量验收规范》(GB 50204—2002)
(2)《混凝土强度检验评定标准》(GBJ 107—87)
(3)《普通混凝土配合比设计规程》(JGJ/T 55—2000)
(4)《混凝土泵送施工技术规程》(JGJ/T 10—25)
(5)《粉煤灰混凝土应用技术规程》(J 10868—2006)
(6)《混凝土外加剂应用技术规程》(GB 50119—2003)
(7)《预拌混凝土》(GB 14902—2003)
(8)《混凝土拌合用水标准》(JGJ 63—89)

5.2 必 试 项 目

检验结构性能要求有三个方面:和易性、强度和耐久性,故必须做稠度试验和抗压强度试验。

根据《民用建筑工程室内环境污染控制规范》(GB 50325—2001)对材料的规定,商品混凝土应测定放射性指标限量。

5.3 和易性及其坍落度取样的试验方法

和易性系指混凝土硬化前的混凝土拌合料的性能,它包括流动性、黏聚性和保水性。流动性好,操作方便易于捣实,便于填充模板各个角落成型,若配合比不当,黏聚性差,易分层,离析,泌水造成蜂窝、麻面、保水性差,泌水使混凝土疏松,形成孔隙,因此,和易性不仅关系到施工操作的难易,更关系到混凝土硬化后的强度和耐久性,用坍落度来测其流动性,再凭经验判断其黏聚性和保水性。

5.3.1 坍落度试验取样：坍落度试验适用于塑性和低塑性混凝土，即混凝土坍落度大于10mm。

(1) 取样地点：应从混凝土浇筑地点随机取样，从同一盘搅拌机或同一车运送的混凝土中取样，商品混凝土是在交货地点取样。

(2) 取样频率：每个作业开盘时检查坍落度，合格后才能浇筑，中间要随时检查，每工作班至少检查两次，抗压强度试件制作，采样时先检查坍落度，合格后再制试件，要做记录并写入混凝土抗压强度试验报告委托书，商品混凝土在施工现场应有坍落度检验记录写入委托单。

5.3.2 坍落度试验方法

1) 试验设备

(1) 坍落度筒：由厚度为1.5mm的薄钢板制成的圆锥形筒，其内壁光滑，无凹凸部位，底面与顶面应互相平行并与锥体的轴线相垂直。如图4-37所示。

(2) 捣棒：直径16mm，长600mm的钢棒。如图4-37所示。

(3) 其他工具：小铲、直尺、钢尺、喂料斗等。

2) 试验步骤

(1) 润湿坍落度筒及其他工具，并把筒放在刚性不吸水的水平面上，然后再用脚踩住两个脚踏板，使坍落度筒在装料时保持位置固定。

(2) 把按要求取得混凝土使用小铲分三层均匀的装入小筒内，每层高度在捣实后大致应为坍落度筒筒高的

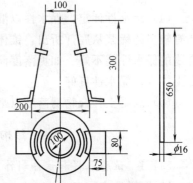

图 4-37 坍落度筒及捣棒

三分之一，每层用捣棒插捣25次。插捣应呈螺旋形由外向中心进行，各次插捣均应在截面上均匀分布，插捣底层时捣棒应贯穿整个深度，插捣第二层捣棒应插透本层，并应刚刚插入下面一层。

(3) 浇灌表层时，混凝土应灌满到高出坍落度筒，插捣过程中如混凝土沉落到低于筒口，则应随时添加，以便它自始至终都能保持高出筒顶。顶层插捣完后，刮去多余的混凝土，用抹子抹平。

(4) 清除筒边底板上的混凝土，垂直平稳地提起坍落度筒；坍落度筒提高过程应在5~10s内完成。

从开始装料到提起坍落度筒的整个过程应不间断的进行，并应在150s内完成。

(5) 提起坍落度筒后，立即量测筒高与坍落后的混凝土试体最高点之间的高度差，即为该混凝土的坍落度。如图4-38所示。

5.3.3 试验结构评定

(1) 坍落度筒提起后，如混凝土拌合物发生崩塌或一边剪切现象，如图4-39所示，则应重新取样进行测定，如第二次试验仍出现上述现象，则表示该混凝土和易性不好，应予记录备案。

(2) 正常测定坍落度值填入记录表内，与要求的坍落度值进行比较，要求坍落度≤40mm时，允许偏差±10mm，要求坍落度50~40mm时，允许偏差±15mm，要求坍落

度≥100mm 时，允许偏差±20mm，坍落度在允许偏差范围内就为合格，否则为不合格。

（3）黏聚性评定：黏聚性的检查方法使用捣棒在已坍落的混凝土锥体侧面轻轻敲打。此时，如果锥体渐渐下沉，则表示黏聚性良好，如果锥体倒塌部分崩裂或出现离析现象，则表示黏聚性不好。如图 4-39 所示。

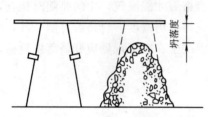

图 4-38 混凝土拌合物坍落度测定

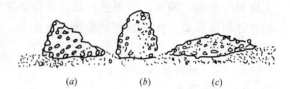

图 4-39 坍落度试验合格与不合格示意图
(a) 部分（剪切）坍落型；(b) 正常坍落型；(c) 崩溃型

（4）保水性评定：保水性以混凝土拌合物中稀浆析出的程度来评定。坍落度筒提起后如有较多的稀浆从底部析出，锥体部分的混凝土也因失浆而骨料外露，则表明此混凝土拌合物的保水性能不好。如坍落度筒提起后无稀浆或仅有少量稀浆自底部析出，则表示此混凝土拌合物保水性良好。

（5）混凝土拌合物坍落度以毫米为单位，结果精确至 0.5mm。

5.4 结构混凝土强度试验取样和试验方法

5.4.1 试验取样和试件制作

1) 取样地点

（1）现场搅拌混凝土，取样应在混凝土浇筑地点随机取样，每组三个试块应在同一盘搅拌的混凝土中取样，应在搅拌后第三盘至结束前 30min 之间取样，当拌合地点距浇筑地点不远时，也可在拌合地点随机取样。

（2）商品混凝土，除预拌厂内按规定留取试块外，商品混凝土送至混凝土施工现场后进行交货检验，其混凝土试验应在交货地点同一车运送的混凝土卸料量的 1/4～3/4 之间取样，每个取样量应满足所需用量的 1.5 倍，且不少于 0.2m³。

2) 试块留置数量

（1）每拌制 100 盘且不超过 100m³ 的同配合比混凝土，不得少于 1 次。

（2）每工作班拌制的同一配合比的混凝土不足 100 盘时，不得少于 1 次。

（3）每一次连续浇筑超过 1000m³ 时，同一配合比的混凝土每 200m³ 不得少于 1 次。

（4）每一现浇楼层段，同一配合比混凝土每一验收批不得少于 1 次。

（5）每次取样应留置同条件养护试件，同条件养护试件的留置组数应根据实际需要确定，如拆模、提前结构验收等。

（6）《混凝土结构工程施工质量验收规范》（GB 50204—2002）要求，每一种设计强度等级混凝土都要有计划地留置一定数量的同条件养护试件，试验结果按规定的办法评定，作为结构实体检验。

（7）冬期施工，增留不少于 2 组同条件养护试块和转常温试块及临界强度试块。

3) 试模的尺寸要求：试模是由铸铁或钢制成，应有足够的刚度和拆装方便，内表面要机械加工，平整度为 100mm 不超过 0.05mm，组装后其相邻面的不垂直度不应超过 ±0.5°，试模应根据粗骨料尺寸而定。

(1) 当骨料最大直径小于等于 31.5mm 时，试块尺寸用 100mm×100mm×100mm，此试模为非标准试模，其试块强度折合系数为 0.95。

(2) 当骨料最大直径小于等于 40mm 时，试块尺寸用 150mm×150mm×150mm，此试模为标准试模。

(3) 当骨料最大直径小于等于 60mm 时，试块尺寸用 200mm×200mm×200mm，其试块强度折合系数为 1.05。

取样之前要检查模具，防止采用不合格劣质模具。

4) 试件制作步骤

取样之后立即制作，成型方法根据坍落度而定，坍落度不大于 70mm 的混凝土宜用振动台振实，坍落度大于 70mm 的混凝土宜用捣棒人工捣实，并先在模内壁涂以隔离剂。

(1) 振动台成型：混凝土拌合物应一次装入试模，装料使用抹子沿模内壁略加插捣并使拌合物溢出试模上口，振动时将试模固定防止试模在振动台上自由跳动，振动要持续到混凝土表面出浆时为止，刮出多余的混凝土并用抹子抹平，振动台频率（50±5）Hz，空载时振幅约为 0.5mm。

(2) 人工插捣成型：混凝土拌合物应分为二次装入试模，每层的装料厚度大致相等，插捣棒为钢制，长 600mm，直径为 16mm，端部应磨圆。插捣按螺旋方向从边缘向中心均匀进行。插捣底层时，捣棒应达到试模表面，插捣上层时，插棒应穿入下层深度为 20~30mm。每层插捣次数一般为每 100cm^2 不应少于 12 次。捣完后，除去多余混凝土，用抹子抹平。

(3) 强度试件的制作应在 40min 内完成。

(4) 试件成型后应覆盖表面，在（20±2）℃静置 1~2d，然后拆模，编号，转入保养。

(5) 见证取样：混凝土试件必须由施工单位取样人会同见证人一起完成，见证封锁，填好委托书送至试验室。

5.4.2 试块的养护。拆模后的试块应立即放在温度为（20±2）℃、湿度为 90% 以上的标准养护室内养护，在标准养护室内的试块应放在架上，彼此间隔为 10~20mm，并应避免用水直接冲淋试件，当无标准养护室时，混凝土试件可在温度为（20±2）℃的不流动水中养护，水的 pH 值不应小于 7。

5.4.3 立方体抗压强度试验

1) 试验目的与适用范围：测定混凝土立方体的抗压强度，以检验材料质量，确定、校核混凝土配合比，并为控制施工质量提供依据。

2) 试验设备：

(1) 压力试验机：精度至少应为 ±1%，选择压力试验机的量程时应在试件的预期破坏荷载值的 1.2~1.8 倍。试验机上、下压板应有足够的刚度，其中的一压板（最好是上压板）应带有球形支座，使压板与试件接触均衡。

与试件接触的压板或垫板的尺寸应大于试件的承压面，其不平度要求应为每 100mm 不超过 0.02mm。

(2) 钢尺：量程300mm，最小刻度1mm。
3) 试验步骤：
(1) 试件从养护地点取出应尽快进行试验，以免试件内部的温、湿度发生显著变化。
(2) 试件在试压前应先擦拭干净，测量尺寸并检查其外观。试件尺寸测量精确至1mm，并据此计算试件的承压面积 A。如实测尺寸与公称尺寸相差不超过1mm，可按公称尺寸进行计算。

试件承压面的不平交叉不大于试件边长的0.05%，承压面与相邻面的不垂直度偏差应不大于±1°。

(3) 将试件安放在试验机下压板上，试件的中心与试验机下压板中心对准。试件的承压面与四面垂直，开动试验机，当上压板与试件接近时，调整球座，使接触均衡。以0.3~0.8MPa/s的速度连续而均匀地加荷，当试件接近破坏而开始迅速变形时，应停止调整试验机油门，直至试件破坏，然后记录破坏荷载（F）。

4) 试验结果质量判定
(1) 混凝土立方体试件抗压强度按下式计算：

$$f_{cu,i} = \frac{F}{A}$$

式中　$f_{cu,i}$——混凝土立方体试件抗压强度（MPa）；
　　　F——破坏荷载（N）；
　　　A——试件承压面积（mm²）。

混凝土立方体试件抗压强度计算应精确至0.1MPa。

(2) 以三个试件的算术平均值作为该组试件的抗压强度值，三个测值中的最大值或最小值中如有一个与中间值的差值超过中间值的15%时，则把最大及最小值一并舍除，取中间值作为该组试件的抗压强度值，如两个测值与中间值相差均超过15%，则此组试验结果无效。

(3) 取150mm×150mm×150mm试件的抗压强度为标准值，用其他尺寸试件测定的强度值换算标准值时均应乘以尺寸换算系数。200mm×200mm×200mm试件，换算系数为1.05。100mm×100mm×100mm试件换算系数为0.95。

(4) 试验结果如采用非统计方法判定是否合格时，按下式计算：

$$mf_{cu} \geq 1.15 f_{cu,k}$$
$$f_{cu,min} \geq 0.95 f_{cu,k}$$

式中　mf_{cu}——一个验收批试件立方抗压强度的平均值；
　　　$f_{cu,k}$——混凝土强度设计标准值；
　　　$f_{cu,min}$——一个验收批试件立方抗压强度的最小值。

5.5　混凝土结构的耐久性

钢筋混凝土建筑正常使用年限50年以上，但由于混凝土碳化，浇筑不密实，露筋等，使钢筋锈蚀引起膨胀，或碱-骨料反应引起膨胀，使混凝土构件开裂，造成建筑物破坏，故重要工程的混凝土进行耐久性的试验。

耐久性包括抗冻性、抗渗性、抗蚀性、抗碳化性、抗风化性及碱-骨料反应等性能。

高强度混凝土和特别重要的工程应进行碱-骨料反应试验。

混凝土结构耐久性应根据环境类别和设计使用年限进行设计、施工、检验。混凝土结构的环境类别见表 4-37。

一、二类和三类环境中，设计使用年限为 50 年的结构混凝土应符合表 4-38 的要求。

混凝土结构的环境类别   表 4-37

环境类别		条　　件
一		室内正常环境
二	a	室内潮湿环境；非严寒和非寒冷地区的露天环境、与无侵蚀性的水或土直接接触的环境
	b	严寒和寒冷地区的露天环境、与无侵蚀性的水或土直接接触的环境
三		使用除冰盐的环境；严寒和寒冷地区冬季水位变动的环境；滨海室外环境
四		海水环境
五		受人为或自然的侵蚀性物质影响的环境

结构混凝土耐久性的基本要求   表 4-38

环境类别		最大水灰比	最小水泥用量 (kg/m^3)	最低混凝土强度等级	最大氯离子含量(%)	最大碱含量 (kg/m^3)
一		0.65	225	C20	1.0	不限制
二	a	0.60	250	C25	0.3	3.0
	b	0.55	275	C30	0.2	3.0
三		0.50	300	C30	0.1	3.0

注：1. 氯离子含量指其占水泥用量的百分率；
　　2. 预应力构件混凝土中的最大氯离子含量为 0.06%，最小水泥用量为 300kg/m³；最低混凝土强度等级应按表中规定提高两个等级；
　　3. 当混凝土中加入活性掺合料或能提高耐久性的外加剂时，可适当降低最小水泥用量；
　　4. 当使用非碱活性骨料时，对混凝土中的碱含量可不作限制。

5.6　抗渗混凝土试件取样和试验方法

5.6.1　执行标准：抗渗混凝土执行国家标准《混凝土强度等级检验评定标准》（GBJ 107—87），《普通混凝土配合比设计规程》（JGJ 55—2000），《普通混凝土长期性能和耐久性能试验方法》（GBJ 82—85）。

5.6.2　抗渗混凝土必试项目：抗压强度和抗渗等级。抗压强度检验同普通混凝土的抗压强度检验相同。

5.6.3　取样地点：在浇筑地点制作抗渗和抗压强度试验试块必须是同一次拌合物。

5.6.4　试块模具：顶面直径为 175mm，底面直径为 185mm，高度为 150mm 的圆台，以 6 个试块为一组。

5.6.5　试块留置频率：同混凝土强度等级，同一抗渗等级。同一配合比，同种原材料，每单位工程不少于两组，连续浇筑 500m³ 混凝土以下应留置两组，一组标准养护，一组同条件养护，每增加 250～500m³ 混凝土应增加两组试块。每单位工程不得少于两组。

5.6.6　试块制作：与普通混凝土强度试块制作要求相同，试块成型后 24h 拆模，用钢丝刷刷去上下两端面水泥浆膜，然后送保养室养护，养护不少于 28d，不超过 90d。

5.6.7 抗渗性能试验

1) 试验设备

(1) 混凝土渗透仪：HS-40型混凝土渗透仪能使水压按规定稳定作用在试块上的渗透装置。

(2) 螺旋加压器、压力机或其他加压装置。

(3) 钢丝刷、电炉、铁槽、开刀等。

(4) 密封材料：石蜡、火漆、松香或其他可靠的密封材料。

2) 试验步骤：

(1) 试块养护至试验前1d取出，将表面涂开并擦拭干净，然后将所用的密封材料（石蜡与火漆的重量比约4:1，石蜡与松香比约5:1，也可同沥青等材料），放在平底小铁盘内进行加热融化，待完全融化后将试块侧面放在融化后的铁盘上进行均匀滚涂一层。

(2) 用螺旋加压器或压力机将涂有密封材料的试块压入预热的抗渗试件套内，预热温度约52℃，要求试块与试件套的底面压平为止，待试件套稍冷却后即可解除压力。

(3) 排除渗透仪管路系统中的空气，并将密封好的试件安装在渗透仪上。

(4) 试压从水压为0.1MPa开始，以后每隔8h增加水压0.1MPa，并随时注意观察试块端渗水情况。

(5) 当6个试块中由3个试块端面呈有渗水现象时，即可停止试验，记下当时的水压。如加至规定压力，在8h内6个试件中表面渗水的试块不超过2h，或加压到1.2MPa，并经过8h挤压，渗水试块仍不超过2个，也应停止试验，记下此时的水压力。

(6) 在试验过程中，如发现水从试块周边渗出，则应重新密封。

3) 抗渗结果计算

(1) 混凝土的抗渗等级从每组6个试块中4个未出现渗水时的最大压力表示。其计算式为：
$$P = 10H - 1$$
式中 P——抗渗等级；

H——6个试块中第三个渗水时的水压力（MPa）。

(2) 如压力加至1.2MPa，经过8h渗水仍不超过2个。混凝土的抗渗等级应等于或大于P12。

5.7 碱-骨料反应试验

砂石骨料中会有一定的活性物质，与含碱性的水泥（当量$Na_2O > 0.6$）中的碱性物质发生化学反应，引起混凝土的膨胀开裂至破坏叫碱-骨料反应。

5.7.1 执行标准

(1)《普通混凝土用砂质量标准及检验方法》(JGJ 52—92)

(2)《普通混凝土用碎石或卵石质量标准及检验方法》(JGJ 53—92)

(3)《砂石碱活性快速鉴定方法》(CECS 48:93)

(4)《硅碱含量限值标准》(CECS 53:93)

5.7.2 碱-骨料反应的种类

(1) 碱-氧化硅反应。由水泥或其他来源的碱与骨料中活性SiO_2发生的化学反应导致砂浆或混凝土发生异常膨胀，代号为ASR，活性骨料有蛋白质、方石英、千板岩、粉砂岩。

(2) 碱-碳酸盐反应，由水泥或其他来源的碱与白云骨料中白云石晶体发生的化学反应导致砂浆或混凝土发生异常膨胀，代号为 ACR。

5.7.3 碱活性检验的方法

对重要工程的混凝土所使用的碎石或卵石、砂应进行碱活性检验。

(1) 首先应采用岩相法检验碱活性骨料的品种、类型和数量，可由地质部门提供。

(2) 石骨料中含有活性二氧化硅，应采用化学法和砂浆棒长度膨胀法进行检验。

(3) 石骨料中含有活性碳酸盐时，应采用面柱法进行检验。

5.7.4 岩相法试验

1) 适用范围：本方法适用于鉴定碎石、卵石的岩石种类、成分、检验集料中活性成分的品种和含量。

2) 试验设备

(1) 试验筛：孔径为 80、40、20、5mm 的圆孔筛及筛的底盘和盖各一只。

(2) 案称：称量 100kg，感量 100g。

(3) 天平：称量 1kg，感量 1g。

(4) 切片机、磨片机。

(5) 实体显微镜、偏光显微镜。

3) 试验步骤

(1) 先将样品风干，并按下表 4-39 的规定筛分、称取试样。

岩相试验试样最少重量　　　　　表 4-39

粒径(mm)	试样最少重量(kg)	粒径(mm)	试样最少重量(kg)
40～80	150	5～20	10
20～40	150		

注：1. 大于 80mm 的颗粒，按照 40～80mm 一级进行试验；
　　2. 试样最少数量也可以颗粒计，每级至少 300 颗。

(2) 用肉眼逐个观察试样，必要时试样放在砧板上用地质锤击碎（应使岩石碎片损失最小）。观察颗粒新断面，将试样按岩石品种分类。

(3) 每类岩石先确定其品种及外观品质，包括结构成分、风化程度、有无裂缝、坚硬性、有无包裹体及断口形状等。

(4) 每类岩石均应用切片机制成岩平块薄片。用磨片机打磨后在显微镜下鉴定砂砾组成、结构等，特别应测定其隐晶质、玻璃质成分的含量、测定结构填如下表 4-40 中。

4) 结果评定：根据岩相鉴定结果，对于不含活性矿物的岩石，可评定为非碱活性集料。如评定为碱活性集料或可疑时，应按有关规定进行进一步鉴定。

5.7.5 化学方法试验

1) 适用范围

本方法在规定条件下，测定碱溶料和集料反应溶出的二氧化硅浓度及碱度降低值，借以判断集料在使用高碱水泥的混凝土中是否会产生危害性的反应。本方法适用于鉴定由硅质集料引起的碱性反应，不适用于碳酸盐的集料。

2) 试验的仪器、设备和试剂

集料活性成分含量测定表　　　　　　　　　表 4-40

委托单位			样品编号	
样品产地、名称			检测条件	
	粒径(mm)	40~80	20~40	5.0~20
	重量百分数(%)			
	岩石名称及外观品质			
碱活性矿物	品种及占本级配试样的重量百分含量(%)			
	占试样总重的百分含量(%)			
	合计			
结论			备注	

技术负责：　　　　　　校核：　　　　　　　　检测：　　　　　　　　检测单位：

（1）反应器：容量 50~70mL，用不锈钢或其他耐热抗碱材料制成，并能密封，不透气漏水，其形式、尺寸如图 4-40 所示。

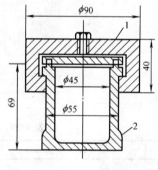

图 4-40　反应器
1—反应器盖；2—反应器筒体

（2）抽送装置：10L 的真空泵或其他效率相同的抽气装置，50mL 抽滤瓶等。

（3）研磨装置：小型破碎机和粉磨机，能把集料粉碎成粉径 0.16~0.315mm。

（4）试验筛：0.16、0.315mm 筛各一个。

（5）天平：称量 100g（或 200g），感量 0.1mg。

（6）恒温水浴：能在 24h 内保持 80 ± 1℃。

（7）高温炉：最高温度 1000℃。

（8）试剂：分析纯氢氧化钠。

3）溶液的配置与试样制备

（1）配置 1.000mol/L 氢氧化钠溶液：称取 40g 分析纯氢氧化钠溶于 1000mL 新煮沸并经冷却的蒸馏水中摇均，贮于装有钠石灰干燥管的聚乙烯瓶中，配置后的氢氧化钠溶液应用于磷苯二钾酸氢钾标实，准确至 0.001mol/L。

（2）准备试样：取有代表性的集料样品约 500g，用破碎机将集料破碎，用粉磨机粉磨，在 0.16 和 0.315 的筛子上过筛，弃去通过 0.16mm 筛的颗粒，留在 0.315mm 的筛上的颗粒需反复淹没，直到全部通过 0.315mm 筛为止，然后用磁铁吸出破碎样品时带入的铁屑，为了保证小于 0.16mm 的颗粒全部弃除，应将样品放在 0.169mm 的筛上，先用自来水冲洗，再用蒸馏水冲洗，一次冲洗的样品不多于 100g，洗涤过的样品放在 105 ± 5℃烘箱中烘 20 ± 4h，冷却后再用 0.16mm 筛筛去细屑，制成试样。

4）试验步骤

（1）称取备好的试样 25 ± 0.05g 三份。

（2）将试样放入反应器中，用移液管加入 25mL 经标定浓度为 1.000mol/L 的氢氧化钠溶液。另取 2~3 个反应器不放样品，加入同样的氢氧化钠溶液作为室内试验。

（3）将反应器的盖子盖上（带橡皮垫圈），轻轻旋转摇动反应器，以排出粘附在试样上的空气，然后加夹具密封反应器。

（4）将密封反应器放在 80 ± 1℃的恒温水浴中 24h。然后取出，将其放在流动的自来

水中冷却 15 ± 2 min，立即开盖，用瓷质古氏坩锅过滤，(坩锅内应该放一块大小与坩锅底相吻合的快速滤纸)。过滤时将坩锅放在带有橡皮坩锅套的巴氏涡斗上，巴氏涡斗装在抽滤瓶上，抽滤瓶中放一支容量 35～50mL 的干燥试管，用以收集滤液。

（5）开动抽气系统，将少量溶液倾入坩锅中润湿滤纸，滤纸紧贴在钳锅底部，然后继续倾入溶液，不要搅动反应器内的残渣。待溶液全部倾出后，停止抽气，用不锈钢或塑料小勺将残渣移入坩锅中并压实，然后再抽气，调节气压在 380mm 水银柱，直至每 10s 滤出溶液一滴为止。

（6）过滤完毕，立即将滤液摇匀，用移液管吸取 10mL 滤液移入 200mL 容量瓶中，稀释至刻度摇匀，以备测定溶解的二氧化硅含量和碱度降低值用。

（7）用重量法测定溶液中的可溶性二氧化硅含量。

a. 吸取 100mL 稀释液，移入蒸发皿中，加入 5～10mL 的浓盐酸（相对密度 1190kg/m³）。在水浴上蒸至湿盐状态，在加入 5～10mL 浓盐酸（密度 1190kg/m³），继续加热至 70℃ 左右，保温并搅拌 3～5min，加入 10mL 新配制的 1％动物胶（1g 动物胶溶于 100mL 热水中）搅匀，冷却后用无灰滤纸过滤，先用每升含 5ml 盐酸的热水洗涤沉淀，再用热蒸馏水充分洗涤，直至无氯离子反应为止。

b. 将沉淀物连同滤纸移入坩锅中，先在普通电炉上烘干并碳化，再放在 980～950℃ 的高温炉中灼烧至恒重（m_2）。

c. 用上述同样方法测定室内试验稀释液中二氧化硅的含量（m_1）。

d. 溶液中二氧化硅的含量按下式计算（精确至 0.001）：

$$CSiO_2=(m_2-m_1)\times 3.33$$

式中　$CSiO_2$——滤液中的二氧化硅浓度（mol/L）；

　　　m_2——100ml 试样的稀释液中二氧化硅含量（g）；

　　　m_1——100ml 室内试验的稀释液中二氧化硅的含量。

（8）单终点法测定碱度降低值（δ_R）的测定步骤

a. 配制 0.05mol/L 盐酸标准溶液，量取 4.2ml 浓盐酸（密度 1190kg/m³）稀释至 1000ml。

b. 配制碳酸钠标准溶液：称取 0.05g 无水碳酸钠，置于 125ml 的锥形瓶中，用新煮沸的蒸馏水溶解，以甲基橙为指示剂，标定盐酸并计算精确至 0.0001mol/L。

c. 配制甲基橙指示剂：取 0.1g 甲基橙溶解于 100mL 蒸馏水中。

d. 吸取 20mL 稀释液至于 125mL 的锥形瓶中，加入酚酞指示剂 2～3 滴，用 0.05mol/L 盐酸标准溶液滴定至无色。

e. 用同样的方法滴定室内试验的稀释液。

f. 碱度降低值按下式计算（精确至 0.001）

$$\delta_R=(20CHCl/V_1)\cdot(V_3-V_2)$$

式中　δ_R——碱度降低值（mol/L）；

　　$CHCl$——盐酸标准溶液的浓度（mol/L）；

　　　V_1——吸取稀释液数量（mL）；

　　　V_2——滴定试样的稀释液消耗盐酸标准溶液量（mL）；

　　　V_3——滴定空白的稀释液消耗盐酸标准溶液量（mL）。

5) 试验结果：以三个试样测值的平均值作为试验结果，并测值与平均值之差不得大于下述范围。

（1）当平均值大于 0.1mol/L 时，差值不得大于 0.012mol/L。

（2）当平均值等于或小于 0.1mol/L 时，差值不得大于平均值的 12%，误差超过上述范围的测值需剔除，取其中两个测值的平均值作为试验结果，如一组试验的测值少于 2 个时，需重新试验。

（3）当试验结果出现以下两种情况的任一种时，则还应进行砂浆长度法试验。

a. $\delta_R > 0.07$ 并 $CSO_2 > \delta_R$

b. $\delta_R < 0.07$ 并 $CSO_2 > 0.035 + \delta_R/2$

（4）如果试验结果不出现上述情况，则可判定为无潜在危害。

5.7.6 砂浆长度法

本法适用于鉴定硅质集料与水泥中的碱产生潜在反应的危险性，本方法不适用于碳酸盐材料。

1）试验仪器设备：

（1）试验筛：0.16、0.315、0.63、1.25、2.5、5mm 筛。

（2）胶砂搅拌机：应符合现行国家标准《水泥物理检验仪器、胶砂搅拌机》的规定。

（3）镘刀及截面为 14mm×13mm，长 120～150mm 的钢制捣棒。

（4）量筒、秒表、跳泵等。

（5）试模和测头（埋钉）：金属试模规格为 40mm×40mm×160mm，试模两端板正中有小洞，以便测头在此固定埋入砂浆，测头以不锈钢重金属制成。

（6）养护筒：用耐磨材料（如磨料）制成，应不漏水，布头器，加盖后在养护室能确保筒内空气相对湿度为 95%以上，筒内设有试件架，架下盛水，试件垂直立于架上并不与水接触。

2）试件制作

（1）制作试件的材料应符合下列规定

a. 水泥：水泥含碱量为 1.2%。低于此值可掺浓度 10% 的 NaOH 溶液，将系统的碱含量调至水泥量的 1.2%，对具体工程如所用水泥含碱量高于此值，则用工程所使用的水泥。

b. 集料：将试验缩分至约 5kg，破碎筛分后，各粒级都要用在筛上用水冲净粘附在集料上的淤泥和细粉，然后烘干备用，集料按下表 4-41 的级配配成试验用料。

集料级配表　　　　　　　　表 4-41

筛孔尺寸(mm)	5.00～2.50	2.50～1.25	1.25～0.630	0.630～0.315	0.315～0.160
分级重量(%)	10	25	25	25	15

（2）制作试件用的砂浆配合比应符合下列规定：水泥与集料的重量比为 1∶2.25 一组 3 个试件共需水泥 600g，集料 1350g，砂浆用水量按《水泥胶砂流动测定法》（GB 132419）选定，跳泵、跳动次数为 6.5～10 次，以流动度在 105～120mm 为准。

（3）试件制作方法

a. 成型前 24h，将试验所用材料放入 20±2℃ 的恒温室中。

b. 集料水泥浆制备：将称好的水泥，集料倒入搅拌锅内，开动搅拌机，拌合 5s 后，徐徐加水，20～30s 加完，自开动机器起搅拌 120s，将粘在叶片上的料刮下，取下搅拌锅。

c. 砂浆分两层装入试模内，每层用捣棒捣 20 次。注意测头周围应捣实，浇捣完毕后用镘刀剔除多余砂浆，抹平表面并编号，并标明测定方向。

3) 试验步骤：

(1) 试件成型完毕后，带模放入标准养护室，养护 24h 后，脱膜（当试件强度软化时，可延至 48h 脱膜）。脱膜后立即测量试件的长度，此长度为试件的基准长度，测长度应在 20±3℃ 的恒温室内进行，每个试件至少重复测试两次，取差值在仪器精度范围内的 2 个读数的平均值作为长度测定值，待测的试件须由湿布覆盖，以防止水分蒸发。

(2) 测量后将试件放入养护筒中，盖严筒盖放入 40±2℃ 的养护室里养护（同一筒内的试件品种应相同）。

(3) 测量龄期自测量基准长度时算起，周期为 2 周、4 周、8 周、3 个月、6 个月，如有必要还可适当延长。在测长前一天，应把养护筒从 40±2℃ 的养护室取出，放入 20±2℃ 恒温室。试件的测长方法与测基准长度相同，测量完毕后，应将试件掉头放入养护筒中。盖好筒盖，放回 40±2℃ 的养护室继续养护到下一测试龄期。

(4) 在测量时应对试件进行观察，内容包括试件变形、裂缝、渗出物等，特别要注意有无胶体物质，并作详细记录。

(5) 试件的膨胀率应按下式计算（精确至 0.01%）

$$\varepsilon_t = \frac{l_t - l_0}{l_0 - 2l_d} \times 100\%$$

式中 ε_t——试件在 t 天龄期的膨胀率（%）；

l_t——试件在 t 天龄期的长度（mm）；

l_0——试件的基准长度（mm）；

l_d——测头（即埋钉）的长度（mm）。

4) 试验结果评定

(1) 以三个试件膨胀率的平均值作为某一龄期膨胀率的测定值，在一试件膨胀率与平均值之差不得大于下列范围：

a. 当平均膨胀率小于或等于 0.005% 时，其差值均应小于 0.01%。

b. 当平均膨胀率大于 0.05% 时，单个测值与平均值的差值应小于平均值的 20%。

c. 当三个的膨胀率超过 0.1% 时，无精度要求。

d. 当不符合上述要求时，去掉膨胀率最小的试件，用剩余两个的试件平均值作为该龄期的膨胀率。

(2) 对于石料，当砂浆半年膨胀率低于 0.1% 时，或 3 个月膨胀率低于 0.05% 时，可判为无潜在危害。反之，如超过上述数值，应判为具有潜在危害。

课题 6 砌筑砂浆取样和试验

砌筑砂浆属于见证取样送检的范围，其取样和试验应符合以下要求。

6.1 执 行 标 准

砌筑砂浆取样和试验按以下标准执行。

6.1.1 《砌体工程施工质量验收规范》(GB 50203—2002)

6.1.2 《砌筑砂浆配合比设计规程》(JGJ/T 98—2000)

6.1.3 《建筑砂浆基本性能试验方法》(JGJ 70—90)

6.2 必 试 项 目

砌筑砂浆必须做的试验项目包括：砌筑砂浆的分层度、稠度和抗压强度。其中，我国以抗压强度作为评定质量的依据。

6.2.1 稠度检验

砂浆稠度直接影响砂浆的和易性、流动性和可操作性，在施工过程中要经常检查稠度的变化、要控制用水量。

1) 试验仪器设备

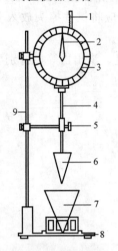

图 4-41 砂浆稠度测定仪
1—齿条测杆；2—指针；3—刻度盘；4—滑杆；5—固定螺旋；6—圆锥体；7—圆锥筒；8—底座；9—支架

(1) 砂浆稠度仪：由试锥、锥形容器和支座三部分组成。如图 4-41 所示。试锥高度为 45mm。试锥连同滑杆的重量为 300g，盛砂浆的圆锥形容器的高度为 180mm。

(2) 捣棒、秒表

2) 试验步骤

(1) 用湿布将锥形容器内壁和试锥擦干净，将砂浆拌合物一次装入容器，使砂浆高出容器口约 10mm 左右。

(2) 用捣棒自中心向边缘插捣 25 次，然后敲击容器 5~6 下，使砂浆表面平整。

(3) 将盛有砂浆的锥形容器置于稠度仪的底座上，放松固定螺旋使试锥的锥尖与砂浆的表面刚好接触时，拧紧固定螺旋。

(4) 使齿条测杆的下端与滑杆的上端接触，并将指针调至刻度盘零点。

(5) 突然放松固定螺旋，同时计时间，使试锥自由沉入砂浆中。

(6) 待 10s 时立即固定螺旋，从刻度盘上读出试锥下沉的深度，即为砂浆的稠度值，读数时精确到 1mm。

3) 试验结果评定

(1) 一般用于砖墙砌筑砂浆稠度为 70~100mm 为宜。

(2) 当砂浆的稠度不符合要求时，如稠度值小于规定值，应酌情加水或其他材料，经重新搅拌后再测试，直至满足要求为止。

(3) 锥形容器内的砂浆只允许测定一次，重复测定时应重新取样。

(4) 试验取两次试验结果的算术平均值作为砂浆的稠度值。

(5) 如两次试验结果之差大于 20mm，则应另取砂浆搅拌后重新测定。

6.2.2 保水性试验

砌筑砂浆保水性影响砂浆的粘结强度和抗压强度的增长。保水性试验是采用分层度试验的方法确定砂浆保水性。

1) 试验容器

(1) 砂浆分层度仪：分层度仪为圆形筒，内径为150mm，上节的高度为200mm。无底，下节带底净高100mm，上下两节连接处设有橡胶垫圈。用连接螺栓连在一起。如图4-42所示。

(2) 砂浆稠度仪、搅拌锅、木锤、抹子等。

试验步骤

a. 首先按砂浆稠度试验方法测定砂浆的稠度值K_1。

b. 将砂浆一次装入分层仪内，待装满后用木锤在容器周围距离大致相等的四个不同地方轻轻敲击1~2下，如砂浆沉落到低于筒口则应随时添加，然后刮去多余的砂浆用抹子抹平。

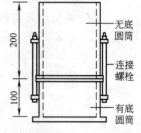

图4-42 砂浆分层测定仪

c. 静置30min后，去掉上节200mm的砂浆，将下节100mm砂浆倒出放在搅拌锅内搅2min，再按砂浆稠度的实验方法测定砂浆的稠度值K_2。

d. 两次测定的稠度之差（K_1-K_2），即为砂浆的分层度值，计算数值精确到1mm。

2) 试验结果评定

(1) 取两次试验结果的算术平均值作为该砂浆的分层度值，如两次的试验值之差大于20mm，应重做试验。

(2) 分层度$K=10\sim20$mm保水性最好，$K\leqslant30$mm为合格。

6.2.3 抗压强度试验

1) 试膜规格：70.7mm×70.7mm×70.7mm。模具由铸铁或钢制成，应具有足够的刚度，并拆装方便，内表面应机械加工，其不平度应每100mm不超过0.05mm，组装后各邻面的不垂直度不应超过±0.5°，见证员应检查模具是否合格，未检查不得取样。

2) 取样地点及频率

(1) 施工中取样应在搅拌机出料口随机取样制作，一组试样应在同一盘砂浆中取样。

(2) 每一楼层施工段或250m³砌体中各种强度等级的砂浆，每台搅拌机至少制作抗压试块一组6块，当砂浆强度等级或配合比变更时，应另做试块。

3) 抗压强度试件制作步骤

(1) 先将模内壁涂刷薄层隔离剂，向试模内一次灌注满砂浆，用捣棒（直径为10mm，长350mm的钢棒，端部磨圆）均匀由外向里螺旋方向插捣25次。

(2) 为防止低稠度砂浆捣固后可能留下圆孔，允许用油灰刀沿模壁插数次，使砂浆面层高出试模顶面6~8mm，当砂浆表面出现麻斑时（约15~30min），将高出部分的砂浆沿模顶面削去抹平。

(3) 试件制成后，应在20±5℃温度下，停留24±2h，气温低可延时，但不能超过两昼夜，然后进行拆模、编号、封存转入标准养护。

4) 试件抗压强度试验步骤

(1) 将试件从养护室取出后应尽快进行试验，试验前应擦干试件表面，并测定试件的尺寸（精确至 1mm），计算试件的受压面面积 A。

（2）以砂浆试件的侧面作为承压面，将试件放在试验机压板的正中，开动压力机，以 0.5~1.5N/s 的速度均匀加荷（强度小于等于 5MPa 时取下限，强度大于 5MPa 时取上限）。

（3）当试件接近破坏面开始迅速变形时，停止调整油门，直至试件破坏，记录破坏荷载 P_b。

5）抗压强度试验结果评定

（1）砂浆抗压强度按下式计算（精确至 0.1MPa）：

$$f_m = \frac{P}{A}$$

式中　f_m——试件的抗压强度（MPa）；

　　　P——试件的荷载值（N）；

　　　A——试件实测受压面积（mm^2）。

（2）以 6 个试件测定值的算术平均值作为该组试件的抗压强度值（精确至 0.1MPa），当 6 个试件的最大值或最小值与平均值的差超过 20% 时，以中间 4 个平均值为该组立方体抗压强度值。

（3）试件的试验结果符合以下标准为合格

a. 同品种、同强度等级各组试块平均值 $mf_m > f_{mk}$ 设计值。

b. 任意一组试块强度的最小差 $f_{mmin} \geqslant 0.75 f_{mk}$ 设计值。

c. 仅有一组试块时，试块平均值 $mf_m \geqslant f_{mk}$ 设计值。

课题 7　建筑材料试验工管理制度与考核

建筑材料试验工是一项十分重要的工作，因为建筑材料实验室对出具的试验报告结论负有法定责任，实验报告必须实事求是，数据及结论准确可靠，不得涂改，必须具有试验工、审核员、试验室技术负责人签字，因试验室工作差错而造成的损失，要追究有关试验人员和试验单位的责任，因此试验工不但要有过硬的技术本领。还要严格遵守实验室的各项管理制度。

7.1　建筑材料实验室的管理制度

为了加强对建筑材料实验室工作的管理，确保工程质量，凡是从事建筑材料和制定等级试验工作的实验室都要服从国家有关部门的统一管理。作为一名试验工要了解这些管理制度，遵守这些管理制度，才能完成本职的工作任务。

7.1.1　实验室的资质管理

建筑材料实验室实行资质等级管理共分 3 个等级。

1）一级实验室

（1）技术人员配备：具有 5 年以上实验室工作经历的工程师或高级工程师为负责人，有职称技术人员不少于 3 人，专职试验工 8~10 人，所有试验操作人员应持证上岗。

（2）试验设备：万能试验机、压力机、水泥软练设备一套、混凝土、砂浆试验设备，混凝土非破损检验设备,渗透仪、钢材化学分析设备,防水材料和涂料检验设备,混凝土、砂浆标准养护室,土工击实、密度试验等仪器,可控冰箱。

(3) 管理制度:有健全的管理制度,有完整的试验资料,有齐全的试验标准、规范及实验方法。

2) 二级实验室

(1) 技术人员配备:具有3年以上实验室工作经历的工程师为负责人,有职称技术人员不少于2人,专职的试验工5~8人,所有试验操作人员应持证上岗。

(2) 试验设备:万能试验机、压力机、水泥软练设备一套,混凝土、砂浆试验设备、渗透仪、土工击实、密度试验等仪器,防水材料试验设备,混凝土砂浆标准养护室。

(3) 管理制度与一级实验室相同。

3) 三级实验室:

(1) 技术人员配备:具有2年以上实验室工作经历的工程师或5年以上经历的助理工程师为负责人,有职称技术人员不少于2人,专职试验工3~5人,所有试验操作人应持证上岗。

(2) 试验设备:万能试验机、压力机、水泥软练设备一套,混凝土、砂浆标准养护室,土工击实仪。

(3) 管理制度与一级实验室相同。

7.1.2 实验室工作制度管理

(1) 建筑施工企业技术负责人,负责对本企业试验工作的监督管理。

(2) 各实验室工作必须严格遵循国家、部门和地区颁发的有关建筑工程的技术标准、规范和规程,应按等级批准的业务范围承担试验任务并出具报告。

(3) 实验室应参照《质量管理和质量保证标准》GB/T 19000—ISO 900 的要求,结合本单位实际情况建立健全的管理制度,包括试验管理,岗位责任,仪器设备管理,标准养护室管理,试验委托管理等,以确保试验工作的可靠性和准确度。

(4) 实验室对出具的实验报告结论负有法定责任,实验报告必须实事求是,数据及理论准确可靠,不得涂改。必须具有试验工、审核员及实验室技术负责人签字,因实验室工作差错而造成损失,要追究有关人员和试验单位的责任。

(5) 试验委托单、原始记录、实验报告等必须按专业分类建立台账,并统一编号,相互衔接,一切原始资料不准随意涂改,资料不准抽撤,根据工程需要,原始记录台账应保存至工程后3~4年,方可销毁。

(6) 实验室必须单独建立不合格试验项目台账,出现不合格项目应及时向企业主管领导和当地政府主管部门,质量监督站报告,其中,影响结构安全的建材应在24小时内向以上部门报告。

(7) 实验室应具备与试验业务相适应的工作环境,采光、照明、温湿度应满足试验要求。

(8) 建筑施工企业实验室出具的实验报告是工程竣工资料的重要组成部分,当建设单位或监理人员对建筑施工企业实验室出具的实验报告有异议时,可委托法定监测机构进行抽检,如抽检结果与企业实验报告相符,抽检费用由建设单位承担,反之,由建筑施工单位承担。

（9）从事建筑工程各项试验工作的专职试验人员，必须经当地建设主管部门统一培训，考核并获得岗位合格证书后，方能签署实验报告。

（10）各省、自治区、直辖市建设行政主管部门，应对实验报告单的格式做统一规定。

（11）实验室工作要严格执行国家《计量法》，实验仪器设备的性能和精确度应符合国家标准和有关规定，应定期鉴定，并有专人管理，建立管理台账，并在仪器设备上做出明显标识。

（12）对有制造、提供做试样、无证试验、超越业务范围出具实验报告、伪造、涂改、抽撤不合格试验单位等弄虚作假行为，要按《工程建设质量管理条例》及有关规定对负责人进行处罚，对情节恶劣，后果严重的，依法追究刑事责任。

7.1.3 试验程序

1）收样：对加工好的试件，根据规定数量送实验室，收样室应做好下列工作。

（1）检查样品的数量，加工尺寸以及委托试验报告单的项目填写是否符合要求。

（2）对所送试件进行编号，填写试验台账。按试验台账将试件送有关实验室，养护室和样品室。

2）见证取样：建筑施工企业试验逐步实行见证取样和送检制度，即在建设单位或监理人员的见证之下，由施工人员在现场取样，送至实验室进行试验，目前，应对结构用钢筋及焊接试件、混凝土试块、砌筑砂浆试块、防水材料等项目实行有见证取样及送检制度，见证取样应符合以下要求。

（1）每项工程的取样和送检见证人，由该工程的建设单位书面授权，委派在本工程现场的建设单位或监理人员1~2名担任，见证人应具备与工作相适应的专业知识，见证人及送检单位对试样的代表性、真实性负有法定责任。

（2）实验室在接受委托试验任务时，须由送检单位填写委托单，委托单上要设置见证人签名栏，委托单必须与统一委托试验的其他原始资料一并由实验室存档。

（3）建筑施工企业应在施工现场配备取样人员，做好试件的存放和养护工作。

3）试验：实验室接到样品后，根据原始台账进行核对，无误后，对试件规格进行精确的测量，然后进行试件加工或直接试验，各实验室对本室的环境湿度、温度、试件加工情况、试件过程中的特殊问题，要有记录，填写试验记录。

4）计算：计算人员根据每天的试验记录进行计算，计算时发现离散性大，不能得出结果时，应通知有关人员进行加倍复验。

5）审核签发：实验室对每项试验结果负责，试验的全过程必须要有严格的职责分工，试验、计算、审核、鉴定、抄写部分应有人负责，对每项结果都要逐个审查，审查无误后才能发正式报告。

7.2 建筑材料试验工的考核

7.2.1 理论知识考核的内容

（1）建筑施工图识读的基本知识

（2）材料力学基本知识

（3）建筑材料基本性质

（4）试验数据统计分析的基本知识

(5) 常用建筑原材料的基本知识
(6) 常用施工材料的基本技术性能
(7) 实验室的各项管理制度

7.2.2 操作能力考核的内容
(1) 常用水泥性能试验
(2) 钢筋主要技术性能的试验
(3) 建筑用砂性能试验
(4) 建筑用卵石、碎石性能试验
(5) 烧结普通砖性能试验
(6) 砂浆性能试验
(7) 混凝土性能试验
(8) 钢筋接头试验

单元 5 施 工 员

知 识 点： 施工图识读、工程测量、施工工艺、施工组织及管理。
教学目标： 施工图识读的能力，施工抄平放线的能力，组织施工的能力。

本专业的毕业生，在完成学业后大多数学生要从事施工员的工作。为了使学生达到施工员的水平，首先对本工作岗位的工作内容进行初步了解，掌握施工员在建筑施工企业应做哪些工作，在学习中应结合这些工作岗位的工作内容理论联系实际使自己具备胜任施工员的初步能力，达到零距离就业的目的。

在建筑施工中，施工员是现场生产最基层的组织者和领导者，如同作战时最前线的指挥官。施工员的职责是组织班组工人的生产，负责全面的完成上级下达的某一工程的分部或分项工程施工的任务。在建筑施工企业中，有的地方将施工员称为工长。根据工程的大小和建筑施工企业的具体情况，将施工员又分为专业施工员（如瓦工工长、木工工长、钢筋工长等）和主管施工员。主管施工员负责工程项目中的分部工程。专业施工员负责工程项目中的分项工程。一名主管施工员又分管了几名专业施工员。无论是专业施工员，还是主管施工员主要做好以下几项工作。

1.1 做好施工准备工作

施工员必须了解施工任务的规模、特点、难易程度、工期要求和材料供应情况、现场条件等，在思想上先形成一个概念，然后做好各项准备工作。

1.1.1 技术准备工作

（1）熟悉图纸，做到清楚的了解设计要求和质量要求与细部作法。

（2）熟悉施工组织设计。当施工组织设计批准执行后，施工组织设计是施工的指导性文件，因此要对其中生产布置、施工顺序、技术措施、质量措施、安全措施、节约措施等要了解清楚，以便指导自己在施工中的工作。

（3）熟悉施工规范要求。针对施工任务的内容选择施工规范，掌握国家或地方施工质量验收规范对这些工程的质量要求。

（4）熟悉施工环境，对施工现场要进行了解，包括施工水文地质情况，周围交通情况和当地治安人际关系情况。

（5）熟悉施工合同对施工工期、质量和经济指标要求。

1.1.2 施工现场准备工作

（1）按施工组织设计要求做好"四通一平"、临时道路、临时设施的修建工作。

（2）按施工组织设计要求组织施工机械、建筑材料、劳动力进入施工现场。

（3）按施工总平面图布置的要求进行材料堆放、施工机械的安置。

1.2 做好施工组织工作

1.2.1 准备施工场地：根据施工图的要求进行抄平放线，将施工的部分设置出施工的依据，组织工人根据此依据进行施工。

1.2.2 组织施工：在组织施工时，首先要考虑工序之间的衔接关系，工作面有多大，安排多少人合适，才能做到不窝工而工期又最短，如瓦工砌砖每个人要用的施工面、分施工段流水作业比较合适。木工安排多少人配料，几个人一挡比较合适。混凝土工操作面开几个岔子，放多少人合适。后台上料安排多少人才能跟得上等等，安排的好与不好对全面完成任务起决定性作用，要取得这类经验，就要在工作中随时积累资料，才能使自己形成丰富的施工经验。

1.2.3 向施工班组下达任务单。施工员要向自己管理的工作面施工的工人班组下达任务单。任务单是根据施工部位的工程、劳动定额的每工产量、班组的人数等因素确定几天能完成施工任务，以控制施工的进度。

1.2.4 按合理的施工顺序施工：建筑工地一般为多工种同时作业，多工种配合作业，组织好各工种互不干扰，组织不好就会造成互相扯皮，因此，在施工中先干什么，后干什么，怎样穿插才能不相互干扰，这些工作内容是施工员的主要工作任务。

1.3 做好交底工作

1.3.1 怎样进行交底：分项工程施工技术交底应由专业工长对专业施工班组进行交底。交底的目的是要把施工任务的内容、施工方法等用书面形式（简单项目也可用口头交底）告诉班组，使施工班组不致盲目施工，形成施工过程完全在施工员的控制之下。但是，每一项施工任务内容的情况不一，操作也有难易，因此要使工人真正清楚了解操作要求，有的一次可以交清，有的则反复交底或具体操作示范交底，使工人能真正明白为止，以免盲目施工造成差错导致返工。

1.3.2 交底的内容

(1) 交计划

就是向班组交待任务和进度要求，也就是向班组说明需要做什么工作，有多大工程量，要求什么时间开始，什么时间完成，工期是几天等。

(2) 交定额

即根据国家统一劳动定额确定完成此项施工任务时，每工产量是多少，使施工班组更好安排生产任务。

(3) 交措施与操作方法

这项内容是确保和提高工程质量的关键，要按照现行的国家施工验收规范和工艺标准，以及施工组织设计中规定的措施加以具体化。各个工种的具体内容在此不详细列举，总之就是使工人能根据交底进行施工。

(4) 交制度

在交底的同时，还要向班组交待在施工过程中应贯彻的各项制度，如：自检、互检、交接检、三上墙、样板制、分部分项工程评定以及现场文明施工管理制度等，提出具体要求。

(5) 交安全生产

在组织生产过程中，必须采取措施保障职工生产的安全，要针对施工项目的特点，提出具体安全措施向班组交待清楚，根据施工组织设计中的安全措施，设置各种安全装置。

1.3.3 交底总结

施工员在交底后应征求和听取工人的意见，这样一方面可以知道工人究竟了解了多少，另一方面也可以听听工人对交底内容中，对所讲施工操作措施的意见，可以充实我们的措施内容，使之更加完善。

1.4 做好操作中的指导工作

1) 通过技术交底，讲解操作方法，指出操作过程的注意事项以后，并不等于工人在施工中就能完全根据交底内容进行操作，可能有的工人由于操作不熟练或技术水平所限，达不到交底的要求，因此在施工中，施工员必须在现场指导操作，必要时还要进行示范操作，在进行示范操作时应注意以下几点：

(1) 讲明此分项工程分为几个工序：例如，抹水泥砂浆地面，此分项工程共有 7 个工序：弹线→清理基层→浇水湿润→刷水泥浆→抹水泥砂浆→压光→养护。

(2) 说明各工序的操作方法和达到的质量标准。

(3) 在操作演示时，对于各个工程中，要求施工员不必做得很熟练，但是一定要做的标准、符合工艺要求。

2) 在施工中，也有可能遇到交底时所没有想到的新问题，以至使原来确定的措施办法不能执行下去，这些都需要工长到现场去及时加以解决，只有这样才能避免发生差错。

3) 在施工中，施工员根据施工进度，随时进行操作指导，例如什么部位要留洞了，什么部位需要加拉筋了，要加预埋件了等等，施工员都要注意到，随时检查和提醒工人注意，按要求留设和预埋。

1.5 做好安全工作

在建筑施工中，施工员除了对施工班组和作业队进行安全交底外，在施工时随时注意有一些不安全的因素，应做到以下几点：

1) 施工员首先要掌握国家对安全生产的法规内容，建筑安装工程安全技术规程和工人职员伤亡事故报告规程，并严格遵照执行。

2) 要不断的结合事故实例对工人进行安全教育，教育工人能够自觉遵守安全操作规程。

3) 在安全生产措施上要保证安全生产，如落实"五防"（防高空坠落、防物体打击、防机械伤害、防触电、防火），"四口"（洞口、楼梯口、出入口、电梯口）防护，以及"三宝"（安全帽、安全带、安全网）的措施。

4) 在施工中随时注意对违章作业及时、严格制止，对于安全隐患的问题及时处理，不准推拖。

5) 决不允许指挥工人违章作业，避免抱着侥幸的心理去令工人冒险作业，要记住，往往稍一疏忽就有发生事故的可能性。

6) 当生产进度和安全有矛盾时要服从安全，切实做好管生产必须管安全，万一发生了安全事故要保护现场,并及时上报,要负责到底。

1.6 做好质量管理和检查工作

施工员要对自己所领导的专业工种工程质量负责,工人操作质量好坏,施工员有时起着决定性作用,施工员首先要树立没有质量就没有数量,百年大计质量第一的观念,对施工质量从严抓紧,丝毫不能放松,施工员在现场不但要领导操作,还应负责在操作中进行检查,施工质量不能全靠质量员,施工质量施工员负主要责任,因此,在施工中施工员应抓住施工质量重点、关键,有计划有目的的进行检查,在检查质量中应做到以下几点:

1)检查工人是不是按施工图和交底所说的操作方法进行施工,对施工的关键部位更要注意,例如钢筋是否按施工图要求设置,钢筋接头位置,搭接长度是否符合规范要求,保护层垫块,绑扎点是否符合要求,支模的标高、尺寸、位置是否正确等。

2)检查已完成部分的质量是否符合施工验收规范的要求,与施工图是否相符,检查施工质量时一般要抓住以下三个环节:

(1)抓住每一项任务开始操作时的检查,有一个良好的开始,树立样板,使以后施工有了依据。

(2)在施工当中有目的地进行抽查,使开始时所树立的样板能够巩固和提高,必要时组织施工班组互相交流观摩。

(3)抓住任务接近完成时的检查,因任务在接近完成时,容易产生松动情绪,往往认为没有大问题了,以致疏忽大意,反而容易出事故。

3)经过检查发现问题以后,应尽快去解决。

(1)发现问题以后,首先要弄清发生问题的原因,针对发生问题的原因来指导工人予以改进,如果是施工员交底不清或是指导错误,就要主动承担责任。如果是工人操作错误或是工人的技术和水平不够,施工员就应继续进行操作技术指导和帮助,如果是属于施工准备工作没有做好,就须立即采取补救措施。

(2)对检查出来的问题,应本着严肃认真的态度去处理,不将就、不凑合,该返工的就要返工。

1.7 做好施工日志

在施工期间施工员每天要填写施工日志,施工日志是施工过程的原始记录,是工程存档的重要资料之一,记载的内容应及时准确,真实,其主要包括以下内容:

1)日期:年、月、日,星期;气候:雪、晴、阴、风、雨、气温。

2)工程的施工部位,应分轴线、标高、施工队伍。

3)施工活动记载

(1)当日工程进展情况,进行了哪些隐蔽工程,是哪个班组操作,是谁验收,隐蔽工程验收意见是如何处理。

(2)当日施工项目有无变更,设计单位在现场解决问题的记录。

(3)有关领导或部门对该项目工程所做的决定或建议。

(4)当日主要材料及设备进场情况,使用情况,施工试验情况。

(5)质量、安全、设备事故的原因,处理意见和处理方法的记录。

(6) 施工中特殊情况，如停水、停电和其他影响造成停工，应写明中断施工的起止时间。

1.8 贯彻各项技术管理制度

技术管理制度中的交接检，工程隐预检、分项、分部工程质量评定等，是施工员工作的一个环节，交接检是各专业施工员之间，不同工种间互相交接的手续。

课题 1 建筑施工图识读

建筑施工图是在建筑工程上所用的一种能够十分准确的表达出建筑物的外形轮廓、大小尺寸、结构构造和材料作法的图样，建筑施工图是房屋建筑施工时的依据，施工员必须按图，不得任意更改图纸的内容和要求，是搞好施工必须具备的先决条件，同时学好图纸、审核图纸也是施工准备阶段的一项重要工作。

1.1 建筑施工图识读

1.1.1 看图的一般方法和步骤

1) 清理图纸

首先根据图纸目录，从建施、结施、水施、电施依次清理，加查全部施工图是否齐全，同时在使用过程中也应经常整理图纸防止遗失，重要工程的图纸还应注意保密工作，其次还应配齐施工图中所采用的标准图集，以便查阅和使用。

2) 概况了解

拿到图纸后，先粗略的翻阅一遍，了解本工程的建筑用途、位置、平面形式、立面造型、层数、建筑面积、装修标准、耐火等级、主体结构形式、抗震等级标准等及设计单位，对本工程建立起一个初步的概念。

3) 深入细看

(1) 看图的顺序一般是由外向里，由大到小，先粗后细，在看图过程中要将图样与文字说明对照看，建筑图与结构图联系起来看。

(2) 看懂图的标准在识读施工图时，达到什么标准，才可以说读懂了施工图。识读某一张施工图时，只要掌握了一般符号、线段的要求就可读懂，但读懂一张图，不能说明看懂施工图，只有读懂全套施工图，施工图所表示的建筑物在你头脑中建立起来，才能说明读懂了这套施工图。因为建筑施工图没有组装图，在识读过程中，要将平面图、立面图、剖面图识读后，在头脑中进行组装，建立一个立体、整体的建筑。

(3) 立体、整体建筑物的概念是边看边建立，再看的过程中发现问题，做一记号，逐个核对，在未弄清之前不要轻易下结论，以免造成错误判断。

(4) 当有了一定看图经验之后，可根据工作需要来安排看图次序，如拿到施工图后要立即开工，这时可先看基础平面图及详图，结合着看总平图和首层平面图，以便及时配合施工。

4) 边看边记

在看图时，应养成边看边记笔记的习惯，记下关键内容，以便工作时备查。图中属于关键的部位是：定坐标轴及轴线编号、开间、进深、层高、标高、墙厚、梁、柱断面尺寸，各构配件代号、数量和部位，混凝土强度等级、砂浆强度等级等。

总之，看图时，如果能根据平面图形象想象出建筑物的形状，并能指出任何部位构件布置的状况和构造做法，那就要具有一定的看图能力，要达到这种程度，必须有一定的专业知识和实践经验以及空间想象能力，这种能力是要通过学习、实践、积累、总结才能逐步取得。只要我们具备看图的基本知识，又能虚心学习，循序渐进，多看多问，看懂成套图纸是不难的，在识图时以本教材配套的施工图册为例，先掌握读图顺序、方法，再看图册。

1.1.2 建筑总平面识读

1) 总平面图的主要用途

建筑总平图是表明拟建建筑物所在位置的平面布置图。建筑总平图是由城市规划部门先把用地范围规定下来后，设计部门才能在规定的区域内布置建筑总平图。当在城市中布置需建房层的总平面图时，一般以城市道路中心线为基准，再由它向需建设房屋的一面定出一条该建筑物或建筑群的红线（所谓红线就是限制建筑物用地的界限线），从而确定建筑物的边界位置，然后设计人员在以它为基准，设计布置这群建筑的相对位置，绘制出建筑总平图布置图。

2) 总平图识读的顺序

（1）先看拟建的房屋的具体位置，确定拟建房屋根据什么标志进行定位，读出拟建房屋的外围尺寸，计算出其占地面积。

（2）再看拟建房屋±0.000标高是相当于多少绝对高程，室外地坪标高是多少，计算出首层地面标高与室外地坪标高的高差。

（3）看拟建房屋的位置方向，读出起始轴的方位。

（4）看拟建房屋的周围设计要求，包括拟建建筑与原有建筑的关系、周围道路、水电线路的布置、河流、桥梁、绿化及需要拆除的房屋标志等。

（5）最后从施工安排角度出发，还应看原有建筑与拟建建筑相距是否太近，在施工时，对周围居民是否有危险等。

1.1.3 建筑设计说明识读

建筑设计说明用文字说明建筑设计依据、建筑条件和工程做法，在识读时要理解其内容，并且与施工图对照掌握拟建房屋各个部位的工程做法。

1.1.4 建筑施工图识读

1) 建筑施工图的作用

建筑施工图是工程图纸中关于建筑构造的那部分图。其作用主要来表明建筑物内部布置和外部的装饰，以及施工需要的材料和施工要求的图样，用于施工中进行放线，控制拟建房屋的平面位置，控制拟建房屋的门窗标高、楼层标高的图纸，建筑施工图简称建施。建筑施工图是由建筑平面图、立面图、剖面图、详图和标准图多张施工图组成，建筑施工图就编号为建施1、建施2等。

2) 建筑平面图识读顺序

（1）先看图纸的图标，了解图名、图号、采用比例和文字说明。

（2）看房屋的外部包括朝向、外围尺寸、纵横轴线有几道、轴线编号、轴线间距尺寸、外门、窗的编号、尺寸、窗间墙尺寸，有无砖垛，外墙厚度，外墙边线与轴心的关系，散水宽度、坡度、台阶大小等。

（3）看房屋内部，看各房间的名称、用途、地坪标高，内墙位置、厚度及与轴线的关系，内门、窗位置、编号、尺寸、有关详图的索引编号等。

（4）看剖切线的位置，以便了解剖切面图的剖切位置，将平面图与剖面图对照理解平面位置的门、窗等构件的标高。

（5）看与安装工程有关的部位、内容如各种的预留口、预留洞、暖气沟等。

3）建筑立面图的识读顺序

（1）看图标，先辨明是什么立面图，如是南、北、东、西立面图，一般称南立面为正立面，横轴的排列与建筑平面图相同。

（2）看拟建房屋层数、各层标高、总标高、外檐窗标高等。

（3）看拟建房屋门、窗、雨篷、阳台等在立面图上的位置。

（4）看外墙装修做法，如墙面是勾缝、抹灰，还是贴砖，勒脚高度和装修做法，台阶的立面形式及门斗的尺寸等。

（5）看雨水管位置，外墙爬梯位置，变形缝的位置及详图索引位置和编号。

4）建筑剖面图的识读顺序

（1）看剖面图的编号，按着剖面图编号对照平面图找出剖切的位置，剖切的墙体、构件等内容。

（2）根据剖切位置，剖面图表示的内容，在剖面图上找出楼层标高、楼板构造形式、外墙及内墙门窗的标高，女儿墙的高度、屋顶的坡度等。

（3）看出主要构件的标高，如梁、楼板、楼梯、阳台、圈梁、过梁等标高、尺寸和构造要求。

（4）看地面、楼面、墙面、屋面的构造做法和室内外构造物如教室的黑板、讲台等。

（5）看在剖面图上的详图索引编号等。

5）屋顶平面图识读顺序

（1）先看外围有无女儿墙或天沟，再看屋面泄水方向和排水的坡度值。

（2）找出雨水出口及型号，出入孔位置，附墙的上屋顶爬梯的位置及型号。

（3）看设备安装出气管道在屋顶的位置等。

6）建筑施工详图识读顺序

（1）看详图索引符号与详图符号是否一致，详图所表示的内容要识读清楚。

（2）当详图索引符号表示是标准图时，还应查找相对应的标准图集查找详图所在页数。

1.1.5 结构施工图的识读

与钢筋工识读内容相同。

课题2 各种施工文件的识读

作为施工员，在施工以前除了读懂施工图以外，还要识读各种施工文件。这些施工文件包括：单位工程施工组织设计，建筑施工法规和涉及到施工的相关质量验收规范、技术规程及施工现场地质勘查报告等。只有掌握了这些内容,在施工中才能做到心中有数,避免和减少在施工中出现的错误。

2.1 单位工程施工组织设计的识读

单位工程施工组织设计是工程技术负责人编制的指导施工的技术文件,作为施工员首先要掌握其施工组织设计的主要内容,在其指导下进行施工。

2.1.1 单位工程施工组织设计的作用

现代建筑工程施工是一项十分复杂的生产活动,在一个大型建筑工地上,有成千上万各种专业的建筑工人,使用着几十、几百台机械,消耗着千百种成千上万吨材料,进行着建筑产品的生产,以及材料的运输和储存,机具的供应和修理,临时供水供电管网的铺设,临时办公房屋和生活福利设施的修建等活动,同时一个建筑物的施工必须有很多工种来完成,每一个工种的施工过程可以采用不同的施工方法和不同的施工机具,而建筑物的施工顺序往往可以有不同的安排。总之,不论在技术方面或在组织方面,通常有许多可行的方案供施工人员选择,但是不同的方法,其经济效果是不一样的,怎样结合建筑工程的性质和规模、工期长短、工人的数量、现有机械装备程度、材料供应情况、地质条件等各项具体的经济技术条件出发,从许多可能的方案中选定最合理的方案,编制出以最经济的方法,生产出合格的建筑产品指导性文件,这就是施工组织设计,其作用如下:

(1) 从施工的全局出发,根据各种具体条件确定施工程序、施工方法。

(2) 根据施工合同对工期的要求,确定施工进度和劳动力、机具、材料、构件与各种半成品的供应。

(3) 根据建设工程的施工特点确定工程的技术措施、质量措施、节约措施和安全措施。

(4) 根据施工现场的情况,对运输、道路、现场材料对方,机具设备的安置、水、电等能源的设施进行现场布置。

总之,单位工程施工组织设计是指导单位工程施工的具体要求,必须按其要求进行施工。

2.1.2 单位工程施工组织设计的识读

由于单位工程施工组织设计是由工程的施工主持人设计,在其内容上体现设计人的施工主导思想,在识读单位工程施工组织设计文件时要做到以下几点:

1) 理解施工组织设计的主要精神

什么是单位工程施工组织设计的主要精神,即"组织"二字,对施工中的人力、能力和方法、时间与空间、需要与可能、局部与整体、阶段与全过程,只有组织得当,才能充分发挥其效力,否则造成窝工,例如,施工进度计划,所要解决的是施工顺序和时间,主要看时间是否利用合理,顺序是否安排得当,巨大的经济效益寓于时间和顺序的组织之中,决不能稍有忽视。

2) 掌握施工程序安排

施工程序安排是单位工程施工组织设计的主要内容之一,施工程序体现了施工步骤上的客观规律性,组织施工是符合这个规律,对保证质量、缩短工期,提高经济效益均有很大意义,作为施工员在识读施工程序安排时主要应掌握以下几点:

(1) 对现场施工准备工作的要求。包括测量、定位、放线、四通一平、大型临时设施准备、施工机械和物资准备、节约型施工准备等方面的具体要求。

(2) 施工总体程序的要求：施工总体程序一般是"先地下、后地上"，"先土建、后设备"，"先主体、后装修"。

"先地下、后地上"指的是在地上工程开始之前，尽量把管道、线路等地下设施和土方工程做好或基本完成，以免对地上部分施工有干扰，带来不便，造成浪费，影响质量。

"先土建、后设备"就是土建与水暖电器设备的关系都需要摆正，相互配合，正确处理好施工的先后关系。

"先主体、后装修"一般来说，多层民用建筑主体结构施工与装修以不搭接为宜，而高层建筑则应尽量搭接施工，以有效的节约时间。

(3) 合理的施工流向：合理的施工流向是指平面和立面上都要考虑施工的质量保证和安全保证，考虑使用先后，要适当分区分段，要与材料、构件的运输方向不发生冲突。例如多层民用建筑在装修时的施工流向，先上后下，先内沿后外沿的流向。

3) 掌握施工方法的要求

施工方法是单位工程施工组织设计的主要内容之一。在施工中，要按着施工组织设计中提出的施工方法进行施工，在识读施工方法时应进行以下几点分析：

(1) 施工方法必须可行，施工条件允许，并且必须满足施工工艺要求。

(2) 使用其施工方法生产出的产品符合国家颁布的质量验收规范的有关规定。

(3) 施工方法是否是科学、先进、节约的方法，尽可能进行技术经济分析。

(4) 施工方法与选择的施工机械及划分的流水段是否相协调。

在施工方法达到以上标准时，才能在此工程中使用。

4) 掌握技术组织措施

技术组织是指在技术、组织方面对保证质量、安全、结构和季节施工所采用的方法，确定这些方法是施工组织设计编制者带有创造性的工作。在识读时，要理解其要求，掌握各种措施的基本内容。

(1) 保证质量措施：保证质量的关键是对施工组织设计的工程对象经常发生的质量通病制订防治措施，要从全面质量管理的角度，把措施定到实处，切实可行。对采用的新工艺、新材料、新技术和新结构需制订有针对性的技术措施，以保证工程质量，认真制订放线、定位正确无误的措施，确保地基基础特别是特殊、复杂地基基础的措施，保证主体结构中关键部位质量的措施及复杂特殊工程的施工技术措施等。

(2) 安全施工措施：安全施工措施应贯彻安全操作规程，对施工中可能发生安全问题的环节进行预测，提出预防措施。

(3) 降低成本措施：降低成本措施的制订应以施工造价为尺度，以企业年度、季度降低成本计划和技术组织措施计划为依据进行编制，要针对工程施工降低成本潜力大的项目，充分开动脑筋，把措施提出来，并计算出经济效果和指标，加以评价、决策。这些措施必须是不影响质量，能保证施工，并且保障安全。降低成本措施包括节约劳动力、节约材料、节约机械设备费用、节约工具费、节约间接费、节约临时设施费、节约资金等措施，一定要正确处理降低成本、提高质量和缩短工期三者的关系，对措施要计算经济效果。

(4) 季节性施工措施：当工程施工跨越冬期和雨期时，就要制订冬期施工措施和雨期施工措施，制订这些措施的目的是保质量、保安全、保工期、保节约。

雨期施工措施要根据工程做在地的雨量、雨期及施工工艺的特点进行制定。

冬期因为气温、降雪量不同，工程部位及施工内容不同，施工单位的条件不同，则采用不同的冬期施工措施。北方地区冬期施工措施必须严格、周密，以达到保温、防冻、保证质量、控制工期的目的。

5) 掌握施工进度计划的要求：施工进度计划是在确定施工顺序和施工方法的基础上，对工程的施工顺序，各个项目的延续时间及项目之间的搭接关系，工程的开工时间，竣工时间及总工期等做出安排。在这个基础上，可以编制出劳动力计划、材料供应计划等，施工进度计划可以用横道图或网格图进行表示，在掌握施工进度计划时，应掌握以下几点主要内容：

（1）首先掌握施工进度计划图所表示的方法。例如用横道图表示比较直观，容易读懂，但是各施工分项间的搭接表示不太明显。网络图中各施工分项的关系清晰明了，但在识读图时，只有掌握了网络图的基本概念才能读懂。

（2）掌握施工项目的划分：施工进度计划无论是用横道图还是用网络图表示，先要掌握施工划分多少个项目，各项目的工程量是多少，各项目之间的施工搭接关系是什么。

（3）掌握施工段的划分。看懂施工进度计划是怎样进行施工段的划分，在施工段划分时，一般将工程分为三个部分，地基与基础施工部分，主体施工部分和层面装修部分，要掌握这三个部分的施工段划分情况，并且掌握各施工项目在各流水段的施水节拍，即工作几天才能完成各自流水段的工程量。

（4）掌握地基与基础部分、主体部分和层面装修部分各阶段开工时间的工期要求和总工期要求。

（5）掌握施工进度计划中的关键线路和各施工项目的总时差，自由时差。

只有读懂和掌握了以上的各项要求，施工员才能更好的完成施工任务，尤其是自己负责管理的施工项目，更要掌握其工程量、工作人数、完成时间与其他工种间的搭接关系。

6) 掌握施工平面图的要求。施工平面图是布置施工现场的依据，也是施工准备工作的一项重要依据，是实现文明施工、节约土地、减少临时设施费用的先决条件。施工平面图上包括已建和拟建的地上和地下的一切建筑物、构筑物和管线的位置和尺寸，测量放线标桩、制运输设备、生产、生活的临时设施，材料、加工半成品、构件和大型工具的堆放等。掌握了这些内容，要按着施工平面的要求安置机械设备，堆放材料，修建临时设施。

2.2 建筑施工中法规

当好一名施工员除了要掌握管理知识外，还要掌握有关技术环境的知识，所谓的技术环境就是施工员除了受本企业的领导外，还要与建设单位、设计单位、监督站和监理单位进行交往。掌握好与这些外单位的关系，是设置良好技术环境条件重要的前提之一。

1) 施工员与建设单位的关系

施工员与建设单位的关系是法律关系。施工员要按自己所在施工企业与建设单位签订的施工合同办事。对于施工员来讲，施工合同中应着重掌握对施工质量的要求和工期要求，建设单位按合同要求，施工员按质按期完成施工任务，而建设单位按合同要求按期向施工单位支付工程款。

2）施工员与设计单位的关系

施工员与设计单位没有直接的关系，但是设计单位与建设单位是合同的关系，设计单位受建设单位委托有权监督施工单位是否按图施工。施工员负责组织施工的建筑是否符合其设计的施工图的要求。

3）施工员与监理单位的关系

在施工中施工员与外单位来往最多的是监理单位，如何处理好与监理单位的关系成为建立良好的技术环境的重要的条件。监理单位是受建设单位委托对工程进行监理，监理单位与施工单位是企业与企业的关系，不是领导与被领导的关系。只是工作分工不同，对工程监理，其性质为服务性、独立性、公正性、科学性。

服务性是监理单位利用自己的工程建设方面的知识、技能和经验为建设单位提供监督管理服务，以满足建设单位对项目管理的需要，这种服务性的活动按工程建设监理合同进行，受法律约束和保护。

独立性是监理单位直接参与工程项目建设的三方当事人之一，它与建设单位、施工单位的关系是平等的、横向的，监理单位按合同独立开展工作。

公正性是监理单位以公正的态度对待委托方和被监理方，特别是建设单位与施工单位发生利益冲突，监理单位应以有关法律、法规和双方所签合同为准绳，站在第三方立场上公正的加以解决和处理。

科学性要求监理单位从事工程建设监理活动应当遵循科学的准则，应以国家施工验收标准、规范、技术规程为标准，以签订的施工合同要求为依据进行工程监理。

施工员与现场的监理人员应经常进行技术上的交流，互相了解对方，按施工要求进行施工验收，达到互相谅解，减少矛盾，为提高施工质量共同努力。

4）施工员与监督员的关系

建筑工程质量监督员是受政府有关部门的委派对建筑工程施工进行监督，施工员应服从监督员的领导，但是监督员也要依法行事，以权谋私要受到法律的制裁。

2.3 与施工部门有关的施工验收规范和技术规程的识读

在施工中，除了要掌握施工图和施工组织设计的要求外，还要掌握与施工部位有关的施工验收规范和技术规程的要求。施工验收规范是国家对施工部位的施工方法、质量要求，技术规程则是行业的标准。当施工中，施工组织设计和现场负责人的要求与施工验收规范的要求发生矛盾时，应该以相关质量验收规范的要求为标准。

课题3 施工作业条件设置和施工组织

施工员的主要工作任务就是设置施工作业条件，在理解了施工图的基础上进行抄平放线，并安排工人进行施工的依据，在了解了施工组织设计的基础上，进行施工准备，组织施工机械进场、安置、组织材料进场，组织劳动力进行施工。

3.1 建筑施工抄平放线

建筑施工中抄平放线是施工员日常的工作内容,抄平就是将施工现场已建立的±0.000点转到准备施工的建筑物上,并且传递到建筑物的各层,用以控制建筑物施工的高度。放线包括建筑物的定位轴线,墙的外边线,门口位置线,柱的位置线,构件位置线和50cm线等。施工员的建筑施工抄平放线与测量放线工中的课题2的内容相同。

3.2 组织施工机械进场、安置、组织材料进场

根据施工组织设计的安排将施工机械运入施工现场,按施工总平面图的要求位置,将施工机械进行安置。

3.2.1 附着式、塔式起重机,施工电梯,井字架在安置时应做到以下几点:
(1) 首先根据机械与建筑之间的使用距离确定其位置。
(2) 根据其所在位置的土质情况,确定其基础的长度、宽度和深度。
(3) 在基础的混凝土达到要求后再进行安装。
(4) 安装试机合格后才能使用。

3.2.2 搅拌机、卷扬机、砂浆机在安置时应注意以下几点:
(1) 搅拌机、卷扬机、砂浆机在安置时必须搭设搅拌机棚、卷扬机棚,而且棚子不得漏雨。
(2) 搅拌机、砂浆机前应设置排水沟。
(3) 卷扬机安装与井字架距离要适合机械工观察目标,最大观察角度不得大于60°,并且固定牢固。

3.2.3 材料进场后,要按施工总平面的布置要求进行堆放,不得任意堆放。

3.3 组织劳动力进行施工

在施工现场已安置完毕施工机械,材料已进入现场,抄平放线已经完成,施工员的任务就是组织劳动力进行施工。

3.3.1 施工准备工作
(1) 按施工组织设计的要求进行施工,根据工程的情况,首先对工人进行技术交底和安全交底。
(2) 根据每段施工所需要的时间,再将工程量细分到每天应完成的任务,保证施工班组每天都要完成当日的计划任务量。
(3) 根据工程量情况,对每名工人定产量、定质量、定施工部位、定施工责任、定奖励制度。

3.3.2 施工进度控制措施

由于施工员已将每名工人当日的产量确定,施工班组每日应完成的生产任务做到心中有数,只要按着当日任务当日完成的控制方法就能取得较好的效果。但是在施工中可能存在不可抗力因素,影响施工进度,例如暴雨、大风、现场停水、停电等,当实际进度与计划进度发生差异时,在分析原因的基础上可以采取以下措施:
(1) 技术措施:如缩短工艺时间,减少技术间歇期,实际平行流水和分别流水交叉作业。

(2) 组织措施：增加工人人数、增加工作班次。

(3) 经济措施：如实行包干奖励、提高计件单价，提高奖金水平等。

3.3.3 施工质量控制

施工员在建筑施工中对施工质量控制起到非常重要的作用，施工员对质量的控制不只是去检查质量，而主要是掌握施工质量验收标准，按着质量标准组织施工班组进行生产，应做到以下几点：

1) 施工前控制各工序施工质量

工序是施工过程的最小单位，是组成分项工程的施工过程。例如：抹水泥砂浆地面要分7个工序。清理基层→浇水湿润→刷水泥浆→抹水泥砂浆→第一遍压光→第二遍压光→养护。每个工序的质量不合格都会影响到水泥砂浆地面这个分项工程的质量。因此在施工中为控制工程施工质量，要做到以下几点：

(1) 施工前对所用材料进行检查，例如前面讲的抹水泥地面，首先只有所用水泥、砂子、水合格，抹出的地面才能合格。

(2) 施工前对机具的检查，例如抹水泥地面，砂浆搅拌机使用良好，各种材料配比的计量器准确，抹地面用的大杠平直，只有机具良好，抹出的地面才能合格。

(3) 对工人要进行技术交底，讲出施工的质量要求，尤其是质量通病问题，应在施工以前着重指出，施工过程尽量克服或减少质量通病出现。

(4) 检查施工方法是否正确，是否符合所在施工部位的要求。

(5) 检查施工环境是否符合施工的要求，尤其是建筑施工、室外作业温度、湿度、大风对工程都有一定的影响，当施工环境不适合采用常规施工方法时，就应采取技术措施，防止施工环境的不利，造成对施工质量的影响。

2) 施工中控制各工序施工质量

建筑工程产品不是一蹴即成，而是一块砖，一块砖的砌，一抹子一抹子的抹才能生产出来。施工员是最基本的技术人员，就守在操作人员的身边，对于工人的操作，应做到"工人一出手，便知有没有"，就是说观察工人的操作就能知道生产出的产品是否合格。当工人操作不符合工艺要求时，施工员应立即制止，并加以纠正，使每道工序、每个操作方法都符合工艺的要求。因此，应在每个分项工程施工过程中设置质量控制点。

(1) 设见证点：凡是在施工过程中，容易出问题和质量的关键工序应设见证点。当工程进行到见证点的工序时，加紧检查。

(2) 设停止点：停止点的施工部位或工序，重要性高于见证点的质量控制点，它通常是针对特殊过程或特殊工序而言。所谓特殊过程通常是指施工过程或施工工序质量不以或不能通过其后的检验和试验而充分得到验证，但是对工程质量又影响较大的工序应设停止点。例如抹水泥砂浆地面的清理基层一道工序，此道工序又脏又累，但是要是基础清理的不干净，直接影响水泥砂浆地面与基层的粘结力，抹成的水泥砂浆地面多好，也要造成返工，所以在此工序设停止点，地面基层清理后，经施工员的认可，在任务单上签证，才能进行下道工序的施工。

停止点，有时还发生在分项工程之间的交接过程，例如钢筋工程，在钢筋绑扎安装完毕，进入下一个分项工程、混凝土浇筑之前，必须设停止点，钢筋绑扎安装质量经检查合格后，有关人员签证隐蔽工程验收记录后才能进行下一个分项工程的施工。

(3) 设分项工程间交接点：在施工过程中，当前一个分项工程结束后，后一个分项工程之前，应设分项工程交接点，前一个分项工程施工的班组负责人，与下一个分项工程施工班组负责人，进行交接，发现问题及时处理。例如墙体砌筑分项工程完成，要进入的是门窗口安装分项和墙面抹灰分项，如果墙体门窗口的尺寸留的不准确，尺寸偏差超过允许范围，就会给后续分项工程施工带来许多的困难，因此在交接点上，容易出现问题，须及时将问题解决，保证工程质量。

3.3.4 成本控制及材料节约措施

在建筑工程施工中，在保证工程质量及工期的情况下，尽量减少施工成本，否则施工企业也就无法生存。材料、机具使用是否得当，避免浪费，施工员是第一责任人，施工员应做到以下几点：

(1) 采用限额领料的措施。施工班组进行施工作业，每完成一个施工部位应该使用多少材料，多少低值易耗工具，施工员应做到心中有数，按材料消耗定额，标准使用材料。

(2) 对周转使用材料，更应严格管理，增加使用的次数。例如脚手架、模板等，如果脚手架在施工中严重丢损，尤其是脚手架的扣件，管理不善会丢失严重，增加了施工成本，就会造成工程经济指标的亏损，因此，对于这些材料施工员应严加管理，防止丢失。

(3) 对落地砂浆、石子等材料的回收。在施工中，无论是砌墙、抹灰都难免产生落地灰，对于这些落地灰或石子，施工员应指令班组回收过筛，再使用，对于破损砖，应分散砌于墙内，不得任意丢掉。

(4) 对现场施工的材料，要安全妥善保管，尤其是雨期和冬期施工时，在雨季到来之前，做好水泥库的防漏工作和施工现场的排水工作，防止施工材料水泥受潮，在冬期施工时对怕冻材料做好保暖的措施。

3.3.5 成品保护措施

所谓成品保护是指在施工过程中，有些分项工程已经完成，而其他一些分项工程正在施工。在这种情况下，施工员必须负责对已完工的分项工程采取妥善的保护措施，以免成品缺乏保护或保护不妥而造成损伤或污染，影响工程整体质量。对成品保护施工员应做到以下几点：

(1) 合理安排施工顺序。在安排各分项工程施工顺序时，应尽量避免下一个分项工程对上一个分项工程或前一施工段对后一施工段的污染，例如外墙装修时，特别要注意上部施工段对下部施工段的污染。

(2) 封闭：对于已完成的工程。没有再进行施工的部位，但又不能进行竣工验收时，可以对这部分封闭，以免损破。

(3) 采取防护措施，对已完成的分项工程可采用包裹、覆盖的措施，防止损坏，例如在装饰施工时，应先立门窗框口才能进行抹灰或贴砖的施工，而抹灰、贴砖时容易造成对门窗框的损坏，为了防止门窗框口的损坏，可以采用包裹的措施等。

以上是施工员在日常施工管理工作中必须完成的任务，只有掌握了完成这些任务的知识和技能，才能适应将来施工员这个工作岗位的要求，做一名合格的施工员。

课题4 施工员的考核与评定

在以上的几个课题中对施工员的岗位职责，工作内容都进行了讲解，只有达到以上所

讲的要求,才能胜任施工员这个比较重要的岗位,依据以上讲解的内容列举几项问题对施工员进行考核:

4.1 理论考核

(1) 施工前,施工员要做哪些准备工作?
(2) 概述建筑总平面图、建筑平面图、立面图、剖面图、详图识读的顺序。
(3) 概述钢筋混凝土结构施工图识读的方法。
(4) 怎样组织施工?
(5) 怎样进行交底?交底的内容是什么?
(6) 怎样做好操作中的指导工作?
(7) 怎样做好施工中安全工作?
(8) 怎样做好施工中质量管理和检查工作?
(9) 怎样做好施工日志?
(10) 单位工程施工组织设计在施工中有什么作用?
(11) 施工总体程序有什么要求?
(12) 在建筑施工中对施工方法有什么要求?
(13) 施工技术组织措施包括哪些内容?
(14) 怎样控制施工进度?
(15) 施工前,怎样控制工序施工质量?
(16) 施工后,怎样控制工序施工质量?
(17) 在施工中怎样做好对成品的保护?

4.2 技能考核

以配套的施工图册为例,进行案例考核。

(1) 识读施工图册。根据施工图册编号工程概况,主要施工的数据包括轴线尺寸,窗台标高、门、窗过梁标高,大梁标高、配筋,楼层标高,柱子截面尺寸、配筋,墙的厚度等施工控制数据。
(2) 识读单位工程施工组织设计文件,根据单位工程施工组织设计的要求编写技术交底、安全交底,对施工班组下达任务单,编写各分项工程的施工工序流程。
(3) 根据施工图的要求,进行皮数杆制作和设置,进行抄平放线的操作。
(4) 根据施工进度计划,编排材料需用计划,劳动力需要计划,机械需要计划。
(5) 填写施工日志。
(6) 编写分项工程的施工工序施工前、施工中质量控制措施。

单元 6 造 价 员

知 识 点：施工和施工文件的识读，建筑工程量计算，建筑工程工程量清单计价，施工图造价计价，施工计价，分布、分项工程施工成本造价等基本知识。

教学目标：使学生具有施工图和施工文件识读能力，掌握一般建筑工程量计算方法，看懂清单计价，施工图造价计价，招投标文件等内容，能协助完成施工计价和分部、分项工程的施工成本分析。

施工项目内的建筑工程造价员是项目班子内的主要管理人员之一，又叫造价员，其主要的工作任务是在项目经理的领导下，承担工程造价的分解任务，即接到工程任务后，将工程的总造价分解成各个分项工程的单价，将单价中的综合项目分解成各个单一指标，例如将一个分项工程的直接工程费分解成完成这个分项工程的材料费、人工费、机械费等单一指标，便于在施工中对这些单一指标进行考核、控制，降低工程成本，同时随时注意施工现场发生的对工程造价有影响的事情，例如设计变更、因停水停电造成的停工或其他原因给施工造成的影响，应及时找建设单位追加工程成本或进行工程造价补贴和工期补贴，同时按合同要求根据工程进度按期结算工程款。

土建造价员要完成以上所讲的工作任务就必须具备以下能力：

（1）识读建筑工程施工图的能力。造价员必须能识读建筑工程施工图，只有将施工图读懂、读精，才能进行工程量的计算，识图能力是造价员必须具备的最基本的能力。

（2）识读施工文件的能力。造价员只有能读懂与施工有关的文件，例如单位工程施工组织设计，只有了解其施工方案的要求，才能计算工程造价，工程造价是根据施工方法，质量标准确定。

（3）工程量计算的能力。造价员根据施工图和工程量计算规则首先要有工程量计算的能力，只有计算准确才能计算造价，才能控制工程造价。

（4）正确使用计价文件的能力。工程造价是由工程量与综合单价相乘而产生，对于一栋建筑物其工程量是固定值，而单价则是变值，建筑市场价格竞争激烈，所以正确选择单价是十分困难的，而正确的单价来源于正确使用建筑基价、市场信息、调价文件等这些计价文件。

（5）降低工程造价的能力。当承包项目的总造价已定，根据工程总造价分解成各单一的控制目标，在各个控制目标中采取各种措施降低工程的成本，为企业赢得更大的利润。

（6）工程索赔的能力随时掌握工程的施工变化，对设计变更，因建设单位造成对施工影响及时索赔，或因施工图的设计问题及时索赔。

（7）追要工程款的能力。按合同对工程结款的要求，创造好各种文件，按时、按进度向建设单位追要工程款。

以上是作为土建造价员应具备的基本能力，只要学生掌握了本专业的基本知识，再加以强化训练，很容易形成以上所讲的工作能力，作一名合格的造价员。

在学习中，施工图和施工文件的识读在施工员单元内已讲解，请参考其内容。

课题1 工程量计算

建筑工程工程量计算是造价员的基本任务，形成工程量的计算能力是在看懂施工图的基础上，按《建设工程工程量清单计价规范》GB 50500—2003 的要求，列项目，按其工程量计算规律列计算式，按工程量计算的一般方法从施工图中抽取，最后合计成总工程量。

工程量是计算造价的依据，是合理安排施工进度、组织安排材料和构件物资供应的重要数据，是进行成本考核的重要依据，所以要求工程量计算正确，否则，造成工程造价和管理的混乱。

1.1 工程量计算步骤

1.1.1 列出分项工程项目名称

根据施工图，并结合施工方案的有关内容，按照一定的计算顺序，列出单位工程中的各分项工程项目名称，由于采用的计价方法不同，如采用清单计价则分项工程量列项顺序按《建设工程工程量清单计价规范》进行列项，如采用施工图造价计价则按《建筑工程造价基价》进行列项。

1) 清单计价分项工程列项：清单计加分项工程列项表如表6-1所示。

分部分项工程量清单　　　　　　　　　　　　　　　表 6-1

工程名称：　　　　　　　　　　　　　　　　　　　　　第　页 共　页

序号	项目编号	项 目 名 称	计量单位	工程数量

(1) 表中工程名称填写拟建工程的全称，序号是以分项工程为单位，一个分项工程占有一个序号，并在两个分项工程之间划道横线分隔。

(2) 表中项目编码：表中项目编码采用工程量清单计价全国实行统一编码，编码查阅《计价规范》，一到九位为统一编码，根据所列分项《计价规范》中直接查阅，其中一、二位为工程类别，如01为建筑工程，02为装饰装修工程，03为安装工程，04为市政工程，05为园林绿化工程，三、四位为专业工程顺序码，五、六位为分部工程顺序码，七、八、九位为分项工程项目名称顺序码，十、十一、十二为清单项目名称顺序码，由清单编制人员根据项目设置的清单项目编制，例如项目编号010403002012。01表示建筑工程；04表示混凝土及钢筋混凝土工程；03表示现浇混凝土梁；002表示矩形梁；012表示此梁计算排列次序在第12位。

(3) 表中项目名称：分部工程量清单中的项目名称：分部、分项工程量清单中的项目名称只列出构成工程实体的分部分项工程的名称,清单中不列取相关项目的名称,例如挖基础土方在列项时只列出挖基础土方的名称和编码,而在挖基础土方时产生的其他项目的工作内容如截桩头、基底钎探、土方运输等为挖基础土方项目中的相关项目,填写分部分项工程清单表时只填实体项目的工程量,相关项目工程只计算,不填此表内。

(4)项目计量单位。项目计量单位按各专业造价基价追定的计量单位确定,计量单位的有效位数:是以立方米、平方米、米、千克为单位应保留小数点后两位数字,第三位四舍五入,以吨为单位应保留小数点后三位数字,第四位四舍五入,以个、组、套、块、模等为单位应取整数。

以上讲解的是分部分项工程量清单表的填写要求,但是基本的实体项目和相关项目都要通过列项,写计算式进行计算。

2)施工图造价计价分项工程列项:施工图造价计价进行工程量计算列项和清单计价主项目,相关项目列相同,采用以下工程量计算表 6-2,只是其列项顺序的依据不同,清单计价工程量计算列项顺序依据计价规范各分部分项工程排列的顺序。施工图造价计价工程量计算类项顺序依据《建筑工程造价计价》的分部分项工程排列顺序。

工 程 量 计 算 表　　　　　　　　　　表 6-2

序号	分项工程名称	单位	工程数量	计　算　式

3)防止列项时漏项。划项目时,按《计价规范》或《造价计价》各项目的排列顺序与施工图施工项目相对照,要防止漏项。

4)计算口径要一致:计算工程量时要根据施工图列出项目的工作内容必须与《计价规范》工作内容项一致,已包括的工作内容不得另列重复计算。

1.1.2　列出工程量计算公式,计算工程量

分项工程项目列出后,可以根据施工图纸所示的部位、尺寸和数量,按照工程量的计算规则,列出工程量计算式,再进行工程量计算。工程量的计算公式是根据计算规则和施工图上的数据列出,工程量计算规则从计价规范中直接查找,在使用工程计算规律时应注意以下几点:

1)要正确套用工程量计算规则。按施工图纸计算工程量采用的计算规则必须与《计价规范》计算规则相一致,所谓相一致,就是正在计算的施工图上的分项工程名称必须与《计价规范》计算规则的分项工程名称相一致,工作内容一致。列出的计算公式正确。

例 1　打预制钢筋混凝土桩工程量计算,如图 6-1 所示,桩断面 40cm×40cm,桩长 8m,共 5 根,采用履带式柴油打桩机,试计算送桩、打桩的工程量。

(1)首先查打预制钢筋混凝土工程量计算规则为按桩断面乘以全桩长,以立方米计算,桩尖的整体积不扣除,混凝土管桩空心部分体积应扣除,混凝土管桩不包括空心填充所用的工料,对照施工图打入的钢筋混凝土桩为方桩,其打桩工程量计算公式为:

桩断面面积×全桩长(包括桩尖)×根数,将施工图数字代入全式内:打桩工程量=$0.4×0.4×8×5=6.4m^3$。

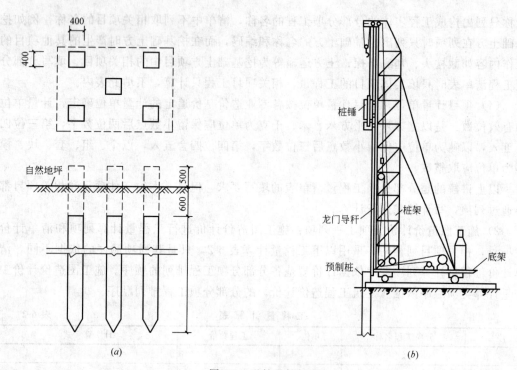

图 6-1 送桩及桩架图
(a) 送桩示意图；(b) 打桩架

（2）送桩工程量计算规则为：按桩截面乘以送桩深度，以立方米计算。送桩深度为打桩机机底至桩顶之间的距离（按自然地面至设计桩顶距离另加 50cm 计算）。根据计算规则列出送桩计算公式为：

送桩工程量＝桩面截面面积×（送桩长度＋0.5m）×根数

将施工图数字代入全式内

送桩工程量＝0.4×0.4×（0.6＋0.5）×5＝0.88m³

例 2 钢筋混凝土有梁板，现浇混凝土工程量计算，如图 6-2 所示。

（1）此图为现浇混凝土有梁板，查《计价规范》和《造价基价》有梁板的工程量的计算规则为：按设计图示尺寸以体积计算，不扣除构件内钢筋、预埋件及单个面积 0.3m² 以内的孔洞所占体积，有梁板（包括主、次梁与板）按梁、板体积之和计算，根据计算规则应分别计算板、主梁、次梁的体积，再将其加在一起即为有梁板的工程量。

（2）有梁板内的板按实体体积算＝长×宽×厚，将施工图尺寸代入计算公式内：板的体积＝（9＋0.125×2）×（6＋0.125×2）×0.1＝5.78m³。

（3）有梁板内主梁的体积计算公式＝主梁截面×主梁的总长，将施工图尺寸代入计算公式内。

主梁的体积＝0.3×0.6×（6－0.125×2）×2＝2.07m³

（4）有梁板内次梁的体积计算公式＝次梁截面×次梁的总长，此梁的长度算至主梁的侧面，将施工图尺寸代入计算公式内

次梁的体积＝0.3×0.25×（9－0.125×2－0.3×2）＝0.61m³

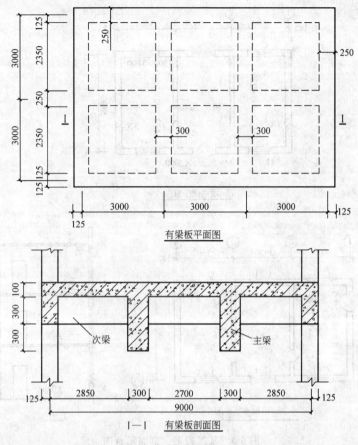

图 6-2 有梁板示意图

(5) 有梁板边梁的体积计算公式＝边梁截面×边梁总长，边梁的总长取其外围的中心线长度之和，将施工图尺寸代入计算公式内

$$边梁的体积 = 0.3 \times 0.25 \times (9 \times 2 + 6 \times 2) = 2.25 m^3$$

(6) 有梁板的工程量＝板的体积＋主梁的体积＋次梁体积＋边梁体积＝5.78＋2.07＋0.61＋2.25＝10.71m^3

2) 计算尺寸的取定要准确。首先要核对施工图纸尺寸的标准，另外，在计算工程量时，对各子目计算尺寸的取定要准确，例如，在计算外墙砖砌体时，按规定，其长度按中心线长计算，如果施工图是偏轴线，当墙是一砖半墙时，无论图示是 360mm 还是 370mm，根据计算规则，尺寸应按 365mm 计算，而内墙长度取净长。

例 3 如图 6-3 所示，计算墙体工程量。

解：外墙中心线长度为

$$L_{中} = (3.6 \times 3 + 5.8) \times 2 = 33.2 m$$

外墙面积＝中心线总长×墙高－门窗洞口面积

$$S_{外墙} = 33.2 \times (3.3 + 3 \times 2 + 0.9) - (1.2 \times 2.0 \times 3 + 1.5 \times 1.8 \times 17) = 285.54 m^2$$

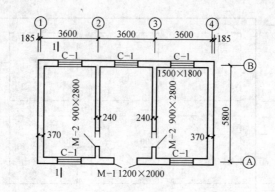

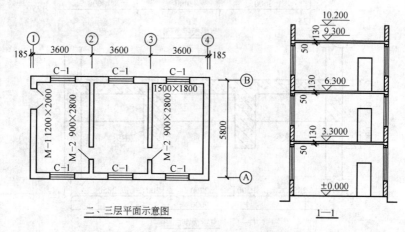

图 6-3 某工程平、剖面示意图

内墙净长度: $L_{内}=(5.8-0.365)\times 2=10.87\mathrm{m}$

内墙面积＝内墙净长×墙高－门窗洞口面积

$S_{内墙}=10.87\times(3.3+3\times 2-0.13\times 3)-0.9\times 2\times 6=86.05\mathrm{m}^2$

墙体体积＝外墙体积＋内墙体积－圈梁体积

$=(285.54\times 0.365+86.05\times 0.24)-(33.2\times 0.365\times 0.18+10.87\times 0.24\times 0.18)$

$=122.2\mathrm{m}^3$

3) 计量单位要一致：按施工图纸计算工程量时，所列出的各分部分项工程的计量单位必须与《造价基价》和《计价规范》中相应项目的计量单位相一致，如《计价规范》和《造价基价》规定其分项工程的计量单位是延长米，则计算工程时所用的计量单位也必须是延长米。

4) 要循着一定的顺序进行工程量计算：一栋建筑物或构筑物是由很多分部分项工程组成，在实际计算时容易发生漏算或重复计算，影响了工程量计算的准确性，为了加快计算速度，避免漏算或重复计算，同一个计算项目的工程量计算，以应根据工程项目的不同结构形式，按着施工图纸，循着一定的计算顺序进行。

(1) 按顺时针方向计算工程量，如图 6-4 所示。

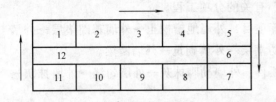 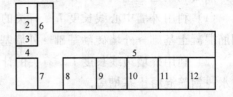

图 6-4 按顺时针方向计算工程量示意图　　图 6-5 按先横后竖先上后下顺序计算工程量

从图纸的左上方一点开始，从左至右逐项进行，环绕一周后又回到原开始点为止，图 6-4 所标示的数字是计算工程量的顺序。

（2）按先横后竖，先上后下，先左后右的顺序计算工程量：如图 6-5 所示，这种方法适用于计算内墙、内墙基础、内墙挖槽、内墙装饰等工程，图 6-5 所标数字是计算顺序。

（3）按轴线编号顺序计算工程量：如图 6-6 所示，这种方法适用于计算内外墙挖地槽、内外墙基础、内外墙砌体、内外墙装饰等工程。

（4）按结构构件编号顺序计算工程量：如图 6-7 所示，构建工程量计算顺序是：先计算柱 Z_1、Z_2、Z_3、Z_4，再算主梁 L_1、L_2、L_3、L_4，连系梁 LL_1、LL_2、LL_3、LL_4，最后计算板 B_1、B_2、B_3、B_4。

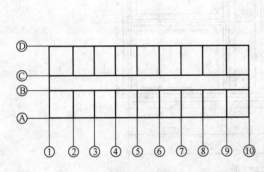 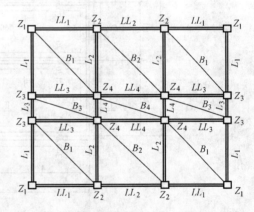

图 6-6 按轴线编号顺序计算工程量示意图　　图 6-7 按构件编号顺序计算工程量示意图

1.2 工程量计算技巧

工程量计算是项目造价员的主要工作之一，在工程量计算中除了掌握以上所讲解的工程量计算的基本方法外，还要掌握一些工程量计算技巧，使工程量计算又快又准确，这种工程量计算技巧如下所述：

1.2.1 合理安排工程量的计算顺序

工程量计算程序安排是否合理，关系到工程量计算的快慢，计算顺序安排得当计算又快又省力，计算顺序安排不得当计算又慢又费力，因此，在工程量计算的顺序上应掌握以下几点：

1）利用基数，连续计算：所谓基数，就是"三线一面"，三线是指在建筑施工图上所表示的外墙中心线，外墙边线和内墙净长线，长度分别用 $L_{中}$、$L_{外}$、$L_{内}$ 表示，一面是指建筑施工图上所表示的首层建筑面积，用 S_1 表示，把"三线一面"数据先计算好作为基数，然后利用这些基数，计算与"三线一面"有关的分项工程。

（1）利用外墙中心线长度 $L_中$ 有关的计算项目：外墙地槽挖土→外墙基础垫层→外墙钢筋混凝土基础→外墙砖砌基础→外墙基础防潮层→外墙砌筑→外墙圈梁。

（2）利用外墙边线长度 $L_外$ 有关的计算项目：外墙勒脚抹灰→外墙勾缝→外墙抹灰→散水→钢筋混凝土基槽等。

（3）利用内墙净长线长度 $L_内$ 有关的计算项目有：内墙地槽挖土→内墙基础垫层→内墙钢筋混凝土基础→内墙砖砌基础→内墙抹灰等。

（4）利用首层建筑面积 S_1 有关计算项目有：平整场地→楼（地）面面积→楼（地）面垫层→房心回填土→顶棚面积→屋面面积。

例1 以外墙中心线长度为基数，连续计算图 6-8 所示与它有关的地槽挖土、基础垫

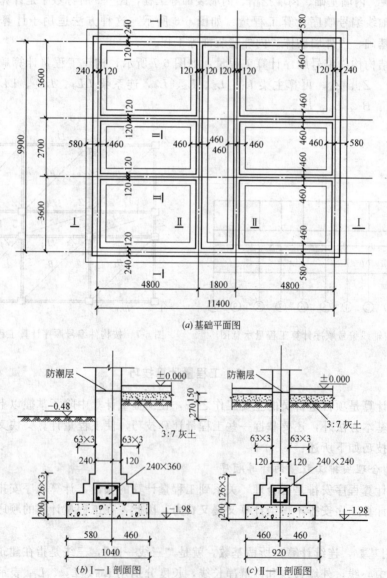

图 6-8 基础平、剖面图

层、基础砌砖、基础防潮层、钢筋混凝土地梁等分项工程量。

[解] 外墙中心线 $L_{中}=(11.4+0.12+9.9+0.12)\times 2=43.08m$

外墙地槽挖土体积 $V=L_{中}\times$ 基础垫层宽 $\times$ 自然地坪至槽底深度

$$=43.08\times 1.04\times 1.5=67.20m^3$$

外墙地梁体积 $V=L_{中}\times$ 地梁断面积

$$=43.08\times 0.36\times 0.24=3.72m^3$$

外墙砖砌基础体积 $V=L_{中}\times$ 基础断面积－地梁体积

$$=43.08\times 0.365\times(1.72+0.259)-3.72$$

$$=27.39m^3$$

外墙基础防潮层面积 $S=L_{中}\times$ 基础宽度 $=43.08\times 0.365=15.72m^2$

[例2] 以内墙净长线长度为基数，连续计算图所示与它有关的基础砌砖，基础防潮层、钢筋混凝土地梁等分项工程量。

[解] 内墙净长线 $L_{内}=(4.8-0.24)\times 4+(9.9-0.24)\times 2=18.24+19.32=37.56m$

内墙地梁体积 $V=L_{内}\times$ 地梁截面积 $=37.56\times 0.24\times 0.24=2.16m^3$

内墙砖基础体积 $V=L_{内}\times$ 基础断面积－地梁体积

$$=37.56\times 0.24\times(1.72+0.394)-2.16=16.90m^3$$

内墙基础防潮层面积 $S=L_{内}\times$ 基础宽度 $=37.56\times 0.24=9.01m^2$

[例3] 以首层建筑面积为基数，连续计算图6-8所示与它有关的平整场地，房心回填土，地面垫层，地面面层等分项工程量。

[解] 首层建筑面积 $S_1=(11.4+0.24\times 2)\times(9.9+0.24\times 2)=123.31m^2$

平整场地面积 $S=S_1=123.31m^2$

地面面层面积 $S=S_1-$ 防潮层面积 $=123.31-(15.72+9.01)=98.58m^2$

地面垫层体积 $V=$ 地面面积 $\times$ 垫层厚度 $=98.58\times 0.15=14.79m^3$

房心回填土体积 $V=$ 地面面层面积 $\times$ 回填土高度 $=98.58\times 0.27=26.62m^3$

1.2.2 一次算出，多次采用

把各种定型门窗，钢筋混凝土预制构件等分项工程，按个、根、柁、块、模等计量单位，预先计算出它们的工程量，编入手册，使用时随时查用，将常用截面尺寸的梁、柱计算出其每米的体积，在计算相对应截面尺寸的梁、柱时，只要代入其长度即可计算出其工程量。

1.3 工程量的整理

利用"三线一面"计算工程量，计算方法简便，但是计算出的各分项工程的排列顺序不一定符合《造价基价》的排列次序，为了便于套用《造价基价》，一般按下列程序整理工程量。

（1）工程量计算完毕先将工程内容、结构特征、施工方法、材料规格等都相同的工程项目合并成一个分项工程项目。例如楼（地）面混凝土垫层，将各层分算的工程量分为一个项目。

（2）将各计算出的分项工程量按《造价基价》的排列顺序进行排列，便于套用《造价基价》时计算。

课题2　建筑工程量清单计价

工程量清单计价是改革和完善工程价格的管理体制的一个重要的组成部分。工程量清单计价方法相对于传统的定额计价方法是一种新的计价模式，或者说，是一种市场定价模式，是由建设产品的买方和卖方在建设市场上根据供求状况、信息状况进行自由竞价，从而最终能够签订工程合同价格的方法。在工程量清单的计价过程中，工程量为建设市场交易双方提供了一个平等的平台。在拟建工程量确定的条件下，施工单位可根据市场情况自行报价，建设单位也可根据各自的报价，选择合理低价使建设市场形式自由竞争的局面，促进建筑业的发展。对于全部使用国有资金投资或国有资金投资为主的大中型建设工程应采用工程量清单计价，并严格执行《计价规范》。

2.1　工程量清单

2.1.1　分部分项工程量清单

分部分项工程量清单是拟建工程的全部分项实体工程项目名称和相应数量。应按计价规范附录中的项目编码、项目名称、计量单位、工程量计算规则进行编制。其内容如表6-3所示。

1）项目编码：项目编码是由12位数字组成，前9位按《计价规范》的项目编码直接套用，后3位是在编制工程同类分部分项工程时的不同顺序号应根据拟建工程的工程量清单项目名称由编制人设置并应自001起顺序编制。如表中的项目编码0101001001，查计价规范0101001是土方工程的平整场地，001是平整场地工程量的第一项。

2）项目名称：在此栏内有的只填写构成工程实体的分部分项工程的名称，往往有时一个构成工程实体的项目中包含有若干个相关项目，所以有的分部分项工程量清单表在此栏中也填写相关项目的名称，如表所示。010101003001是表示此项为挖基础土方。挖基础土方为构成工程实体的项目名称，根据工程实际情况，此项目中还包含若干个相关项目如钢筋混凝土截桩、原土打夯等工作项目。

3）计量单位：计量单位的有效位数规定如下：

（1）以立方米、平方米、米、千克为单位，应保留小数点后两位数字，第三位四舍五入。

（2）以吨为单位应保留小数点后三位数字，第四位四舍五入。

（3）以个、组、套、模、项等单位应取整数。

4）工程量计算规则：工程量是按计价规范统一的工程量计算规则和施工图的要求和尺寸计算出的分部分项工程的实体工程量，不包括相关项目的工程量和施工辅助增加的工程量，如以上所讲的挖基础土方的工程量是设计图示尺寸，以基础垫层底面积乘以挖土深

分部分项工程工程量清单 表6-3

专业工程名称： 建筑工程

序号	项目编码	项目名称	计量单位	工程量
1	010403002001	C25现浇混凝土矩形梁 梁底标高：3.0m；截面尺寸：200mm×350mm	m^3	34.34
2	010405003001	C25现浇混凝土平板 板厚：10mm；板底标高：3.0m	m^3	340.56
3	010416001001	现浇混凝土钢筋 光圆 $\phi6$:4t；$\phi8$:15t；$\phi10$:50t；$\phi12$:5t； 螺纹 $\phi12$:10t；$\phi18$:30t；$\phi20$:80t；$\phi22$:13.5t	t	207.5
4	010703002001	屋面涂膜防水 聚氨酯屋面防水层三遍，C20细石无筋混凝土硬基层上找平层（4cm厚），1:3水泥砂浆抹找平层[在填充材料上]（2cm）	m^2	386.88
…				

度计算，不包括在挖土时的放坡、排水沟等施工辅助增加的工程量和钢筋混凝土截桩，原土打夯等项目的工程量。

2.1.2 施工措施项目清单

施工措施项目清单是为完成分项实体工程项目施工，发生在该工程施工前或施工过程中技术、生活、安全等方面的工程非实体项目。施工措施项目清单应根据拟建工程的具体情况，依据施工组织设计及招标文件要求，可以调整和改动。分为通用项目和专业项目。施工措施通用项目如表6-4所示。

施工措施通用项目一览表 表6-4

序号	项目名称	序号	项目名称
1	文明施工（包括环境保护、安全施工）	7	脚手架
2	临时设施	8	已完工程及设备保护
3	夜间施工	9	施工排水、降水
4	二次搬运	10	总承包服务
5	大型机械设备进出场及安装及拆卸	11	竣工验收存档资料编制
6	混凝土、钢筋混凝土模板及支架		

施工措施通用项目适于各专业。各专业根据工程实际情况将通用项目列入外，还要符合专业工程实际情况选用施工措施项目，当通用项目和专业项目尚未包括而在工程中需要的施工措施项目可由编制人做补充。

2.1.3 其他项目清单

其他项目清单应根据拟建工程的具体情况，参照下列内容列项：预留金、材料购置费、总承包服务费、零星工作项目等。

零星工作项目表应根据拟建工程的具体情况，详细列出人工、材料、机械的名称、计量单位和相应数量，并随工程量清单发至投标人。

2.2 工程量清单计价

工程量清单计价包括分部分项工程量清单计价、施工措施项目清单计价和其他项目清单计价。

2.2.1 分部分项工程量清单计价

分部分项工程量清单计价就是在分部分项工程量清单所提供的各项工程量乘以综合单价即为各分部分项工程的总价，将这些项目的总价汇总即为分部分项工程量清单计价。

由于各分部分项的工程量由建设单位提供，施工单位只是计算各分部分项的综合单价，再进行汇总计算。

综合单价包括人工费、材料费、机械费、企业管理费、规费、利润和税金组成。各种费用确定方法如下：

1) 综合单价

(1) 人工工日单价的确定：工日单价应按本企业情况自主确定或参考造价信息发布的调整系数计算。

(2) 材料价格的确定：材料价格应按本企业采购渠道自主确定或参考编制期内的造价信息发布的市场价格确定。

(3) 施工机械分班单价的确定：施工分班单价应参考市场机械租赁价格结合本企业情况自主确定或参考编制期内造价信息发布的指导价格计算。

(4) 企业管理费的确定：企业管理费应参考各专业造价基价中的管理费自主确定调整系数。

(5) 规费的确定：规费是企业向政府和有关部门缴纳的费用，在工程计价中必须按有关规定计取。一般计取的方法是人工费乘以一个系数。

(6) 利润的确定：利润计算基数应执行各专业造价基价的规定，一般是人工费为基数乘以一个利润率，利润率是企业自主确定。

(7) 税金的确定：税金是企业向政府和有关部门缴纳的费用，在工程计价中必须按有关规定计取。建筑施工企业缴纳的税金属于营业税，在城市内，一般按税前总价乘以 3.41%。

2) 综合单价的计算：由于工程量清单计价采用的时间较短，各施工企业往往还不具备编制企业标准的条件，在计算综合单价时，其中的人工费、材料费、管理费还是套用本地区的造价基价，规费、利润、税金等以人工费为基数乘以计算系数的方法，现以表 6-5 所示的挖基础土方一项为例说明综合单价的计算过程。

(1) 首先列出清单项目综合单价计算表。如表 6-5 所示。

(2) 表中的编号、项目名称、计量单位、工程量均填写分部分项工程量清单中所列的内容。如表 6-5 所示。

(3) 由于此项形成工程实体项目是挖基础土方，但是其包含两个相关项目，钢筋混凝土截桩和原土打夯，将这两项相关项目也列入表内。

(4) 分部分项工程量清单列出的挖基础土方的工程量是 1360.26m³，而在综合单价计算表内挖土方工程量是 1717.36m³，这是因为 1717.36m³ 是在 1360.26m³ 的基础上增加了施工的辅助工作量，即放坡、排水沟等所占的挖土体积。

(5) 将此表内的 3 项分别套用造价基价，以造价基价的人工费、材料费、机械费、管理费等各自的单位工程量的单价乘以本项的工程量得出合价。

综合单价计算表　　　　　　　　　　　表 6-5

编号：010101003001　　项目名称：挖基础土方　　计算单位：m³　　工程量：1360.26

编号基价子母	项目名称	单位	工程量	单价	合价	其中					
						人工费	材料费	机械费	管理费	规划费	利润	税金
1-9	挖土放脚汽车运土	m³	1717.36	12.87	22111	858.68	68.69	18186.84	1614.22	224.12	429.34	729.12
1-94	钢筋混凝土截桩	m³	19.89	863.55	17176.09	3056.70		9925.63	1231.22	797.80	1528.35	566.39
1-86	原土打夯	m³	771.28	1.06	819.84	331.87		146.64	61.74	86.62	165.94	27.63
	合计	无			40106.93	4247.25	68.69	28307.36	2937.28	1107.82	2123.63	1322.54
	综合单价	无			29.48	3.12	0.05	20.81	2.16	0.82	1.56	0.97

（6）根据本企业的基价或市场信息和国家规定确定规费、利润、税金的计算系数。分别乘以本项的人工费得出规费、利润、税金。

（7）现以表 6-5 内 1-9 项为例，讲述计算过程。假定规费的系数为 26.1%，利润为 50%，税金税率为 3.41%

规费 = 858.68 × 26.1% = 224.12 元

利润 = 858.68 × 50% = 429.34 元

税金 = (858.68 + 68.69 + 18186.84 + 1614.22 + 224.12 + 429.34) × 3.41% = 729.12 元

合价 = 858.68 + 68.69 + 18186.84 + 1614.22 + 224.12 + 429.34 + 729.12 = 22111 元

单价 = 22111/1717.36 = 12.87 元

其他两项计算方法与此相同，计算结果见表 6-5。

（8）将 3 项合价、人工费、材料费、机械费、管理费、规费、利润、税金各自相加得出其合计值，见表 6-5。

（9）综合单位 = 3 项合计值 ÷ 分部分项工程清单工程量

= 40106.93 ÷ 1360.26 = 29.48 元

（10）人工费、材料费、机械费、管理费、规费、利润、税金等项的合计值分别除以分部分项工程清单的工程量得出综合单价中的各自的费用值，见表 6-5 所示。

3）分部分项工程量清单计价计算。

（1）按以上方法分别计算各项综合单价。

（2）用综合单价乘以各自的工程量清单的工程量即得出各项分部分项工程量清单计价。

2.2.2　施工措施项目清单计价

施工措施项目清单计价是为完成拟建工程发生在该工程施工前或施工过程中的工程非实体项目。这些工作内容虽然形不成工程的实体，但是没有这些工作内容，楼房是建不起来的，例如脚手架工程、模板工程等都属于施工措施项目，并且包括一些施工的辅助设施。施工措施项目是根据施工实际需要由建设单位列项，由施工单位计价，当施工措施项目列项不全时，施工单位可以与建设单位商议列项内容，施工措施项目清单计价应根据拟建工程的施工方案或施工组织设计，参照《计价规范》规定的综合单价组成确定，具体的计取方法如下：

1) 文明施工措施费的计取方法：文明施工措施费包括环境保护、安全施工等，计取其费用时，以分部分项工程工程量清单计价表中的各项目的人工费、材料费和施工机械费合计为基数乘以相应的系数计算，其系数可参做当地的计价方法的规定值自主确定。

2) 临时设施措施费的计取方法是以各专业造价基价中的施工措施项目计价规定计算。如承包人对施工驻地标准化建设另有要求时，可另增加相应费用。

3) 夜间施工措施费的计取方法：

夜间施工措施费可参照以下的计算公式计算。

夜间施工措施费＝[（工期定额工期－合同工期）/工期定额工期]×工程所需总工日×每日夜间施工费。每日夜间施工费参照当地计价规定。

4) 二次搬运措施费：大型施工机械进出场及安拆安放费、混凝土及钢筋混凝土工程的模板及支架安放费、脚手架措施费、工艺工程及设备保护措施费、施工排水降水措施费等按各地各专业造价基价中的施工措施项目计价规定计算。

5) 总承包服务费的计取方法：以承包人与专业工程分包的承包人所签订的合同价为基数乘以系数计算，系数的参考值为1%～5%由企业自主确定。

6) 施工验收存档资料编制费的计取方法：以分部分项工程量清单计价各项目的直接工程费合计为基数乘以系数计算，系数参考值一般为0.1%。

7) 各项施工措施费之和即为施工措施项目计价。如表6-6所示。

施工措施项目清单计价表　　　　　　　　　　表6-6

专业工程：　　建筑工程　　　　　　　　　　　　　　　　　金额单位：元

序号	项 目 名 称	计 算 说 明	金额
1	文明施工费	直接工程费×1.09%	22442
2	临时设施费	直接工程费×1.38%	26555
3	夜间施工费	按照公式计算（工期定额工期－合同工期）/工期定额工期×工程所需总工日×每日夜间施工费	26281
4	二次搬运费	材料费×1.3%	21468
5	大型机械进出场费、安拆费	31-311 柴油打桩机 1×7197.42＝7197 31-321 挖掘机 1×5309.46＝5309 31-323 推土机 1×4647.50＝4648	17154
6	混凝土及钢筋混凝土工程的模板及支撑费	31-88 承台基 185.06×135.68＝25109 31-93 矩形柱 22.40×609.64＝13656 31-100 矩形梁 34.34×411.62＝14135 31-124 平板 340.56×460.54＝156841	209741
7	脚手架费	31-14 混合结构 4766.40×12.00＝57197	57197
8	施工降水、排水费	31-1 2×1496.68＝2993 31-5 120×26.40＝3168 1-5 14.85×25.56＝380	6541
9	总包服务费	分包合同价×(1%～5%)＝381300×2%	8478
10	竣工验收存档资料编制费	直接工程费×0.1%	1924
11	垂直运输费	31-279 4759.691×2.05	9757

本表合计：407538　　　　　　　　　　　　　　　　　（结转至投标报价汇总表）

第　1　页　共　1　页

投标人：（盖章）

法定代表人：（签字、盖章）

2004年7月　日

2.2.3 其他项目清单的计价

其他项目清单也是由建设单位提出列项，由施工单位计价，其他项目清单的项目主要发生在拟建工程以外的工作内容，是建设单位提出的用工，这些项目以零星工作项目为主，形成计日工清单。计日工清单计价方法如下：计日工清单中人工、材料和施工机械台班的合价，以计日工清单提供的数量乘以相应综合单价计算。人工、材料和施工机械台班综合单价的计算方法如下：

1）人工综合单价的确定：人工综合单价由人工单价、其他人工费、企业管理费、利润和税金组成。人工单价参考编制期内的造价信息发布的参考值或企业本身的情况确定，其他人工费、企业管理费、利润等是以人工单价乘以相应的系数计算，其系数参考当地的计价规定，税金是以各项费用之和乘以税率确定，各项费用之和即为人工综合单价。人工综合单价乘以计日工清单的人工数量即为此项的计算。

2）材料综合单价确定：材料综合单价由材料单价、其他材料费和税金组成。

（1）材料单价应参考编制期内的造价信息发布市场价格计算或根据企业采购渠道的价格计算。

（2）其他材料费以材料运到现场的价格乘以一个系数计取，系数参考值为2.59%。

（3）税金以材料单价与其他材料费之和乘以国家规定的税率计算。

（4）（材料单价＋其他材料费＋税金）×计日工清单材料费＝计日工清单材料计价。

3）施工机械台班综合单价的确定：施工机械台班综合单价由施工机械台班单价、其他机械费和税金组成。

（1）施工机械台班单价应参考编制期内的造价信息发布的指导价格或市场租赁价格计算。

（2）其他机械费以施工机械台班单价乘以一个系数计算，系数的参考值为2.67%。

（3）税金以施工机械台班单价与其他机械费之和乘以国家规定的税率计算。

（4）（施工机械台班单价＋其他机械费＋税金）×计日工清单机械台班数量＝计日工清单机械台班计价。

4）将以上3项的造价相加即为计日工清单计价。

2.2.4 不可预见费的计取方法

不可预见费以分部分项工程量清单计价和施工措施项目清单计价的合计为基数乘以估算比例计算，估算比例按工程量清单总说明中的规定执行。

2.2.5 工程量的清单总价

工程量清单总价＝分部分项工程量清单价合计＋施工措施项目清单价合计＋计日工程清单价合计＋不可预见费。

课题3 造价员考核与评定

施工项目内的造价员按理论考核与技能考核两方面进行，基本要求如下：

3.1 理论考核

（1）怎样识读建筑施工图和结构施工图。

(2) 怎样识读施工组织设计、计价规范、造价基价、造价信息等文件。

(3) 计价规范中关于各分部分项工程计算规则的要求。

(4) 工程量清单中关于分部分项工程量计算时编码填写、项目名称、项目计量单位和列项有什么要求？

(5) 怎样列出分部分项工程量的计算公式？

(6) 一套施工图中，工程量计算的顺序应遵守哪些计算规律？

(7) 工程量计算有哪些技巧？

(8) 什么是工程量清单计价？

(9) 什么是分部分项工程量清单？

(10) 什么是施工措施项目清单？

(11) 什么是计日工清单？

(12) 怎样进行分部分项工程量清单计价？

(13) 怎样进行施工措施项目清单计价？

(14) 怎样进行不可造价计价？

3.2 技能考核

(1) 对本教材配套的施工图进行识读。

(2) 根据施工方案、《计价规范》、《造价基价》、对工程量计算规则的要求，对配套的施工图进行全部的工程量计算。

(3) 根据以上的要求列出分部分项工程清单、施工措施项目清单。

(4) 根据以上的要求进行分部分项工程量清单计价，施工措施项目清单。

单元 7 质 量 员

知 识 点：施工图和施工文件识读，质量验收规范和技术规程识读，常用建筑材料、构配件的品种、规格、技术性能及检验方法，一般施工工艺及工程质量通病的产生和预防，质量管理的基本概念，分项工程、检验批的质量检验方法。

教学目标：具有施工图和施工文件识读能力，根据施工部位正确查找质量验收规范和技术规程，熟悉常用建筑材料、构配件的品种、规格、技术性能和检验方法，熟悉一般施工工艺和工程质量通病的产生原因和防治方法，掌握分项工程和检验批的质量检验方法，了解质量问题的处理方法。

质量员是施工项目班子内部负责施工质量的管理人员，在项目经理的领导下，协助施工员等技术人员共同提高施工质量，质量员的主要工作如下：

1.1 施工准备阶段

在正式施工前，质量员要进行质量控制工作，这时所做的质量控制工作称为事前控制，施工质量事前控制对保证工程质量具有很重要的意义。

1) 建立质量控制系统。建立质量控制系统，制定本项目的现场质量管理制度，包括进入施工现场材料检验，分项工程、检验批的检验制度，完善计量及质量检测技术和手段，协助分包单位完善其现场质量管理制度，并组织施工班组、民工施工队开展质量管理活动。

2) 对工程项目施工所需的原材料、半成品、构配件进行质量检查与控制。施工项目所用原材料、半成品、构配件的质量是否合格直接关系到项目的质量，因此，要通过一系列检验手段，将所取得的数据与厂商提供的技术文件相对照，采用再次取样试验的方法验证原材料、半成品、构配件质量是否满足工程项目的质量要求，并且及时处置不合格品。

3) 参与施工图的会审。质量员首先要熟悉施工图内容、要求和特点，并且对施工图进行审核，发现问题应在施工图会审中向设计单位提出，在施工图会审时，应注意设计单位进行设计交底所讲的内容，对于施工图不理解或理解不透的问题应及时请教设计单位，以达到明确要求，彻底弄清设计意图，提前发现问题，避免出现质量问题。

4) 读施工组织设计、施工合同对工程施工质量要求的条款，在施工中严格按施工组织设计的质量描绘进行质量控制，按施工合同对施工质量的要求标准进行质量控制。

5) 学习国家施工验收规范和技术规程对本工程施工部分的要求，理解其技术标准，当施工现场的各个负责人的要求与国家施工验收规范要求相矛盾时，应以国家施工验收规范的要求为准。

1.2 施工过程中

施工过程中进行质量控制称为事中控制。事中控制是质量员控制工程质量的重点。

1) 完善工序质量控制,建立质量控制点。在施工中,一个分项工程往往是由许多道工序组成,因此在施工中首先控制每道工序的施工质量,最后才能保证分项工程质量,因此,在工序施工中根据分项工程的施工特点,在其工序施工中设置检查点和停止点,以便对需要重点控制的质量特性,工程关键部位或质量薄弱环节,在一定的时期内,一定条件下强化管理,使工序处于良好的控制状态。

2) 参与工程预检工作。工程施工预检又叫技术复核,是指在某一项工程尚未施工之前所进行的复核性的预先检查,这种预检主要是针对在该工程施工之前已进行的一些与之有密切关系的工作的质量及正确性进行复核,因为这些工作如果存在质量问题隐患或一旦出现质量问题,就将给整个工程质量带来难以补救的或全局性的危害,因此为了确保工程质量,防止可能发生的重大质量事故,通常对各部分分项工程的位置、轴线、标高、预留孔洞的位置和尺寸等进行预检及复核,未经预检或预检不合格,均不得进行下道工序施工。

3) 组织施工中,施工质量员要组织施工班组进行质量管理活动包括全面质量管理活动的开展、工人在操作中的自检、互检和交接检,提高施工中的质量。

4) 与监理人员配合进行隐蔽工程的验收检验,并填写隐蔽工程验收记录。

1.3 施工完毕后

对施工的成品进行质量控制称为事后控制。事后控制的目的是对工程产品进行验收把关,以避免不合格产品投入使用,在对施工成品进行检验时,质量员应做到以下几点。

1) 按照《建筑工程施工质量验收统一标准》(GB 50300—2001)中的要求对施工中的检验批、分项工程进行检验,协助项目经理对分项工程、单位工程进行质量检验,并填写验收记录。

2) 整理有关的工程项目质量的技术文件,并编目建档。

1.4 质量员应具备的工作能力

以上讲述了质量员在施工管理中的主要工作内容,只有具备以下工作能力才能完成质量员工作岗位所应完成的任务。

(1) 对施工图和施工文件识读的能力,其要求与施工员一节所讲的内容基本相同。

(2) 对施工中常用原材料、半成品、构配件的规格、性能、质量评定方法等评价的能力。

(3) 对施工中常用施工工艺和质量标准的正确叙述的能力。

(4) 正确查找、选择施工验收规范、技术规程的能力。

(5) 对分项工程、检验批的质量检验和填写记录的能力。

(6) 对单位工程、质量资料建档的能力。

(7) 对一般质量问题的处理能力。

课题 1　建筑施工控制项目质量检验

建筑工程施工项目的质量员除了对检验批、分项工程进行质量检验外，还有许多施工中的控制项目是质量员协助进行质量检验的内容，其中包括地基处理、施工原材料、构配件质量检验、施工试验、工程预检等，这些施工质量的检验与工程项目分项工程、检验批的质量有着重要的联系，因此这些项目的质量检验一般称为工程的控制项目，它们的检验称为工程的质量控制项目的检验，对这些项目检验后所填写的资料称为质量控制资料。质量控制资料是建设单位和施工单位必须保存的资料。

1.1　地基处理

地基处理是由项目经理主持。质量员只是协助项目经理、施工员进行此项的质量检验，在协助质量检查中也要掌握以下几点：

1) 地质土层检验：地质土层的检验主要是检验基底土层及搭壁土层分布情况及走向是否与地质勘察报告相符，持力层和地耐力是否符合设计要求，当土质情况与勘察报告有较大出入时，应及时向项目经理报告。

2) 验槽时应侧重在柱基、墙角、承重墙下或其他受力较大的部位，此外，还应对整个槽底进行全面观察，看土的新旧、是否均匀一致，土的坚硬程度是否一样，是否有局部过松或坚硬的地方，有没有局部含水量异常现象等。

3) 钎探验槽法：钎探验槽是在基坑挖好后，用锤把钢钎打入槽底的基土内，钢钎构造如图 7-1 所示，根据打入一定深度的锤击次数，来判断地基土的软、硬程度，钎孔布置要求如表 7-1 所示。

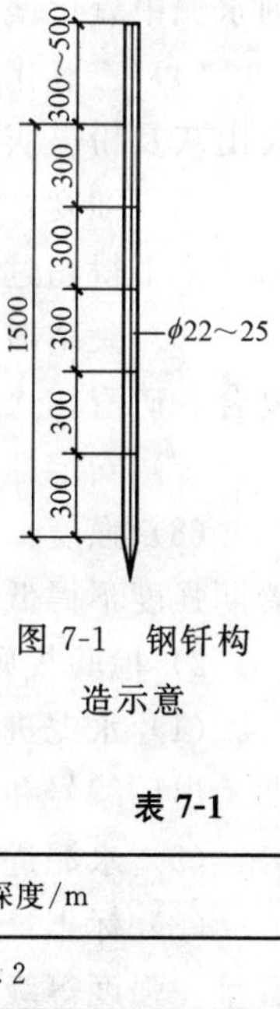

图 7-1　钢钎构造示意

钎孔布置　　　　　　　　　　　　　　　　表 7-1

槽宽/cm	排列方式	间距/m	钎探深度/m
小于 80	中心一排	1~2	1.2
80~200	两排错开	1~2	1.5
大于 200	梅花形	1~2	2.0
柱基	梅花形	1~2	>1.5m，并不小于短边宽度

4) 轻型动力触探法：轻型动力触探是将重 10kg 的穿心锤，从高度 50cm 处自由落下，使触探杆击入土中 30cm 深度所需的锤击数确定地基承载力标准值的方法，遇到下列情况之一时，应在基坑底进行轻型动力触探。

(1) 地基的持力层的土层明显不均匀。
(2) 地基的浅部有软弱下卧土层。
(3) 有浅埋的坑穴、古墓、古井等，直接观察难以发现时。
(4) 勘察报告或设计文件规定应进行轻型动力触探。

1.2 常用建筑原材料、预制构件的质量检验

施工项目班子内的质量员虽然不对建筑原材料、预制构件的质量进行直接的检验，但是这些材料、构件的质量与工程施工质量有着直接的关系，因此质量员也要掌握建筑工程施工中经常使用的主要原材料、构配件的质量检验规则和主要技术要求。

1.2.1 水泥

1) 主要技术要求

（1）不溶物：Ⅰ型硅酸盐水泥中的不溶物不得超过0.75%，Ⅱ型硅酸盐水泥中的不溶物不得超过1.5%。

（2）烧失量：Ⅰ型硅酸盐水泥中的烧失量不得超过3%，Ⅱ型硅酸盐水泥中的烧失量不得超过3.5%。

（3）氧化镁：水泥中氧化镁的含量不宜超过5%。如果水泥经压蒸安定性试验合格，则水泥中氧化镁的含量允许放宽到6%。

（4）三氧化硫：三氧化硫的含量在硅酸盐、普通硅酸盐水泥中不得超过3%，复合、火山灰及粉煤灰硅酸盐水泥不得超过3.5%，矿渣硅酸盐水泥不得超过4%。

（5）细度：硅酸盐水泥比表面积大于$300m^2/kg$，普通、复合及其他水泥$80\mu m$方孔筛筛余不得超过10%。

（6）凝结时间：水泥初凝不得早于45min，硅酸盐水泥终凝不得迟于6.5h，普通、复合、矿渣、火山灰、粉煤灰等硅酸盐水泥终凝不得迟于10h。

（7）安定性：用沸煮法检验必须合格。

（8）强度：水泥强度等级按规定龄期的抗压强度和抗折强度来划分，各强度等级水泥龄期强度不得低于规定值。

2) 检验规则

（1）水泥进场应有生产厂家出具的出厂质量证明书，包括品种、强度等级、出厂日期、出厂编号和试验数据。

（2）水泥进场后施工企业应按单位工程取样复试。

（3）标志：水泥包装袋应符合GB 9774的规定，水泥袋上表明产品名称、代号、净含量、强度等级、生产许可证编号、生产者名称和地址、出厂编号、执行标准号、包装年月日，掺火山灰质混合材料的普通水泥还应标上"掺火山灰"字样，包装袋两侧应印有水泥名称和强度等级，硅酸盐水泥和普通水泥的印刷采用红色，矿渣水泥采用绿色，火山灰、复合水泥采用黑色，散装水泥提交与袋装标志相同的卡片。

（4）品质判定：凡氧化镁、三氧化硫、初凝时间、安定性中任一项不符合其相应标准规定时均为废品。凡细度、终凝时间、不溶物和烧失量中任一项不符合其相应标准规定或混合材料掺加量超过最大限量和强度低于商品强度等级的指标时为不合格品，水泥包装标志不全的也属于不合格品。

1.2.2 钢筋

1) 钢筋进入施工现场必须有出厂质量证明文件，其内容包括：产品名称、产品执行标准、生产许可证号、产品的规格型号、炉罐号、牌号、等级、化学成分、机械性能、工艺性能、表面质量情况、购货重量、签发人签字、签发日期、生产单位公章等。

2) 钢筋成捆、成盘要有标牌，标牌注明钢筋生产厂家、出厂日期、规格、数量。
3) 钢筋进入现场后首先进行外观数量检查：
（1）尺寸测量：包括直径、不圆度、肋高等应符合偏差规定。
（2）表面质量不得有裂纹、结疤、折叠、凸块或凹陷。
（3）重量偏差：试样不少于10根，总长度不小于60m，长度逐根测量精确到10mm，试样总重量不大于100kg时，精确到0.5kg，试样总重量大于100kg时，精确到1kg，重量偏差应符合规定。
4) 钢筋进入现场后施工单位按批在每批材料或垂盘中任选两根钢筋距端部580mm处截取试样，进行拉伸冷弯或反复弯曲试验。
5) 试件拉伸、弯曲试验得出的数值应等于或大于规定值，低于规定值者为不合格。
6) 试件的某一项试验结果不符合标准要求，则在同一批中再取双倍数量的试件进行该不合格项目的复验，复验结果（包括该项试验所要求的任一指标），即使有一个指标不合格，则该批钢筋判定不合格。

1.2.3 预制构件

1) 各类构件进入施工现场均应出具构件出厂合格证，其内容包括：合格证编号、生产许可证、采用标准图像和设计图纸编号、制造厂名称、商标和生产日期、型号、规格及数量，混凝土、主筋力学性能的评定结果、检验部门盖章，同时合格证应分品种、分规格型号、分级逐批提供，并要求填写单位工程名称和工程使用部位。
2) 民用建筑中大量使用的是预应力和非预应力空心楼板，以及少量的钢结构、木结构构件等，钢筋混凝土及预应力混凝土预制构件，以及钢结构构件都应按规定进行结构性能检验。
3) 预制构件应按标准图或设计要求的试验参数及检验指标进行结构性检验。
（1）检验内容：钢筋混凝土构件和允许出现裂缝的预应力混凝土构件进行承载力、挠度和裂缝宽度检验，不允许出现裂缝的预应力构件进行承载力、挠度和抗裂检验，预应力构件中的非预应力构件按钢筋混凝土构件要求进行检验。
（2）检验数量：对成批生产的构件，应按同一工艺正常生产的不超过1000件，且不超过3个月的同类型产品为一批，每批中随机抽取一个构件作为试件进行检验。
（3）构件生产加强措施时，加强措施包括对构件进行钢筋、混凝土检验，保护层厚度，张拉预应力总值和构件的截面尺寸等，逐件检验合格，并有可靠实践经验时，可不做性能检验。
（4）无构件出厂合格证、结构性能检验报告的构件不得进行吊装施工。

1.3 施工试验

施工试验包括回填土压实试验、砂浆试块抗压强度试验、混凝土抗压强度试验、商品混凝土出厂合格证复试试验、钢筋接头试验等。这些施工试验不是由质量员直接进行检验，但是在试验取样时由质量员去做。试验的结果质量员应该掌握其是否合格，因此这些施工试验做出的试验结果是证明正在施工的建筑物质量是否合格的主要证据之一。

1.3.1 填土压实试验。
填土施工除了按检验批、分项工程质量检验外，还要取样进行试验，通过试验得出数值，分析填土后质量是否合格。

(1) 填土压实取样：密实度控制基坑和室内填土，每层按 100~500m² 取样一组；场地平整填方，每层按 400~900m² 取样一组；基坑和管沟回填每 20~50m 取样一组，但每层均不得少于一组，取样部位在每层压实后的下半部。

(2) 取样一般采用环刀法。取样后及时送试验室试验，以免水分蒸发而影响试验结果。

(3) 取样的干密度与最大干密度的比值应符合设计要求，设计无要求时不应小于 0.9。

1.3.2 砂浆试块抗压强度试验

砌筑砂浆的强度是否符合设计要求直接关系到砌体的强度是否安全的问题。因此，对现场配置的砌筑砂浆的强度等级必须进行取样，做出试块后经养护，进行抗压强度试验。

1) 取样数量：每一检验批且不超过 250m³ 砌体的各种类型及强度等级的砌筑砂浆每台搅拌机应至少取样一组。

2) 取样方法：在砂浆搅拌机出料口随机取样，制作砂浆试块，同盘砂浆只应制作一组试块，最后检查试块强度试验报告单。

3) 冬期施工砂浆试块的留置：除应按常温规定要求外，尚应增留不少于一组与砌体同条件养护的试块，测试检验 28d 强度。

4) 砌浆抗压强度试验报告的内容主要有委托单位、工程名称、成型、选料、试验日期及报告日期，砂浆试块的种类、规格、试件代表的部位，养护条件，设计等级，试块龄期，破坏荷重，单块抗压强度值，平均强度值以及取样见证人、试验、记录、报告、审核、主管等人员签字，检测单位公章等。

5) 砂浆试块合格的标准。

(1) 砂浆试块每组为六块，试验时取六个试块试验结果的算术平均值作为该组砂浆试块的抗压强度值。

(2) 同一验收批砂浆试块抗压强度平均值必须大于或等于设计强度等级。

(3) 同一验收批砂浆试块抗压强度的最小一组平均值必须大于或等于设计强度等级的 0.75 倍。

(4) 当同一验收批只有一组试块时，该组试块抗压强度的平均值必须大于或等于设计强度值。

(5) 砂浆强度应以标准养护，龄期为 28d 的试块抗压试验结果为准。

1.3.3 混凝土试块抗压强度试验

1) 结构混凝土的强度等级必须符合设计要求，用于检查结构构件混凝土强度的试件，应在混凝土的浇筑地点随机抽取，取样与试件留置应符合下列规定：

(1) 每拌制 100 盘且不超过 100m³ 的同配合比的混凝土，取样不得少于一次。

(2) 每工作拌制的同一配合比的混凝土不足 100 盘时，取样不得少于一次。

(3) 每一次连续浇筑超过 1000m³ 时，同一配合比的混凝土每 200m³ 取样不得少于一次。

(4) 每一楼层、同一配合比的混凝土，取样不得少于一次。

(5) 每次取样应至少留置一组标准养护试件，同条件养护试件的留置组数应根据实际需要确定。

2) 普通混凝土试件一组为三个，均应在同一盘混凝土中取样制作，其强度代表值的确定应符合下列规定：

（1）取三个试件强度的算术平均值作为每组试件的强度代表值。

（2）当一组试件中强度的最大值或最小值与中间值之差超过中间值的15%时，取中间值作为该组试件的强度代表值。

（3）当一组试件中的强度的最大值或最小值与中间值之差均超过中间值的15%时，试件的强度不应作为评定的依据。

3) 混凝土试块抗压强度试验合格标准：

（1）同一个验收批的混凝土应由强度等级相同、龄期相同及生产工艺条件配合比基本相同的混凝土组成。

（2）对施工现场搅拌混凝土，当试块大于或等于10组时，一般采用整理统计方法判定试块抗压强度试验是否合格，当试块小于10组时，可采用非统计方法。

（3）采用统计方法，试块要同时满足以下两个公式的要求

$$mf_{cu} - \lambda_1 stcu \geqslant 0.9 f_{(cu,k)}$$

$$f_{(cu,min)} \geqslant \lambda_2 f_{(cu,k)}$$

式中　mf_{cu}——同一验收批混凝土强度的平均值（N/mm²）；

$stcu$——验收批混凝土强度的标准差（N/mm²）。

$$stcu = \frac{\sqrt{\sum_{i=1}^{n} - f_{(cu^2,i)} - nm^2 f_{cu}}}{n-1}$$

当 $stcu < 0.06 f_{(cu,k)}$ 时，

$$stcu = 0.06 f_{(cu,k)}$$

式中　$f_{(cu,i)}$——验收批内第 i 组混凝土试件的强度值（N/mm²）；

$f_{(cu,k)}$——设计的混凝土强度标准值（N/mm²）；

$f_{(cu,min)}$——同一验收批混凝土强度的最小值；

n——验收批内混凝土试件的总组数；

λ_1、λ_2——合格判定系数见表7-2。

混凝土强度的合格判定系数　　　　　　　　表7-2

n	10～14	15～24	≥25
λ_1	1.7	1.65	1.60
λ_2	0.9	0.85	

（4）采用非统计法，试块要同时满足以下二个公式的要求

$$mf_{cu} \geqslant 1.15 f_{(cu,k)}$$

$$f_{(cu,min)} \geqslant 0.95 f_{(cu,k)}$$

式中符号同上。

1.3.4　商品混凝土质量检验

（1）商品混凝土分类：商品混凝土即预拌混凝土，是指水泥、水、骨料以及根据需要掺入的外加剂和掺合料等组分按一定比例，在集中搅拌站经计量、搅拌后出售，并采用运

输车,在规定时间内运至使用地点的混凝土拌合物。商品混凝土分通用品(标记为 A)、特制品(标记为 B)两类:强度等级≤C40,坍落度≤150mm,粗骨料最大粒径<40mm的连续等级或单粒级混凝土拌合物为通用品;C45≤强度等级≤C60,180≤坍落度≤200mm或有其他特殊要求的混凝土拌合物为特殊品。

(2) 商品混凝土质量检验:商品混凝土的质量检验分为出厂检验和交货检验。出厂检验的取样试验工作由送货方承担,其检验结果作为商品混凝土的出厂质量证明书,由供货方统计评定后交使用方收入资料。

(3) 商品混凝土出厂质量检验:商品混凝土出厂质量包括两部分资料:一是产品的出厂质量证明书,二是作为出厂质量证明书附件的单位资质证书、验收单、配合比、原材质量证明、出厂时留取的混凝土试块试验报告及混凝土强度评定等资料。

(4) 商品混凝土交货检验:商品混凝土在交货时在施工现场还要二次取样进行复试,交货检验的取样试验工作需双方协商承担,取样数量与上述现场搅拌取样数量相同,检验项目对于通用品检验项目有强度、坍落度,特制品除按通用品检验外,对有含气量检验要求的混凝土进行含气量检验,其检验结果作为商品混凝土的复试资料。

(5) 对坍落度、含气量及氯化物总含量不符合合同约定及《预拌混凝土》(GB 14902—94)要求的混凝土,需方有权拒收和退货。当判断混凝土质量是否符合要求时,强度、坍落度应以交货检验结果为依据,氯化物总含量以出厂检验结果为依据,其他检验项目应按合同约定执行。

1.3.5 钢筋焊接接头试验

钢筋接头试验包括钢筋的各种焊接接头,参与钢筋焊接接头操作的工人必须持焊工证上岗,并在施工现场条件下进行操作,并经试验合格后,方可正式生产。

1) 闪光对焊:闪光对焊接头的质量检验,应分批进行外观检查和力学性能试验。

(1) 取样批次:在同一台班内,由同一焊工完成 300 个同牌号,同直径钢筋焊接接头应作为一批,当同一台班内焊接的接头数量较少,可在一周之内累计计算,累计仍不足 300 个接头,应按一批计算。

(2) 接头外观检验:纵向受力钢筋焊接接头外观检验时,每一检验批中应随机抽取 10%的焊接接头,检查结果,当外观质量各小项不合格数均小于或等于抽检数的 10%,则该批焊接接头外观质量评为合格。

(3) 接头力学性能检验:应从每批接头中随机切取六个接头,其中三个做拉伸试验,三个做弯曲试验。

2) 钢筋电渣压力焊:钢筋电渣压力焊接头的质量检验与闪光对焊要求基本相同,只是在力学性能试验时,每批随机切取三个接头做拉伸试验,不做弯曲试验。

3) 闪光对焊、电渣压力焊接头拉伸试验、弯曲试验合格的标准。

(1) 三个热轧钢筋接头试件的抗拉强度均不得小于该焊牌号钢筋规定的抗拉强度,RRB400 钢筋接头试件的抗拉强度不得小于 $570N/mm^2$。

(2) 至少应有两个试件拉断于焊缝之外,并应呈延性断裂。

当达到上述两项要求时,应评定该批接头抗拉强度合格。

(3) 闪光对焊进行弯曲试验时,应将受压面的金属毛刺和墩粗凸起部分清除,且应与钢筋的外表齐平,当试验结果弯至 90°时,有两个或三个试件外侧(含焊缝和热影响区)

未发生横向裂纹达到0.5mm及其以上的裂缝，应评定该批接头弯曲试验合格。

1.3.6 钢筋机械连接接头的检验

钢筋机械接头包括套筒接头、螺纹接头等，钢筋机械连接接头必须进行三种检验：形式检验、工艺检验、施工现场检验。

1) 接头的形式检验

(1) 形式检验应由国家、省部级主管部门认可的检测机构进行，按规定格式出具试验报告和评定结论，由该技术提供单位交建设（监理）单位、设计单位、施工单位向质监部门检验。

(2) 形式检验的内容：对每种形式、级别、材料、工艺的机械连接接头，形式检验试件不应少于9个，其中单向拉伸试件不应少于3个，高应力反复拉压试件不应少于3个，大变形反复拉压试件不应少于3个，同时应另取3根钢筋试件做抗拉强度试验，全部试件均应在同一根钢筋上截取。

(3) 形式检验的要求：形式检验中每个试件的强度检验实测值应符合性能等级的检验指标，对非弹性变形，总伸长率和残余变形，每组3个试件检测的实测平均值符合性能等级的检验指标。

2) 接头的工艺检验：对每批进场钢筋进行接头工艺检验。

(1) 对接头试件的钢筋母材进行抗拉试验。

(2) 每种规格钢筋的接头试件不少于3根，且应取自接头试件的同一根钢筋。

(3) 每个接头的抗拉强度均应符合规定要求，对Ⅰ级接头，试件的抗拉强度应大于等于钢筋母材的实际抗拉强度0.95倍，对Ⅱ级接头，应大于0.9倍。

3) 接头的现场检验：进行外观质量检查和单向拉伸试验。

(1) 同一施工条件下，采用同一批材料的同等级、同形式、同规格接头，每500个为一验收批，不足500个也为一验收批。

(2) 按每一验收批在工程结构中随机截取3个试件做抗拉强度试验，3个试件的试验结果均应符合设计要求的接头性能等级的抗拉强度要求。

(3) 接头性能等级的抗拉强度要求是：

HPB235：接头抗拉强度不小于被连接钢筋实际抗拉强度或1.1倍钢筋抗拉强度标准值，并具有高延性及反复抗压性能；

HRB335级：接头抗拉强度不小于被连接钢筋抗拉强度标准值，并且有高延性及反复拉压性能；

HRB400级：接头抗拉强度不小于被连接钢筋屈服强度标准值的1.35倍，具有一定的延性及反复拉压性能。

(4) 如有一个试件不符合要求，应再取6个试件复验，复验中如仍有1个试件不符合要求，则该验收批评为不合格。

(5) 在现场连续10个验收批一次抽样检验，抗拉强度试验全部合格，验收批接头数量可扩大一倍。

(6) 现场截取抽样试件后，原接头位置的钢筋允许采用同等规格的钢筋进行搭接连接，或采用焊接及机械连接方法补接。

(7) 对抽检不合格的接头验收批，应由建设方会同设计等有关方面研究后提出处理方案。

课题 2 检验批的质量检验

施工项目内的质量员的主要任务是对工程检验批的质量检验，质量员要掌握工程检验批的划分、检验的方法和检验批质量验收记录表格的填写。

2.1 检验批的划分及作用

分项工程是一个比较大的概念，真正进行质量验收的并不是一个分项工程的全部，而是其中的一部分，所以，一个分项工程可以分为几个检验批来验收，分项工程的验收实际上就是检验批的验收，分项工程中的检验批都完成了质量检验，分项工程的验收也就完成了。

2.1.1 检验批的划分

在《建筑工程施工质量验收统一标准》（GB 50300—2001）的规范中，只对检验批的划分进行了原则规定，指出分项工程可由一个或若干检验批组成，检验批可根据施工及质量控制和专业验收需要按楼层、施工段、变形缝等进行划分。

（1）按楼层划分检验批：在将分项工程进行检验批划分时，是按楼层进行划分，例如一栋混凝土结构多层或高层建筑工程中主体分部工程由模板、钢筋、混凝土、砌砖等分项组成。由于是多层或高层建筑，分部工程包含的分项工程不能只是检验一次，而是通过多次检验才能保证分项工程的质量，所以一个分项在每个楼层至少检验一次，所以各分项工程的质量检验是由每个楼层的分项工程的质量检验组成。这每个楼层的分项工程的质量检验就是检验批。例如 8 层的模板分项工程检验由 1~8 层每层的模板检验批构成。

（2）按工程大小划分检验批：同一楼层或同一部分的检验批，根据工程量的大小还可以再进行划分。检验批的工程大小要适当控制，检验批所代表的工程量过大会影响抽样检验的代表性，划分过大从而加大检验成本，因此，检验批所包括的工程大小适中。

（3）单层建筑工程中分项工程可按变形缝等划分检验批。

（4）地基基础分部工程中的分项工程一般划分为一个检验批，有地下层的基础工程可按不同地下层划分检验批。

（5）屋面分部工程中的分项工程不同楼层屋面可划分为不同的检验批。

（6）室外工程统一划分为一个检验批，散水、台阶、明沟等含在地面检验批中。

2.1.2 检验批的作用

（1）分项工程划分成检验批进行验收有助于及时纠正施工中出现的质量问题，确保工程质量，也符合施工实际需要，可以随时施工随时验收，基本不影响后续工序和施工进程。

（2）检验批是建筑工程验收的最小基本单元，作为工程验收的细胞，是施工现场进行检验，面对实际工程的验收，单位工程、分部工程、分项工程等施工质量的情况只有靠检验批才得以反映，相比之下，分项工程、子分部工程、分部工程、子单位工程和单位工程的验收，只是基于检验批验收的不同层次汇总而已。

（3）检验批的验收是以施工单位自行检查评定为基础进行的，检验批的质量验收记录由施工项目专业质量员填写，监理工程师或建设单位项目专业技术负责人组织项目专业质量员等进行验收。

2.2 检验批的验收

2.2.1 检验批质量合格条件

检验批质量合格有两个基本条件如下：

(1) 主控项目和一般项目的质量经抽样检验合格：检验批的合格质量主要取决于主控项目和一般项目的检验结果，主控项目是对检验批的基本质量起决定性影响的检验项目，因此，在检查主控项目要求的内容时，其检验批施工的全部内容必须全部符合有关专业工程验收规范的规定。这意味着主控项目不允许有不符合要求的检验结果，检验批主控项目检验的内容只要有一项不符合专业规范要求，此检验批就为不合格了，即这种项目的检查具有否决权。

(2) 具有完整的施工操作依据和质量检查记录：完整的工程操作依据和质量检查记录则是检查验收的书面依据。由于验收只是抽查性质的，覆盖面有限。因此检查施工单位为保证质量而制定的操作规程和实际施工过程中形成的质量检查记录，对判定检验批的实际质量具有重要的参考价值。统一验收标准将其作为验收条件之一提出，不仅保证了验收的真实性和可靠性，也将提高施工单位的质量管理水平，特别是对技术资料的管理起到促进作用。

2.2.2 主控项目和一般项目

1) 主控项目：主控项目是对检验批的基本质量起决定性影响的检验项目。主控项目的条文是必须达到的要求，是保证工程安全和使用功能的重要检验项目，是对安全、卫生、环境保护和公众利益直接产生重要作用的检验项目。如果达不到规定的质量指标，降低要求就相当于降低该工程项目的性能指标，就会严重影响工程的安全性能。如果提高其要求就等于提高性能指标，就会增加工程造价。

各专业施工质量验收规范中都有明确的检查验收方法，包括检验批的范围、抽检的数量，检查方法、质量要求、合格条件等，有很强的可操作性，照例检查验收即可，应强调指出的是，主控项目必须全部符合要求，即具有质量否决权的意义。

根据专业性质不同，各专业施工质量验收规范中主控项目的设置也不同。内容大体可分为以下几点：

(1) 重要材料、构件及配件、成品及半成品、如水泥、钢材、预制楼板、门窗等配件，检查出厂合格证，二次取样检验等，其技术数据，必须符合有关技术标准规定。

(2) 结构的强度、刚度和稳定性等检验数据，如混凝土、砂浆的强度、钢结构的焊缝强度、钢筋焊接接头、机械连接接头的强度等。其取样的程序、检验的结果必须符合设计和相关验收规范规定。

(3) 一些重要的允许偏差项目，必须控制在允许偏差限制之内。

(4) 对一些有龄期的检测项目，如混凝土、砂浆等，在期龄达不到，不能提供数据时，可先将其他评价项目先评价，并根据施工现场的质量保证和控制情况，暂时验收该项目，待检测数据出来后，再填入数据，如果数据达不到规定数值，以及对一些材料、构配件质量及工程性能的测试数据有疑问时，应进行复试，鉴定及实地检验。

2) 一般项目：一般项目是除主控项目以外的检验项目，其条文也是应该达到的，只不过对不影响工程安全和使用功能的少数条文可以适当放宽一些，这些条文虽不像主控项目那样重要，但对工程安全，使用功能，美观都是有较大影响，一般项目的检查性质分为以下两类：

(1) 定性类的检查，如美观、舒适等。这类质量很难严格定量检查，一般采用观感检查、经验判定的方式。当然，如有可能还应尽量使其定量化，如折算成缺陷点来反映。

(2) 量测类的检查，一般以允许偏差的形式出现，允许偏差以内的量测结果认为是符合规范要求的合格点，而超出允许偏差范围的检查点则为不合格点，最终以总检查点数的合格点率来判定合格与否。一般工程合格点率80％为合格，某些重要原因则为90％为合格。

2.2.3 检验批的检查验收

检验批是工程验收的最小单位，是分项工程乃至整个建筑工程质量验收的基础。在检验批验收前，施工单位必须先自行检查合格后，再交付验收，检验批示有项目专业质量员组织专业工长、施工班组长及班组质量员和项目技术负责人等有关人员参加，按照施工依据的操作规程和各种工程施工质量验收规范为标准，对检验批进行检查、评定，符合要求后，有施工项目专业质量员填写检验批质量验收记录。如表7-3所示。

检验批质量验收记录　　　　　　　　　　　　　　　　　　　　　表7-3

工程名称			分项工程名称		验收部位	
施工单位				专业工长	项目经理	
施工执行标准名称及编号						
分包单位			分包项目经理		施工班组长	
	质量验收规范的规定		施工单位检查评定记录		监理(建设)单位验收记录	
主控项目	1					
	2					
	3					
	4					
	5					
	6					
	7					
	8					
	9					
一般项目	1					
	2					
	3					
	4					
施工单位检查评定结果	项目专业质量检查员：　　　　　　　　　　　　　年　月　日					
监理(建设)单位验收结论	监理工程师： (建设单位项目专业技术负责人)　　　　　　　年　月　日					

由参加检查的相关人员签字或盖章后，再交监理或建设单位。由监理工程师或建设单位专业技术负责人组织验收，当监理工程师或建设单位专业技术负责人对检验批质量认可后并在记录上签字或盖章。检验批质量验收记录表是建设单位和施工单位必须保存的资料。

检验批最后的验收只是对成品的检验。为了提高检验批最后验收的合格率，质量员应将检验批质量检验的重点放在施工过程中，如下所述：

（1）班组自检：工程质量验收首先是班组在施工过程中的自我检查，自我检查就是按照施工操作工艺的要求，边操作边检查，将有关质量误差控制在规定的限制内，自检主要是在本班组范围内进行。项目内专业质量员要组织班组进行这项工作。在操作过程中对每道工序及时检查，发现问题，及时整改。质量员要求工人在自检的基础上，促进操作水平和质量责任感，由生产者本身把好质量关，把质量问题和缺陷解决在施工过程中。

做好班组自检是专业质量员搞好工程质量最基本的工作，对工人的施工质量除检查外，还要定部位、定责任、定项目。定部位即每名工人操作的工作面要有固定的施工部位，并绘出施工部位图；定责任即施工部位的操作人员要对自己所操作部位负质量的责任；定目标，即每个人施工的部位合格有奖励，违规有惩罚，专业质量员要将工程质量工作做到每名工人身上，才能提高检验批的质量。

（2）班组互检：班组互检也是在施工班组内进行，由专业质量员组织有关人员，对班组施工的各个部位工人之间相互检查，如对每名工人砌的墙、抹的墙可以将操作人员的姓名挂在墙上，专业质量员组织有关人员和施工班组的操作人员，当场对施工质量进行检查，并将检查结果写在墙上，使操作工人相互之间有可比性，以提高质量水平。

（3）班组间交接检：交接检是各班组之间或各工种、各分包单位之间，在检验批、分项或分部工程完毕之后，下一道检验批、分项或分部工程开始之前，由有关人员组织对前一道检验批、分项或分部工程进行质量检查，经下一道施工负责人认可的过程。交接检通常由工程项目经理或项目技术负责人主持，项目专业质量员协助，组织有关施工班组或分包单位负责人参加，交接检是保证下一道工序顺利进行的得力措施，也有利于分清质量责任和成品保护，也可防止下道工序对上道工序的损坏，也促进了质量的控制。

2.3 检验批的验收记录

项目专业质量员在对检验批进行检查后，要填写验收记录。检验批质量验收记录表的填写要求如下：

2.3.1 表的名称及编号

1）表的名称：检验批质量验收记录表的名称在制定专用表格时就印好，前边印上分项工程的名称，表的名称下边注上质量验收规范的编号。

2）表的编号：检验批表的编号按全部施工质量验收规范系列的分部工程、子分部工程统一为8位数的数码编号，写在表的右上角，前6位数字印在表上，后留两个空，检查验收时填写检验批的顺序号，8位数字编号的规则为：

（1）第1、2位是分部工程的代码，地基与基础为01，主体结构为02，建筑装饰装修为03，建筑屋面为04。

（2）第3、4位数字是子分部工程的代码其数字顺序按《建筑工程施工质量验收统一标准》(GB 50300—2001)附录 B 中表 B0.1 的建筑工程分部工程、分项工程划分表的排列先后顺序填写代码。

(3)第 5、6 位数字是分项工程的代码其数字填写与子分部工程的要求相同。

(4)第 7、8 位数字是分项工程检验批的代码，其数字顺序按检验的顺序进行填写。例如地基与基础分部工程，无支护土方子分部工程，土方开挖分项工程的第一个检验批其编号为 01010101。

2.3.2 表头部分的内容填写

(1)检验批编号的填写。检验批质量验收记录表的代码的前 6 位已经印好，只需要填写后两位检验批的编号，检验批的代码就按检验顺序填写，如为第 11 个检验批则填为 11。

(2)单位(子单位)工程名称填写：单位(子单位)工程名称按合同文件上的单位工程名称填写，子单位工程标出该部位的位置，分部(子分部)工程名称，按统一验收规范化定的分部(子分部)名称填写。验收部位是指分项工程中的验收的那个检验批的抽样范围，要标注清楚，如二层①～⑩轴线砖砌体等。

(3)施工单位、分包单位、填写施工单位的全称，与合同上公章名称相一致，项目经理填写合同中指定的项目负责人，在装饰、安装分部工程施工中，有分包单位时，也应填写分包单位全称，分包单位的项目经理也应是合同中指定的项目负责人，这些人员由填表人填写，不要求本人签字，只是标明他是项目负责人。

(4)施工执行标准名称及编号：施工执行标准是指企业在不低于国家质量验收规范的要求下，企业制定的操作工艺、工艺标准或工法等，指导工人进行具体的施工操作的标准。这些企业标准应有编制人、批准人、批准时间、执行时间、标准名称及编号，填写表时只要将标准名称及编号填写上，就能在企业的标准系列中查到其详细情况，并要在施工现场可查到这项标准，工人要执行这项标准。

2.3.3 表中质量验收规范的规定的填写由于表格的地方小，多数质量验收规范的内容不能将其全部填写在表格内，只将质量指标归纳，简化描述或题目及条文号填写上，作为检查内容提示，以便查对验收规范的原文，对计数检验的项目，将数据直接填写在表内。

2.3.4 主控项目、一般项目施工单位检查评定记录

填写方法分以下几种情况，按施工质量验收规定进行判定验收不验收。

1)主控项目填写

(1)对定量项目，即用数据表示合格标准的项目，应直接填写检查的数据。

(2)对定性项目，即规范中列出其要求标准的项目，当检查项目符合规范规定时，采用打"√"的方法标注。当不符合规范规定时，采用打"×"的方法标注。

(3)有混凝土、砂浆强度等级的检验批，按规定制取试件后，可填写试件编号，待试件试验报告出来后，对检验批进行判定，并在分项工程验收时进一步进行强度评定及验收。

(4)对既有定性又有定量的项目，各个子项目质量均符合规范规定时，采用打"√"的方法标注，否则采用打"×"来标注，无此项内容时打"/"。

2)一般项目填写

（1）对一般项目合格点有要求的项目，应是其中带有数据的定量项目。

（2）定量项目中每个项目都必须有80％以上，其中混凝土保护层为90％检测点的实测数值达到规范规定为合格。

（3）定量项目检测点应填写检验数值，不合格点的数值用方括号标出。

（4）其余20％的不合格点的数值，不得大于施工质量验收规范规定数值的150％，钢结构为120％。

（5）一般项目中的定性项目必须基本达到。

2.3.5 监理（建设）单位验收记录

通常监理人员应采用旁站或巡回的方法进行监理，在施工过程中，对施工质量进行察看和测量，并参加施工单位的重要项目的检测。对新开工或首件产品进行全面检查，以了解质量水平和控制措施的有效性及执行情况。在整个过程中，随时可以测量，在检验批验

室外基槽土方回填工程检验批质量验收记录表　　　　　　　表7-4

GB 50202—2002　　　　　　　　　　　　　　　　　　010102 0 1

单位工程名称		某市新世纪住宅小区6号楼					
分部工程名称		地基与基础分部			验收部位	室外5～20轴	
施工单位		某市广厦建筑工程公司			项目经理	张 君	
分包单位		/			分包项目经理	/	
施工执行标准名称及编号		HX-JT 98—2002 土方工艺标准					

			施工质量验收规范的规定				施工单位检查评定记录	监理（建设）单位验收记录
	项 目		允许偏差或允许值(mm)					
			柱基基坑基槽	场地平整		管沟	地(路)面基层	
				人工	机械			
主控项目	1	标高	−50	±30	±50	−50	−50	共抽查12点，平均+4mm，最低30mm	合格
	2	分层压实系数	设计要求				≥0.93	共15步，平均0.947，最小−0.933	
一般项目	1	回填土料	设计要求				无	/	符合要求
	2	分层厚度及含水量	设计要求				8%	√	
	3	表面平整度	20	20	30	20	20	共抽查12点，合格11点，最大偏差值25mm	

施工单位检查评定结果	专业工长（施工员）	李 军	施工班组长	张 三
	主控项目全部合格，一般项目满足规范规定要求			
	项目专业质量检查员：赵文明			2002年10月×日

监理（建设）单位验收结论	同 意 验 收
	专业监理工程师：李安生
	（建设单位项目专业技术负责人）：
	2002年10月×日

注：施工组织设计共划分四个检验批，此为其中之一。

收时,对主控项目、一般项目应逐项进行验收,对符合验收规范规定的项目,填写"合格"或"符合要求",对不符合验收规范规定的项目,暂不填写,待处理后再验收,但应做标记。

2.3.6 施工单位检查评定结果

施工单位自行检查评定合格后,应注明主控项目全部名称,一般项目满足规范规定要求。

专业工长(施工员)和施工班、组长栏目由本人签字,以示承担责任。专业质量员代表企业逐项检查评定合格,将表填写并写清检查结果,签字后,交监理工程师或建设单位项目专业技术负责人验收。

2.3.7 监理(建设)单位验收结论

主控项目、一般项目验收合格,混凝土、砂浆试件强度待试验报告出来后判定,其余项目已全部验收合格,注明"同意验收"专业监理工程师(建设单位的专业技术负责人)签字。

例题:某工程室外基槽土方回填工程检验批质量验收记录表 7-4。

课题 3 质量员的考核与评定

在以上的几个课题内,对质量员的岗位职责、工作内容、技能要求都进行了讲解,只要全面掌握以上讲解的内容和要求,就能胜任质量员这个岗位的工作,依据以上讲解的内容列举几项问题对质量员进行考核:

3.1 理 论 考 核

(1) 概述建筑总平面图、建筑平面图、立面图、剖面图、详图等的识读顺序。
(2) 概述钢筋混凝土结构施工图识读的方法。
(3) 施工前,质量员要做哪些准备工作?
(4) 施工中,质量员要做哪些工作?
(5) 施工后,质量员要做哪些工作?
(6) 质量员应具备哪些工作能力?
(7) 建筑施工控制项目质量检验包括哪些内容?
(8) 地基质量检验包括哪些内容?
(9) 水泥主要技术要求是什么?
(10) 进入施工现场钢筋有什么要求?
(11) 砌筑砂浆试块的合格标准是什么?
(12) 混凝土试块的合格标准是什么?
(13) 怎样检验商品混凝土的质量?
(14) 钢筋闪光对焊接头的合格标准是什么?
(15) 钢筋机械连接接头试件怎样留取?接头达到什么标准为合格?现场截取接头后的钢筋怎样处理?
(16) 怎样划分检验批?

(17) 检验批合格的标准是什么?
(18) 什么是主控项目?
(19) 什么是一般项目?
(20) 怎样填写检验批编号?
(21) 怎样填写主控项目?
(22) 怎样填写一般项目?

3.2 技能考核

以配套的施工图册为例,进行案例考核。
(1) 识读施工图册,根据施工图册编写各分项工程质量控制点。
(2) 根据施工图表示的内容编写各分项工程的质量措施。
(3) 根据施工验收规范的要求,进行检验批质量的检验。
(4) 根据检验数据,填写检验批记录表。
(5) 对施工控制资料的评定。
(6) 组织施工现场班组进行自检、互检、交接检。
(7) 整理分部、分项、检验批的质量记录资料。

参 考 文 献

[1] 黄展东. 混凝土结构工程: 施工详细图集. 北京: 中国建筑工业出版社, 2000.
[2] 张国忠. 现代混凝土泵车及施工应用技术. 北京: 中国建材工业出版社, 2004.
[3] 杨嗣信. 模板工程现场施工实用手册. 北京: 人民交通出版社, 2005.
[4] 潘鼐. 建筑施工模板图册. 北京: 中国建筑工业出版社, 1993.
[5] 张国栋. 图解建筑工程工程量、清单计算手册. 北京: 机械工业出版社, 2005.
[6] 吴承霞, 陈式浩. 建筑结构. 北京: 高等教育出版社, 2002.
[7] 田奇. 建筑机械使用与维护. 北京: 中国建材工业出版社, 2003.
[8] 北京土木建筑学会. 混凝土结构工程施工操作手册. 北京: 经济科学出版社, 2004.
[9] 吴成材. 钢筋连接技术手册. 北京: 中国建筑工业出版社, 1994.
[10] 申明. 建筑工程资料整理指南. 郑州: 河南科学技术出版社, 2004.
[11] 刘文众. 建筑材料和装饰装修材料检验见证取样手册. 北京: 中国建筑工业出版社, 2004.
[12] 谷长水, 宋吉双. 试验工. 北京: 中国环境科学出版社, 2003.
[13] 混凝土结构施工图平面整体表示方法制图规则和构造详图 03G101-1, 2003 年 10 月.